Aus den Quellen

der

Kirchengeschichte.

Von

D. Paul Mehlhorn,

Pastor an der evang.-reformierten Geminde zu Leipzig.

2. Heft: **Bis zum 9. Jahrhundert.**

Berlin.

Druck und Verlag von Georg Reimer.

1899.

Der

hochwürdigen theologischen Fakultät

der

Universität Jena,

die den Jüngling in die Wissenschaft eingeführt,
dem Manne ihre höchsten Ehren verliehen hat,

in unverlöschlicher Dankbarkeit

gewidmet.

Vorwort.

Thrändorf erwähnt in seinem Artikel „Religionsunterricht in evangelischen Schulen“ in Reins Encyklopädischem Handbuch der Pädagogik (Sonderabzug S. 22, vgl. S. 19) einige „leider nicht weitergeführte Quellenbücher“ zur Kirchengeschichte, darunter auch mein erstes Heft „Aus den Quellen der Kirchengeschichte“. Ich wundere mich nicht, wenn jemand, der sich die Aufgabe gestellt hatte, eine Auswahl von Quellenmaterial für die ganze Kirchengeschichte darzubieten, in der Hauptsache in eigenen Übersetzungen aus den Urtexten und mit den nötigen Erläuterungen, nach einem ersten Versuche von diesem Plan absteht. Eigentlich gehörte dazu die Gelehrsamkeit eines Gieseler; ganz unentbehrlich aber ist dafür die Benutzung einer grösseren Bibliothek. Da mir nun in Leipzig, wie vorher in Heidelberg, eine grosse Universitätsbibliothek zugänglich ist, und da bisher kein Berufenerer sich der Arbeit unterzogen hat, die mir nützlich erscheint und ans Herz gewachsen ist, so gedenke ich, die meinige fortzusetzen, soweit es meine Kraft und mein Amt erlaubt, und zwar hoffentlich ohne weitere Pausen von der Ausdehnung derjenigen, die zwischen dem Erscheinen des 1. und 2. Heftes lag.

Das neue Heft führt bis ins 9. Jahrhundert. Mit der Krönung Karls des Grossen durch den Papst zum römischen Kaiser ist der Knoten augenfällig geschürzt, dessen Lösung oder Zerhauung einen grossen Teil der Kräfte des späteren Mittelalters in Anspruch nimmt; einige vorher schon angesponnene Entwicklungsfäden sollten aber noch bis zu einem gewissen Abschluss gebracht werden.

Über die Anlage und Bestimmung des Buches brauche ich denen, die das 1. Heft kennen, wenig zu sagen. Eckige Klammern im Texte bezeichnen verdeutlichende Zusätze, runde dagegen Entbehrliches oder das Verständnis noch Erschwerendes. Die Anmerkungen lassen sich in drei Klassen zerlegen: in bibliographische, sprachliche und sachliche, wenn auch manche in zwei von diesen zugleich gehören. Die der letzten Klasse haben auch für die Leser Interesse, welche der Grundsprachen unkundig sind; ja, es ist in ihnen manches enthalten, was bei alleiniger Berücksichtigung des Textes mit Recht vermisst werden könnte.

Über mein Verhältnis zu Noacks „Kirchengeschichtlichem Lesebuch“ habe ich mich schon in der Vorrede zum 1. Heft ausgesprochen. Aus einigen weltgeschichtlichen Quellenbüchern war für meinen Zweck nur weniges zu entnehmen, und ich wollte mir von ihnen auch den Weg zu den Texten selbst nicht ersparen lassen. Fritsches „Quellenbuch zur Geschichte des deutschen Mittelalters“ (Leipzig, Teubner 1873), das lateinische Texte bietet, mit Anmerkungen, Erläuterungen und Zusätzen versehen, setzt erst bei der Zeit Karls des Grossen ein. Eher wäre einiges aus Krämers „Historischem Lesebuch über das deutsche Mittelalter“ (in demselben Verlag 1882) zu holen, doch auch verhältnismässig weniges. In Albert Richters „Quellenbuch für den Unterricht in der deutschen Geschichte“ (Leipzig, Brandstetter, 3. Aufl. 1893) fehlt, wo ich kontrolliert habe, zu sehr die Genauigkeit, nicht nur in der Angabe der Fundstätte, sondern auch in der Übersetzung. Reichhaltiger sind Erlers „Deutsche Geschichte . . . in den Erzählungen deutscher Geschichtsschreiber“ (3 Bände, Leipzig, A. Dürr, seit 1882) und Gustav Richters „Annalen der deutschen Geschichte im Mittelalter“, fortgesetzt in Gemeinschaft mit Horst Kohl (Halle, Buchhandlung des Waisenhauses, seit 1873), beide aber eben einerseits auf die deutsche Geschichte, andererseits nicht auf die Kirchengeschichte beschränkt. Sehr wesentliche Dienste leisteten mir Lauchertʼs Ausgabe der „Kanones der wichtigsten altkirchlichen Konzilien nebst den Apostolischen Kanones“ (12. Heft der „Sammlung ausgewählter kirchen- und dogmengeschichtlicher Quellenschriften“, herausgegeben unter Leitung von Prof. D. G. Krüger, Freiburg i. B. und Leipzig, Mohr, 1896), Mirbts „Quellen zur Geschichte des Papsttums“ (in demselben Verlag, 1895) und Haucks treffliche, ebenso fesselnd geschriebene als gründlich gearbeitete „Kirchengeschichte Deutschlands“ (1. Teil, 2. Aufl. 1898, Leipzig, Hinrichs).

Auch für direkt erteilte Auskunft habe ich manchen in liebenswürdigster Weise hilfsbereiten Gelehrten zu danken, vor allem Herrn Prof. D. Loofs in Halle a. S. und meinem hiesigen philologischen Freunde Prof. Dr. Meister. Aus einem Briefe von *Loofs sei hier noch eine Stelle abgedruckt*, die ich in meiner Arbeit selbst nicht mehr anbringen konnte, da der Druck bereits zu weit vorgeschritten war. S. 83, A. 2, steht die blosse Behauptung, dass das Gebot Leos des Isauriers, die kirchlichen Bilder zu beseitigen, in Wirklichkeit 726 erlassen wurde, während nach Theophanes an der im Text übersetzten Stelle ein weit früheres Jahr anzunehmen wäre. Zur Begründung jener bekannten Datierung (726) schreibt mir Herr Prof. D. Loofs: „Die Jahre [der Welt und die Jahre] nach Christo sind bei Theophanes um 8 Jahre hinter den richtigen zurück (vgl. L. Ideler, Handbuch der math. und techn. Chronologie, II, 455ff.). Sein Weltjahr 6217 ist für ihn freilich das Jahr vom 1. Sept. 717—718; aber es entspricht unserm Jahre 725/6. Überdies gibt Theophanes zugleich (ed. de Boor I, 404) das 9. Jahr Leos an und bei dem Jahre 6218 die Indiktionszahl (9); mithin ist man, da Leo nach Theophanes (a. m. 6232 ed. de Boor I, 412) am 25. März der 15. Indiktion (d. i. am 15. März 717) Kaiser wurde, mit seinem 9. Jahre in der Zeit zwischen 25. März 725 und 726, bezw., da Theophanes sein Jahr mit dem 1. Sept. beginnt, in der Zeit zwischen 1. Sept. 725 und 25. März 726. In das 10. Jahr Leos setzen Gregor II, Cedrenus und Zonaras den Anfang des Bilderstreits. Dies kommt, da Leos Regierungsanfang verschieden berechnet ist (vgl. Hefele, Konziliengesch. III², 403ff.), vielleicht ganz auf dasselbe hinaus. Jedenfalls kann nur zwischen 725 und 726 geschwankt werden; das Jahr 717/8 kommt gar nicht in Betracht.“

Leider sind eine Anzahl Druckfehler im Reindruck stehn geblieben, teilweise sogar erst in diesen hineingekommen. Ein Verzeichnis dieser Fehler hat mir für die bis heute fertig vorliegenden Bogen Herr Pfr. a. D. Siegert hier gütigst geliefert. Ich stelle die störenderen unter ihnen zusammen und bite zu lesen:

Im Text:

S.	20,	Z.	13	v.	o.	erweist statt erweisst;
„	27,	„	11	„	„	Ithacius statt Ithacins;
„	44,	„	17	„	„	Paulus statt Saulus;
„	46,	„	4	v.	u.	Bejammernswerten statt Bejammerswerten;
„	53,	„	8	v.	o.	Hippo Regius statt *Hippis Regius*;
„	60,	„	7	„	„	Petrus statt Pertus;
„	83,	„	2	„	„	717 statt 716.
„	85,	„	4	v.	u.	Laodicea statt Ladociea;
„	98,	„	21	v.	o.	nüchternen statt nüchteren;
„	113,	„	7	v.	u.	aber statt aher;
„	149,	„	5	v.	o.	wohlanständige statt Wohlanständige;
„	150,	„	3	v.	u.	entgegenstellt statt entgegengestellt;
„	184,	„	1	„	„	1. Kor. 1, 12 statt 13.
„	235,	„	12	v.	o.	ihren statt seinen.

In den Anmerkungen:

S.	6,	Z.	4	v.	u.	τισί.
„	6,	„	7	„	„	Σεβαστὸς.
„	6,	„	8	„	„	Κωνσταντῖνος.
„	8,	„	3	„	„	ποιημάτων.
„	16,	„	2	„	„	1. Kor.
„	21,	„	6	„	„	tentaverit.
„	22,	„	8	„	„	audeant.
„	35,	„	4	„	„	Ἑλενουπόλεως.
„	39,	„	2	„	„	ἐῤῥιμμένους.—τοὺς.
„	40,	„	9	„	„	Gal. 2, 10.
„	40,	„	12	„	„	αὐτοῖς.
„	45,	„	1	„	„	γίνεται.
„	45,	„	4	„	„	αἰνιττομένου.
„	64,	„	1	v.	o.	γραφόμεναι.
„	88,	„	1	„	„	τεσσαρακοστῆς.
„	125,	„	5	„	„	Mt. 6,15.
„	204,	„	5	„	„	weist.

Leipzig, Juli 1899.

D. P. Mehlhorn.

Inhaltsverzeichnis

A. Die Reichskirche.

I. Entstehung der Reichskirche.

1. Konstantin der Grosse (306—337).

a) Der Sieg Konstantins über Maxentius (312).

Ueber die Todesarten der [Christen-]Verfolger, c. 44[1]).

Der Tag brach an, da Maxentius die Herrschaft angetreten hatte, nämlich der 27. Oktober, und die Quinquennalien gingen zu Ende[2]). Da wurde Konstantin im Schlafe ermahnt, das himmlische Zeichen Gottes[3]) auf den Schilden anzubringen und so das Treffen zu liefern. Er that, wie ihm befohlen war, und deutete durch den querdurchstrichenen Buchstaben X mit umgebogener Spitze Christus auf den Schilden an[4]). Mit diesem Zeichen be-

[1]) Lucii Caecilii liber ad Donatum de mortibus persecutorum, vulgo Lactantio tributus. Edidit Samuel Brandt. Prag, Wien und Leipzig 1897. ‖ [2]) Spiele, die alle 5 Jahre gefeiert werden. ‖ [3]) Das Kreuz. ‖ [4]) Das Zeichen sah also folgendermassen aus: ☧ Der Haken an der Spitze ist eine Andeutung des P, des zweiten Buchstaben im griechisch geschriebenen Namen Christus, der mit X beginnt. — Eusebius (de vita Constantini I., 28f.) erzählt unter Berufung auf eidliche Versicherungen Konstantins selbst: „Um die Mittagszeit, so sagte er, als sich der Tag schon neigte, habe er mit eigenen Augen am Himmel selbst über der Sonne ein aus Licht bestehendes Kreuzeszeichen gesehen, an dem eine Inschrift folgenden Inhalts angebracht gewesen sei: ‚Durch dieses siege' (τούτῳ νίκα). Staunen über diesen Anblick habe ihn und das ganze Heer ergriffen, das ihn auf dem Marsche — — begleitete und des Wunders ansichtig ward. (29:) Nun sei er, so fuhr er fort, im Zweifel gewesen, was die Erscheinung wohl bedeute. Während er noch überlegte und viel nachdachte, brach die Nacht über ihn herein. Da nun sei ihm im Schlafe der Christus Gottes mit dem Zeichen, das er am Himmel gesehen, erschienen und habe ihm befohlen, eine Nachbildung des am Himmel gesehenen

waffnet greift das Heer zum Schwert. Der Feind rückt ohne den Kaiser[1]) entgegen und überschreitet die Brücke[2]). Die Schlachtreihen treffen mit gleicher Front aufeinander, mit grösster Kraft-[anstrengung] wird beiderseits gekämpft: „Flucht kannten nicht diese noch jene“[3]). Da bricht in der Stadt[4]) ein Aufstand los, und der Führer[1]) wird als einer gescholten, der das öffentliche Wohl im Stiche lässt; als er sich zeigt, da ruft plötzlich das Volk (er gab nämlich an seinem Geburtstag Circusspiele) mit Einer Stimme, Konstantin sei unbesiegbar.

Ueber diesen Ruf bestürzt eilt er fort, ruft einige Senatoren zu sich und lässt in den sibyllinischen Büchern[5]) nachsehn, in denen gefunden wurde, dass an jenem Tage der Feind der Römer untergehen werde. Durch diesen Bescheid zur Hoffnung auf den Sieg verleitet, rückt er vor und kommt zur Schlacht. Da wird in seinem Rücken die Brücke zerstört. Bei seinem Anblick wird der Kampf heftiger, und die Hand des Herrn war über der Schlacht[6]). Die Soldaten des Maxentius[7]) werden von Schrecken erfasst, er selbst wendet sich zur Flucht, eilt zur Brücke, die abgebrochen war, und wird, von der Menge der Flüchtenden gedrängt, in die Tiber hinabgestossen. Nachdem [so] endlich der höchst erbitterte Krieg beendigt war, wurde Kaiser Konstantin vom römischen Senat und Volk mit grosser Freude empfangen[8]).

b) Konstantins Kreuzesfahne (das Lábarum).

Eusebius, Leben Konstantins I., 31.

Ein hoher vergoldeter Lanzenschaft trug eine querliegende (Segel-)Stange in Kreuzesform. Oben an der Spitze des Ganzen war ein aus Edelsteinen und Gold geflochtener Kranz befestigt, in dem das Zeichen des heilbringenden Namens, die beiden Anfangs-

---

Zeichens zu machen und dieses als Schutzmittel für die Zusammenstösse mit den Feinden zu gebrauchen.“ Nach Eusebius lässt darauf Konstantin die Kreuzesfahne, das sog. Lábarum („welche die Römer jetzt L. nennen“; das Wort ist nicht sicher zu erklären), anfertigen, die c. 31 beschrieben wird. S. im Text unter b). || [1]) Maxentius. || [2]) Der Tiber. || [3]) Ende eines Hexameters. || [4]) Rom. || [5]) Dem Staats-Orakelbuch, benannt nach der sagenhaften Sibylle von Cumae, die es dem König Tarquinius Superbus verkauft haben soll. || [6]) D. h. es zeigte sich, dass Gott der Partei des Konstantin beistand. || [7]) Maxentianus sc. miles. || [8]) Das nach dem Sieg über Maxentius von Konstantin und seinem Mitkaiser Licinius erlassene Duldungsedikt von Mailand s. 1. Heft, S. 114 ff.

buchstaben, den Namen Christi bezeichneten, nämlich das in der Mitte von einem X durchkreuzte P [1]). Diese Buchstaben pflegte der Kaiser auch in der Folgezeit am Helme zu tragen. Von der Querstange aber, die durch den Schaft gesteckt war, hing ein schwebendes linnenes Tuch herab, ein königliches Gewebe, bedeckt mit einer bunten Menge an einander gereihter Edelsteine, die von Lichtstrahlen blitzten; und mit seinem vielen eingewobenen Golde gewährte es den Beschauern einen unbeschreiblich schönen Anblick. Dieses an der Stange befestigte Tuch nun wurde gleich lang und breit gemacht, der aufrecht stehende Schaft des unteren Teiles war sehr lang und trug hoch oben unter dem Kreuzungspunkte [2]), gerade an dem oberen Ende des gestickten [Fahnen-] Tuches, das goldene Brustbild des gottgeliebten Kaisers sowie seiner Kinder. Dieses heilbringenden Zeichens also bediente sich der Kaiser immer als Schutzmittels gegen jede gegnerische und feindliche Macht und liess allen seinen Heeren Nachbildungen von ihm vorantragen.

c) Erlasse zu Gunsten der Katholischen Kirche [3]).

α) Eusebius, K.-G. X, 7.

Sei gegrüsst, sehr von uns geschätzter Anulinus [4])! Da aus mehreren Thatsachen sich ergibt, dass die Verachtung der Religion [5]), in der die höchste Ehrfurcht vor der heiligsten himmlischen Macht gewahrt wird, den öffentlichen Angelegenheiten grosse Gefahren gebracht hat, und dass gerade ihre gesetzliche Annahme und Beobachtung dem römischen Namen das grösste Glück und allen Angelegenheiten der Menschen einen ausserordentlich guten Stand verschafft hat, vermöge der göttlichen Wohlthaten, so schien es gut, dass jene Männer, die mit der gebührenden Heiligkeit und der eifrigen Befolgung dieses [6]) Gesetzes ihre Dienste der Pflege der göttlichen Religion widmen, den Lohn für ihre (eigenen) Bemühungen davontragen, geehrtester Anulinus. Deshalb will ich, dass jene, die

[1]) Eusebius wörtlich (umständlich und unklar): καθ' οὗ τῆς σωτηρίου ἐπηγορίας τὸ σύμβολον, δύο στοιχεῖα τὸ Χριστοῦ παραδηλοῦντα ὄνομα, διὰ τῶν πρώτων ὑπεσήμαινον χαρακτήρων, χιαζομένου τοῦ ρ κατὰ τὸ μεσαίτατον. — X = Ch, P = R. || [2]) ὑπὸ τῷ τοῦ σταυροῦ τροπαίῳ. || [3]) Ueber das Mailänder Edikt vgl. S. 2, A. 8. || [4]) Prokonsul der Provinz Afrika. Das Jahr des Erlasses ist wohl 313. Vgl. Hatch(-Harnack), Die Gesellschaftsverfassung der christlichen Kirchen im Altertum, S. 147, A. 7, vgl. 149, A. 11. || [5]) θρησκείαν. || [6]) Des christlichen.

innerhalb der Dir anvertrauten Provinz in der katholischen Kirche, der Caecilianus[1]) vorsteht, ihren Dienst dieser heiligen Religion weihen, [und] die man Kleriker zu nennen pflegt, durchaus von allen öffentlichen Leistungen befreit bleiben sollen[2]), damit sie nicht durch eine tempelräuberische Abirrung oder Entweichung[3]) von dem der Gottheit schuldigen Dienste abgezogen werden, sondern vielmehr ohne irgend eine Beunruhigung ihrem eigenen Gesetze nachleben, da, wenn sie recht eifrigen Dienst in Bezug auf das Göttliche thun, das den öffentlichen Angelegenheiten offenbar den grösstmöglichen Nutzen bringt.

β) Derselbe, Leben Konstantins II, 20. 21. 36. 44. 45. 56. III, 64. 65. IV, 18.

II, 20. Es wurden aber auch bei uns[4]), wie schon vorher bei den Bewohnern des anderen Teiles des Erdkreises, Verordnungen der Güte des Kaisers veröffentlicht, und Gesetze, welche die Ehrfurcht gegen Gott atmeten, gewährten allerlei Verheissungen von Wohlthaten, indem sie den Bewohnern der einzelnen Provinzen[5]) das ihnen Zuträgliche und Heilsame gewährten und für die Kirchen Gottes das Geziemende festsetzten. Sie riefen zu allererst[6]) jene zurück, die der Verweigerung des Götzendienstes wegen von den Vorgesetzten der Provinz Ausweisung und Verbannung erduldet haben; sodann befreiten sie die, welche aus derselben Ursache Ratskollegien zugewiesen worden waren, von den [damit verbundenen] öffentlichen Leistungen[7]), indem sie zugleich verordneten, dass die ihrer Habe Beraubten sie wiedererhalten sollten. Die ferner, die in der Zeit des Kampfes sich durch Seelenstärke um Gottes willen hervorgethan hatten und infolge dessen in Bergwerke geschickt worden waren, um dort zu schmachten[8]), oder verurteilt worden waren, auf Inseln zu wohnen, oder gezwungen, öffentliche Frondienste zu leisten, genossen jetzt insgesamt der Frei-

---

[1]) Bischof von Karthago. ‖ [2]) ἀπὸ πάντων ἀπαξαπλῶς τῶν λειτουργιῶν βούλομαι ἀλειτουργήτους (= immunes) διαφυλαχθῆναι. ‖ [3]) πλάνης ἢ ἐξολισθήσεως ἱεροσύλου, d. h. durch eine durch öffentliche Dienste verursachte Entfernung von ihrem Posten, wodurch der Kirche ihre Zeit und Kraft entzogen wird. ‖ [4]) Im Orient, der nach der Besiegung des christenfeindlichen Licinius (324) gleichfalls Konstantin zufiel. ‖ [5]) τοῖς μὲν κατ' ἔθνος ἐπαρχειώταις. ‖ [6]) πρώτιστα πάντων. ‖ [7]) Es hatte ihnen also nicht sowohl eine Ehre erwiesen, als eine Last auferlegt werden sollen. ‖ [8]) κακοπαθεῖν.

heit von alledem. Und die, welche wegen ihrer religiösen Standhaftigkeit ihrer militärischen Ehrenstellung entsetzt worden waren, befreite der kaiserliche Gnadenerlass von ihrer Beschimpfung, indem er [ihnen] die Wahl freistellte, ob sie die ihnen zukommenden Stellungen wieder einnehmen und in ihren früheren Würden ehrenvoll dastehen oder aus Liebe zum einfachen Leben von allen öffentlichen Leistungen unbehelligt bleiben wollten; und die, welche mit Schimpf und Schande verurteilt worden waren, Weiberarbeiten zu verrichten, befreite er ebenso wie die übrigen.

— — Und es gebühre sich, so verordnete der Gnadenerlass[1], 21.
dass das [konfiszierte Gut], was früher aus dem Staatsbesitz[2] entweder durch Kauf oder Schenkung an andere weitergegeben und [was] in ihm verblieben war, seinen *Herren* wieder zurückerstattet werde. So vieles gewährten die ausgesandten Gnadenerlasse der Kirche Gottes.

Wenn aber von den nahen Verwandten keiner mehr am Leben 36.
ist, keiner, der nach berechtigter Erwartung der Erbe eines der Vorgenannten werden soll, ich meine, der Märtyrer oder der Bekenner oder der Verbannten, die aus derartiger Veranlassung[3] ausgewandert sind, so soll [hiermit] verordnet sein, dass immer je die Kirche ihres Ortes die Erbschaft antrete. — —

Der Kaiser ging aber noch weiter und traf energische Massregeln. 44.
Erstens sandte er den nach Provinzen eingeteilten Völkerschaften als Vorgesetzte meistens solche, die durch den heilsamen Glauben geheiligt waren; denen aber, die als hellenisch[4] gesinnt galten, wurde verboten zu opfern. —

Dann wurden nächstdem gleichzeitig zwei Gesetze erlassen: 45.
eins, das die Schändlichkeit des ehemals in Stadt und Land geübten Götzendienstes verbot, sodass niemand [mehr] wagen sollte, weder Götterbilder aufzurichten, noch sich mit Weissagungen und den übrigen vorwitzigen Dingen zu befassen, noch überhaupt zu opfern[5]; ein anderes ferner, das verordnete, die Gebäude der Bethäuser zu erhöhen und die Kirchen Gottes sowohl der Breite, als der Länge nach zu vergrössern[6], als ob, so zu sagen, künftig alle Menschen Gott sich zu eigen geben sollten,

[1]) δωρεά, nachher τὸ τῆς δωρεᾶς γράμμα. ‖ [2]) ἐκ ταμείου. ‖ [3]) D. h. um ihres christlichen Glaubens willen. ‖ [4]) Heidnisch. ‖ [5]) Auch nicht in den Häusern. ‖ [6]) προςοικειοῦσθαι.

nachdem die unsinnige Vielgötterei[1]) aus dem Wege geräumt wäre. Zu solchen Entschlüssen und Erlassen an die Behörden jedes Ortes trieb den Kaiser seine Gottesfurcht an; und das Gesetz enthielt [noch die Bestimmung], mit Geldspenden nicht zu kargen, sondern aus dem Kaiserlichen Schatze selbst die Herstellungskosten zu bestreiten.

56. Ich wünsche, dass dein[2]) Volk Frieden haben und durch Parteistreitigkeiten unbehelligt bleiben soll zum gemeinen Besten des Erdkreises und aller Menschen. In gleicher Weise wie die Gläubigen sollen auch die im Irrtum Befangenen mit Freuden Frieden und Ruhe zu geniessen bekommen.

II, 64. Konstantin der Siegreiche, Grosse und Erhabene an die **Häretiker**[3]).

Vernehmet jetzt durch diesen Erlass, ihr Novatianer, Valentinianer, Marcionisten, Paulianer, ihr sogenannten Kataphryger[4]) und überhaupt ihr alle, die ihr die Sekten[5]) durch eure besonderen Zusammenrottungen füllt, in welche Lügen die bei euch heimische Thorheit verstrickt ist und wie eure Lehre von tödlichen Giften durchdrungen ist[6]), sodass die Gesunden durch euch in Krankheit und die Lebenden in ewigen Tod gestürzt
65. werden. — — — Da es nun also unmöglich ist, dieses Verderben, das von eurer Grundverdorbenheit ausgeht, länger zu ertragen, so verordnen wir durch dieses Gesetz, dass keiner von euch künftig Versammlungen zu halten wage. Deshalb haben wir auch befohlen, alle eure Häuser in denen ihr diese Versammlungen abhaltet, zu konfiszieren[7]), ja, unsere Sorge geht so weit, dass die Rotten [die sich zu] eurer abergläubischen Thorheit [halten] sich nicht nur nicht öffentlich, sondern nicht einmal in einem Privathause oder an abgesonderten Orten versammeln dürfen. Aber, was besser ist, tretet, sovielen von euch es um die wahre und reine Religion zu thun ist, in die katholische Kirche ein und nehmt Teil an ihrer Heiligkeit, durch die ihr auch zur Wahrheit werdet gelangen können. — —

---

[1]) τῆς πολυθέου μανίας. ‖ [2]) Gott ist angeredet. ‖ [3]) Νικητὴς Κωσταντῖνος, Μέγιστος Σεβαστὸς, αἱρετικοῖς. ‖ [4]) Vgl. 1. Heft, S. 83—88 u. 90 f. Die Valentinianer sind eine Art der Gnostiker, die Paulianer, nicht zu verwechseln mit den erst aus dem 7. Jahrhundert stammenden Paulicianern, sind die Anhänger des Paulus von Samosata (S. Heft I, 89). ‖ [5]) αἱρέσεις. ‖ [6]) ἰοβόλοις τισ φαρμάκοις . . . συνέχεται. ‖ [7]) ἀφαιρεθῆναι. Weiter unten in demselben Kapitel wird hinzugefügt, dass sie ohne Aufschub der katholischen Kirche zu übergeben sind.

Auch traf er die Einrichtung[1]), dass als der angemessene Tag des Gebetes der in Wahrheit ausgezeichnete und thatsächlich erste, [der Tag] des Herrn und des Heils gelten solle. — — Deshalb ermahnte er alle Bürger des römischen Reiches, an den nach dem Erlöser benannten Tagen zu feiern[2]), ebenso aber auch die Tage vor dem Sabbat zu ehren, mir scheint, zum Andenken an das, was, wie berichtet wird, an diesen[3]) von dem gemeinsamen Erlöser vollbracht worden ist. Den Tag des Heils aber, der auch nach dem Lichte und der Sonne benannt ist, lehrte er alles, was zum Heere gehörte, eifrig ehren — — —[4]). IV, 18

d) Der Streit um die Person Christi.

α) Arius.

a) Sokrates, Kirchengeschichte I, 5, 2[5]).

Arius aber, einer der ihm[6]) unterstellten Presbyter, ein in der dialektischen Unterredung[7]) nicht unbewanderter Mann, welcher glaubte, der Bischof führe die Lehre des Libyers Sabellius[8]) ein, verfiel aus Eifersucht gerade in das Gegenteil der Meinung des Libyers und trat, wie es schien, heftig gegen das auf, was der Bischof sagte; und er behauptete: Wenn der Vater den Sohn ge-

---

[1]) διδιετύπου. ‖ [2]) σχολὴν ἄγειν. ‖ [3]) Gemeint ist nach dem Zusammenhange offenbar der Freitag. Daher hat man mit Recht und im Einklang mit einer Stelle des Kirchenhistorikers Sozomenos (I, 7, bezw. 8) statt τὰς τοῦ σαββάτου die Lesart τὰς πρὸ τοῦ σαββάτου vorgezogen; „an diesen“: eigentlich „an einem von diesen“. ‖ [4]) In den mitgeteilten Erlassen wird das Heidentum bald dem Christentum, und zwar der katholischen Kirche im Gegensatz zu den Sekten, hintangesetzt, bald geradezu bekämpft. Trotzdem liess sich Konstantin erst im Angesichte des Todes taufen. Vgl. IV, 61: „Als er aber einsah, dass sein Lebensende nahe sei, glaubte er, das sei die Zeit, sich von allem zu reinigen, was er gesündigt habe, indem er überzeugt war, dass er alle Sünden, die ihm als Sterblichen zugestossen seien, durch die Kraft der geheimnisvollen Worte und durch das heilbringende Bad (d. h. die Taufe) von der Seele wasche.“ Statt σωτηρίῳ γε λόγῳ λουτροῦ vermutet Valois: σωτηρίῳ τε λουτρῷ. Nach dieser Konjektur habe ich übersetzt. Desgleichen ist weiter oben die sinnvolle Konjektur „διενοεῖτο“ für δεῖν ᾤετο berücksichtigt. — In der Ansprache, die Konstantin nach c. 62 in Nikomedien vor der Taufe an die versammelten Bischöfe richtet, kommt das bekannte Wort vor: „So soll nun also kein Zweifel mehr (über meine Stellung zum Christentum) bestehen.“ ‖ [5]) Ed. Hussey, Oxford 1853. ‖ [6]) Dem Bischof Alexander von Alexandria (um 320). ‖ [7]) διαλεκτικῆς λέσχης: im philosophischen Disputieren. ‖ [8]) S. 1. Heft S. 90.

zeugt hat, so hat der Gezeugte einen Anfang seines Daseins; und daraus folgt offenbar, dass es eine Zeit gab, in welcher der Sohn nicht existirte[1]); und es ergibt sich mit Notwendigkeit, dass er sein Dasein aus dem Nichts [empfangen] hat[2]).

b) Aus dem Rundschreiben des Bischofs Alexander von Alexandria bei Sokr. I, 6, 9ff.

9. Was sie aber im Widerspruch mit den [heil.] Schriften erfunden haben und schwatzen[3]), ist folgendes: Nicht immer war Gott Vater[4]), sondern es gab eine Zeit, da Gott nicht Vater war. Nicht immer existierte der Logos Gottes, sondern er ist aus Nichtseiendem geworden. Denn der seiende Gott hat den Nichtseienden aus dem Nichtseienden geschaffen. Deshalb gab es auch eine Zeit, da er nicht war. Denn ein Geschöpf und Werk[5]) ist der Sohn.
10. Er ist aber weder dem Wesen nach dem Vater gleich[6]), noch in Wahrheit und von Natur die Vernunft des Vaters[7]), noch seine wahrhaftige Weisheit; sondern er ist einer von seinen Werken und Erzeugnissen[8]) und [wird] missbräuchlicher Weise Logos und Weisheit [genannt][9]), da er ja selbst durch Gottes eigenen Logos[10]) und kraft der Weisheit Gottes entstanden ist, kraft deren Gott sowohl das All, als auch ihn geschaffen hat. Deshalb ist er auch von veränderlicher und wandelbarer Natur wie auch alle [anderen] Ver-
11. nunftwesen; fremd, verschieden und losgelöst ist der Logos vom Wesen Gottes. Und unaussprechlich ist der Vater für den Sohn. Denn weder erkennt der Logos den Vater vollkommen und genau, noch kann er ihn vollkommen sehen; denn sogar vom eigenen Wesen weiss der Sohn nicht, wie es ist; denn um unsertwillen ist er geschaffen, damit uns Gott durch ihn als durch ein Werkzeug schaffe; und er würde nicht entstanden sein, wenn Gott nicht
12. uns hätte schaffen wollen. Fragte sie[11]) doch einer, ob der Logos Gottes sich verändern könne, wie der Teufel sich verändert hat, und sie scheuten sich nicht zu sagen: ja, er kann es, denn er ist veränderlicher Natur, da er hervorgebracht und geschaffen werden

---

1) ὅτι ἦν ὅτε οὐκ ἦν ὁ υἱός. ‖ 2) ἐξ οὐκ ὄντων ἔχειν αὐτὸν τὴν ὑπόστασιν. ‖ 3) λαλοῦσιν. ‖ 4) „Vater" ist hier Prädikat. ‖ 5) κτίσμα . . . καὶ ποίημα. ‖ 6) ὅμοιος κατ' οὐσίαν. ‖ 7) οὔτε ἀληθινὸς καὶ φύσει τοῦ πατρὸς λόγος. ‖ 8) εἷς . . τῶν ποιημάτων καὶ γενητῶν. ‖ 9) Die eingeklammerten Worte finden sich in einer anderen Textüberlieferung. ‖ 10) Hier ist unter Logos wohl das Schöpferwort zu verstehen. ‖ 11) Die Anhänger des Arius.

kann[1]). Da die Anhänger des Arius[2]) dieses sagen und dabei 13.
schamlos beharren, so haben wir sie und die, welche sich ihnen angeschlossen haben, in Gemeinschaft mit den ägyptischen und libyschen Bischöfen, beinahe hundert an Zahl, auf einer Versammlung mit dem Banne belegt[3]). Die Anhänger des Eusebius[4]) aber 14.
haben sich ihrer angenommen[5]) und suchen die Lüge mit der Wahrheit zu vermischen und mit der Frömmigkeit die Gottlosigkeit. Aber sie werden es nicht vermögen. Denn die Wahrheit siegt.

c) Aus dem Briefe des Kaisers Konstantin an Alexander und Arius bei Eusebius, Leben Konstantins, II, 69. 71[6]).

Ich höre, dass der vorliegende Streit dadurch entstanden ist: 69.
Als nämlich Du, Alexander, Deine Priester fragtest, was wohl ein jeder über eine Stelle der heiligen Schrift[7]), oder richtiger, über einen nichtigen Punkt der Streitfrage[8]), denke, und Du, Arius, dasjenige, was Du entweder nicht denken oder, wenn Du es dachtest, mit Schweigen hättest bedecken sollen, unbedacht entgegnetest, — und als daraus die Zwietracht unter Euch entsprang, da wurde die Gemeinschaft aufgehoben[9]) und das heilige Volk[10]) in zwei Teile gespalten und aus dem harmonischen Gefüge[11]) des gemeinsamen Leibes herausgerissen. Darum nehmet zu Herzen, was Euer Mitknecht Euch billigerweise ans Herz legt, und gewähret Euch gegenseitig Verzeihung. — —

— — Lasst uns aber das Gesagte mit grösserem Nachdenken 71.
überlegen und mit mehr Verstand erwägen, ob es wohl recht ist, dass wegen geringfügiger und nichtiger Wortstreitigkeiten unter Euch Brüder sich unter einander bekämpfen. — — — Das ist pöbelhaft[12]) und mehr kindischer Unwissenheit angemessen, als der Einsicht der Priester und verständigen Männer geziemend.

— — — — — — — — — — — — — — —

In Bezug auf die göttliche Vorsehung also habt unter ein-

[1]) „τρεπτός" ist wohl ein blosser Schreibfehler, der sich aus dem vorausgehenden τρεπτῆς . . . φύσεως erklärt. Vorzuziehen ist die Lesart κτιστός, die allein hier einen Sinn gibt. ‖ [2]) τοὺς περὶ Ἄρειον. ‖ [3]) Auf der Synode zu Alexandria 321. ‖ [4]) Nicht des Kirchenhistorikers, des Bischofs von Caesarea, sondern des Bischofs von Nikomedien in Bithynien. ‖ [5]) προςεδέξαντο. ‖ [6]) Vgl. Sokrates, Kg. I, 7. ‖ [7]) τῶν ἐν τῷ νόμῳ γεγραμμένων. Als „Gesetz" ist hier jedenfalls die ganze Bibel bezeichnet. ‖ [8]) ὑπὲρ ματαίου τινὸς ζητήσεως μέρους. ‖ [9]) ἡ μὲν σύνοδος ἠρνήθη. ‖ [10]) ἁγιώτατος λαός = die Christenheit. ‖ [11]) ἁρμονίας. ‖ [12]) δημώδη.

ander Einen Glauben, Einen Sinn, Eine zusammenstimmende Anerkennung der Besseren[1]. — — Gebet dem ganzen Volk den Frieden zurück, der ihm gebührt[2]; und Ihr selbst reinigt gleichsam Eure eigenen Seelen und erkennet einander wieder an.

β) Das Konzil zu Nicäa (325).

α) Seine Berufung und Eröffnung.

Eusebius, Leben Konstantins III, 6ff.

6. Darauf versammelte er[3], indem er gleichsam gegen ihn[4] zu Felde zog, eine allgemeine Synode[5] als die Phalanx Gottes und lud in ehrenvollen Schreiben die Bischöfe ein, von allen Seiten herbeizueilen. Es blieb aber nicht bei dem Befehl, sondern des Kaisers Wille wirkte auch zur Ausführung selbst mit, indem er den einen die Erlaubnis zur Benutzung der Staatspost gewährte, den anderen eine reichliche Anzahl von Lasttieren zur Verfügung stellte; es wurde aber auch eine würdige Stadt für die Versammlung bestimmt, die vom Siege ihren Namen hat, Nicäa in Bithynien. Sobald also der Befehl überall eintraf, so eilten alle wie aus den Schranken[6] mit aller Bereitwilligkeit herbei; denn es zog sie die Hoffnung auf manches Gute an, der Genuss des Friedens und der Anblick der ungewöhnlichen Wundererscheinung,
8. des Angesichts des grossen Kaisers. — — — Unter der Schar der Anwesenden aber befand sich eine Menge von Bischöfen[7], mehr als 250; die Zahl der Presbyter und Diakonen, Akoluthen und so vieler anderer ihres Gefolges war nicht zu fassen.

9. — — — Diesen allen liess der Kaiser Tag für Tag den Unterhalt reichlich gewähren.

Sokrates, K.-G. I, 8, 12f.

12. Es ragten unter den Bischöfen hervor Paphnutius aus der
13. oberen Thebais und Spyridon von Cypern. — Es waren aber viele in der Dialektik geübte Laien mit zugegen, die für beide Parteien mitzusprechen gewillt waren. Die Meinung des Arius

---

1) μία συνθήκη τοῦ κρείττονος. ‖ 2) τὰς οἰκείας περιπλοκάς = die ihm gebührenden Umarmungen. ‖ 3) Konstantin. ‖ 4) „Den unsichtbaren Feind“ der Kirche, d. h. den Satan. (III, 5, 3.) ‖ 5) σύνοδον οἰκουμενικήν. (Ueber Provinzialsynoden s. 1. Heft, S. 28f.) ‖ 6) Wie Wettläufer aus den Schranken, innerhalb deren sie sich bis zum Signale aufhalten müssen. ‖ 7) Nach Sokr., K.-G. I, 8, 31, waren es (wohl nach der Zahl der Knechte Abrahams) 318, die das Bekenntnis unterschrieben, 5, die sich weigerten.

vertraten nun Eusebius von Nikomedien, Theognis und Maris, von denen jener Bischof von Nicäa, Maris aber von Chalcedon in Bithynien war; ihr ritterlicher Gegner aber war[1]) Athanasius, Diakonus der alexandrinischen Kirche. Ihn hielt der Bischof Alexander sehr in Ehren; deshalb war auch der Neid gegen ihn entbrannt. — — —

Eusebius a. a. O. III, 10ff.

Als aber an dem Tage, der für die Synode bestimmt war, auf 10.
der die Streitigkeiten ihre Lösung finden sollten, jeder erschienen war, der an dieser [Versammlung] teilnahm, da befanden sich in dem mittleren Raum des Kaiserpalastes, der an Grösse die übrigen noch zu überragen schien, und in dem auf beiden Seiten viele Sitze reihenweise[2]) aufgestellt waren, die Geladenen (darin) und nahmen alle den ihnen gebührenden Platz ein. Aber als nun die ganze Synode mit der geziemenden Würde[3]) sich niedergelassen hatte, verhielten sich alle schweigend, indem sie das Erscheinen des Kaisers erwarteten. Es trat nun zuerst einer, dann ein zweiter und dritter aus der Umgebung des Kaisers ein. Es gingen [ihm] auch andere voraus, nicht von den gewohnten Soldaten und Leibwächtern[4]), sondern nur von den gläubigen Freunden. Während nun alle sich auf ein Zeichen erhoben, das den Eintritt des Kaisers verkündete, trat jetzt er selbst in die Mitte wie ein himmlischer Bote Gottes, wie durch Lichtstrahlen rings um sich her Glanz verbreitend, vom Feuerschein des Purpurgewandes umstrahlt, mit den schimmernden Lichtern von Gold und kostbaren Steinen geschmückt. — — —

Als er nun an die vorderste Reihe der Sitze gelangte, blieb er vorn in der Mitte stehen[5]), und [auch] als ein kleiner Sessel aus vergoldetem Holz vor ihn hingestellt wurde, setzte er sich nicht eher, als bis ihm die Bischöfe zuwinkten. Dasselbe thaten alle nach dem Kaiser.

Darauf stand derjenige von den Bischöfen, der den ersten 11.
Platz der rechten Sitzreihe innehatte[6]), auf und hielt eine Rede von mässiger Länge, um den Kaiser zu begrüssen und dem allmächtigen Gott um seinetwillen Dank und Preis darzubringen. Als auch er sich gesetzt hatte[6]), entstand ein Schweigen und alle richteten ihre Blicke unverwandt auf den Kaiser. Dieser schaute mit glänzenden

---

[1]) τούτοις δὲ γενναίως ἀντηγωνίζετο. ‖ [2]) ἐν τάξει. ‖ [3]) κόσμῳ. ‖ [4]) ὁπλιτῶν τε καὶ δορυφόρων. ‖ [5]) μέσος πρῶτος ἔστη. ‖ [6]) Eusebius von Caesarea.

Augen alle freundlich an, sammelte dann seine Gedanken und hielt mit ruhiger und sanfter Stimme eine Rede.

12. „Es war das Ziel meines Sehnens, werte Freunde, mich eurer Versammlung zu erfreuen. — — — Denn mir wenigstens gilt der innere Zwist der Kirche Gottes für schrecklicher und gefährlicher als jeder Krieg und jede Schlacht.“ — —

b) Sein Ergebnis: das Symbolum Nicaenum[1]).

Wir glauben an Einen Gott, den allmächtigen Vater, den Schöpfer alles Sichtbaren und Unsichtbaren,

und an Einen Herrn Jesus Christus, den Sohn Gottes, den vom Vater Erzeugten, den Eingeborenen — d. i. aus dem Wesen[2]) *des Vaters* —, *Gott aus Gott, Licht aus Licht*, wahrhaftigen Gott aus wahrhaftigem Gott, gezeugt, nicht geschaffen[3]), — wesenseins mit dem Vater[4]) —, durch den alles geschaffen ist, was im Himmel und auf Erden ist, der um unser, der Menschen, und um unseres Heiles[5]) willen herabkam und Fleisch wurde, sich der Menschheit einverleibte[6]), litt und am dritten Tage auferstand, gen Himmel fuhr und kommen wird, zu richten Lebendige und Tote,

und an den heiligen Geist.

Die aber, welche sagen: „Es war einst [eine Zeit], da er nicht war[7]), und bevor er erzeugt wurde, war er nicht“ und „aus Nichtseiendem ward er geschaffen“, und die behaupten, entweder aus einer anderen Substanz oder Wesenheit[8]) [oder geschaffen] oder verwandelt[9])

---

[1]) Die von dem Konzil, auf dem Athanasius (s. S. 11; später seit 328 Bischof von Alexandria) über Arius siegte, aufgestellte Lehrformel. Der griechische Text auch bei Harnack, Dogmengesch. II^{3}, 226, Anm.; der bei Hase, libri symb., S. 1, gebotene lateinische ist vielfach von dem oben übersetzten griechischen verschieden. ‖ [2]) ἐκ τῆς οὐσίας. Obgleich dieses Wort im Symbolum vorkommt, hat nach Sokr. a. a. O. III, 7, 14 die Synode die Anwendung der Ausdrücke οὐσία und ὑπόστασις in Bezug auf Gott für unstatthaft und ersteren sogar für durchaus unbiblisch erklärt. ‖ [3]) γεννηθέντα, οὐ ποιηθέντα. ‖ [4]) ὁμοούσιον τῷ πατρί. ‖ [5]) σωτηρίαν. ‖ [6]) ἐνανθρωπήσαντα. ‖ [7]) Ἦν ποτὲ ὅτε οὐκ ἦν (s. S. 8, Anm. 1). ‖ [8]) ὑποστάσεως ἢ οὐσίας. ‖ [9]) τρεπτόν. Den Gegensatz zu der oben verworfenen Ansicht finden wir auch in der Lehrformel wieder, welche das Konzil zu Chalcedon (451) aufstellte. In dieser heisst es (griechischer Text bei Harnack, DG. II^{3}, 371): Folgend also den heiligen Vätern, lehren wir alle einstimmig als ein und denselben Sohn unsern Herrn Jesus Christus bekennen, zugleich vollkommen in der Gottheit und vollkommen in der Menschheit, wahrhaft Gott und zugleich wahrhaft Mensch; — — ein- und denselben Christus — — erkennen wir in

oder verändert sei der Sohn Gottes, [diese] belegt die katholische [und apostolische] Kirche mit dem Bann[1]).

Anhang.

1. Dogmatischer Laien-Eifer gegen Ende des 4. Jahrhunderts. Gregor von Nyssa, Von der Gottheit des Sohnes und Geistes[2]).

Auch jetzt gibt es solche, die nach Art jener Athener[3]) „auf nichts anderes gerichtet sind, als etwas Neues zu sagen und zu hören"; manche, die gestern und vorgestern aus den Werkstätten der Handwerker hervorgingen, haben sich auf einmal zu Lehrern

---

zwei Naturen unvermischt und unverändert, ungeschieden und ungetrennt (ἕνα καὶ τὸν αὐτὸν Χριστὸν . . . ἐν δύο φύσεσιν ἀσυγχύτως, ἀτρέπτως, ἀδιαιρέτως, ἀχωρίστως γνωρίζομεν). — Derselbe Gegensatz von ἀσυγχύτως und ἀχωρίστως erscheint auf die Lehre von der Dreieinigkeit angewendet in dem nicht von Athanasius stammenden, sondern erst im 6. Jahrhundert nachweisbaren Symbolum Athanasianum oder Symbolum Quicunque (so genannt wegen seiner Anfangsworte: Quicunque vult salvus esse, ante omnia opus habet, ut teneat catholicam fidem, d. h.: wer selig werden will, muss vor allem am katholischen Glauben festhalten). Hier heisst es: „Der katholische Glaube ist aber der, dass wir Einen Gott in der Dreieinigkeit und die Dreieinigkeit in der Einheit verehren, indem wir weder die Personen vermischen (confundentes), noch das Wesen zerreissen (separantes)." — Das Symb. Apostolicum s. Heft I, 75.

[1]) ἀναθεματίζει. — In dem Schreiben Konstantins an die Gemeinde zu Alexandria (Sokr. I, 9, 24) ist die Autorität des nicänischen Symbolums schon auf Inspiration gegründet: „Denn was den 300 Bischöfen gut geschienen hat, ist nichts anderes als Gottes Urteil (οὐδὲν . . ἕτερον ἢ τοῦ θεοῦ γνώμη), zumal da der heilige Geist, der den Seelen solcher und so grosser Männer innewohnt, den göttlichen Willen offenbart hat (μάλιστά γε ὅπου τὸ ἅγιον Πνεῦμα τοιούτων καὶ τηλικούτων ἀνδρῶν ταῖς διανοίαις ἐγκείμενον τὴν θείαν βούλησιν ἐξεφώτισεν).

Das Konzil von Konstantinopel (381) bestätigte das nicänische Bekenntnis. (Sokr. K.-G. V, 8, 14.) Die unterliegende Partei wird als die der Macedonianer bezeichnet (V, 8, 2. 5). Der arianisch gesinnte und darum von Kaiser Konstantius († 361) nicht als Bischof von Konstantinopel anerkannte „Macedonius lehnte es ab, den heiligen Geist mit in die Gotteslehre von der Dreieinigkeit (εἰς τὴν θεολογίαν τῆς τριάδος) aufzunehmen, und ebenso erklärte der Bischof Eustathius von Sebastia in Armenien: „Ich mag den heiligen Geist weder Gott nennen, noch möchte ich ihn als ein Geschöpf zu bezeichnen wagen." Deshalb nennen die Bekenner des „Homousios" (der Wesenseinheit des Sohnes und Geistes mit dem Vater) sie auch Streiter wider den heiligen Geist (πνευματομάχους. II, 45, 6 f.). || [2]) Gregor, Bischof von Nyssa in Kappadozien, † um 394. Περὶ θεότητος υἱοῦ καὶ πνεύματος λόγος. Migne, patr. graec. XLVI, 558. || [3]) Apg. 17, 21.

der Dogmatik in der Theologie aufgeworfen; manche, die vielleicht Sklaven und Taugenichtse waren und aus dem Sklavendienste entflohen, philosophieren uns feierlich über die unbegreiflichen Dinge etwas vor. Es ist auch nicht unbekannt, auf welche Leute sich meine Rede bezieht, denn alles in der Stadt ist voll von solchen Leuten, Gassen, Märkte, Strassen[1]): die Trödler, welche Kleider verkaufen, die, welche an den Wechslertischen stehen, die uns Esswaren verkaufen. Wenn du wegen der Groschen[2]) fragst, philosophiert dir einer über das Gezeugt- und Ungezeugtsein vor, und wenn du nach dem Preise des Brotes fragst, antwortet er dir: „Der Vater ist grösser, und der Sohn ist untergeordnet[3])". Wenn du sagst: „Das Bad ist mir recht", entscheidet er, dass der Sohn aus nichts geschaffen sei. Ich weiss nicht, wie man diese Krankheit nennen soll, Wahnsinn oder Raserei oder [sonst] eine epidemische Krankheit, die Geistesverwirrung verursacht.

2. Strassenkampf zwischen Arianern und Homousianern[4]) zur Zeit des Chrysostomus (um 400).

Sokrates K.-G. VI, 8.

Die arianisch Gesinnten hielten, wie gesagt, ihre gottesdienstlichen Versammlungen ausserhalb der Stadt. So oft also in jede Woche Festtage fielen, ich meine Sabbat und Herrentag, an denen die kirchlichen Versammlungen stattzufinden pflegen, versammelten sie sich innerhalb der Stadtthore um die Säulenhallen und stimmten Wechselgesänge an, die nach dem arianischen Glauben abgefasst waren; und dies thaten sie den grössten Teil der Nacht hindurch. Gegen Morgen aber zogen sie unter solchen Wechselgesängen durch die Stadt zu den Thoren hinaus nach den Stätten, wo sie Gottesdienst hielten[5]). Da sie nun fortwährend die Anhänger des Homousion mit ihren Worten reizten — denn oft stimmten sie auch einen solchen Gesang an: „Wo sind die, welche sagen, die drei[6]) seien Eine Macht?" —, da fürchtete auch Johannes[7]), dass jemand von den einfacheren Leuten durch solche Gesänge von der Kirche abtrünnig gemacht würde, und stellte ihnen daher die Leute seiner eigenen Gemeinde gegenüber, damit auch sie sich dem nächtlichen

---

[1]) αἱ πλατεῖαι, τὰ ἄμφοδα. Beides ist in „Strassen" zusammengefasst. || [2]) τῶν ὀβολῶν. || [3]) ὑποχείριος. || [4]) S. o. S. 13, A. 1. || [5]) συνῆγον. Vgl. oben συναγωγάς. || [6]) τὰ τρία, sc. πρόσωπα. || [7]) Chrystostomus, 398—404 Bischof von Konstantinopel.

Hymnengesang widmeten und so den Eifer jener in diesem Punkte in den Schatten stellten und ihre Glaubensgenossen im eigenen Glauben bestärkten. Die Absicht des Johannes schien nun allerdings gut zu sein; aber mit gefährlichem Tumult endigte die Sache[1]). Denn da die Hymnen der Homousianer[2]) bei dem nächtlichen Hymnengesang glänzender ausfielen, — denn er[3]) hatte silberne Kreuze erfunden, welche leuchtende Wachsfackeln trugen, und die Kaiserin Eudoxia hatte das Geld dazu gegeben, — so begannen die Arianer, welche die Mehrzahl bildeten und von Eifersucht ergriffen waren, sich zu rächen und Zusammenstösse zu veranstalten. Denn von der Herrschaft her, in deren Besitz sie gewesen[4]), waren sie noch hitzig zum Kampf und verachteten die Gegner. Unverzüglich also schreiten sie in einer der Nächte zum Kampfe; mit einem Stein wird Brison, der Kämmerer der Kaiserin, der damals den Hymnensängern Beifall klatschte, an der Stirn getroffen, und es kommen auch einige aus dem Volk auf beiden Seiten um. Darüber erregt verbot der Kaiser den Arianern, ihren Hymnengesang öffentlich zu veranstalten. — — —

2. Kaiser Julianus der Abtrünnige (361—363).

a) Aus seiner Schrift „Gegen die Christen"[5]).

Wenn ihr nun wenigstens bei den Meinungen der Hebräer geblieben wäret, so würde es euch doch nicht so durchaus schlecht ergangen sein, ihr würdet euch dann allerdings auch in einer weniger guten Lage befunden haben als eurer früheren, solange ihr noch bei uns waret, aber doch immerhin in einer erträglichen, die man aushalten kann. Denn dann würdet ihr nicht an Stelle vieler Götter einen einzigen Menschen oder vielmehr viele elende Menschen verehren. Ihr würdet an Stelle unserer milden und humanen Gesetze einem harten und unerbittlichen,

[1]) σὺν ταραχῇ δὲ καὶ κινδύνοις τὸ τέλος ἐδέξατο. || [2]) τοῦ Ὁμοουσίου. || [3]) Johannes. || [4]) ἐκ τῆς παραλαβούσης δυναστείας. Der Sinn von παραλαβούσης ist unklar; die obige Uebersetzung, die sich auf die lateinische von Hussey gründet, ist wohl unrichtig und der Text verdorben. || [5]) (Κατὰ Χριστιανῶν λόγοι.) Kaiser Julians Bücher gegen die Christen. Nach ihrer Wiederherstellung übersetzt von Karl Johannes Neumann, Leipzig 1880.

vielfach rohen und barbarischen Gesetze unterworfen sein und so im Ganzen uns allerdings nachstehen, aber dafür in den frommen Bräuchen reiner und lauterer sein. Jetzt aber geht es euch wie den Blutegeln, die das schlechteste Blut herausziehen und das reinere zurücklassen. Jesus aber hat die geringsten Leute unter euch überredet und wird seit wenig mehr als 300 Jahren genannt. Während seines Lebens hat er nichts gethan, was der Rede wert wäre, es müsste denn jemand die Heilung von Lahmen und Blinden in den Dörfern Bethsaida und Bethanien für eine gewaltige That halten. Ihr wisst nicht einmal, ob Jesus die Reinheit überhaupt erwähnt hat. Dagegen eifert ihr den Juden in ihrer Wut und ihrer Gehässigkeit nach, ihr stürzet Tempel und Altäre und habt nicht nur von uns diejenigen niedergemetzelt, die den väterlichen Satzungen treu blieben, sondern auch von den Leuten, die euren Irrtum teilen, die Ketzer, die nicht genau auf dieselbe Weise wie ihr den Toten beklagen. Aber dies fällt [nicht sowohl Jesu als] vielmehr euch zur Last; denn nirgends hat Jesus oder Paulus euch dies Gebot gegeben — aus dem einfachen Grunde, weil sie sich gar nicht bis zu der Hoffnung verstiegen, ihr könntet jemals solche Gewalt erlangen [1]. — — —

Wenn wirklich das Lesen eurer Schriften euch befriedigt, warum nascht ihr von der Literatur der Hellenen? Es ist ja doch wesentlicher, von ihr die Leute fern zu halten als vom Genuss der Götzenopfer. Von diesem hat der Geniessende keinen Schaden, wie Paulus selbst sagt; nur das Gewissen des Bruders, der es sieht, könnte nach eurer Meinung ein Aergernis daran nehmen [2], ihr weisen und nun gar noch hoffärtigen Leute! Diese unsere Literatur aber hat alles Edle, was die Natur bei euch hervorgebracht, bewogen, sich von eurer Gottlosigkeit abzuwenden [3].

Wo hat Gott den Hebräern ein zweites Gesetz neben dem bestehenden verheissen? Nirgends, nicht einmal eine Revision des bestehenden. Vernimm nun wiederum den Moses: „Ihr sollt nicht dazu thun [zu dem], das ich euch gebiete, und sollt auch nichts davon thun. Bewahret die Gebote des Herrn eures Gottes, die ich euch heute gebiete“; und „verflucht ist jeder, der nicht in allen bleibet“ [4]. Ihr aber habt es für etwas geringes erachtet, von den Worten des

[1]) Neumann, S. 267. ‖ [2]) Röm. 14, 20 f. Kor. 8, 7. 13. ‖ [3]) Neumann, S. 30. ‖ [4]) 5. Mos. 4, 2. 27, 26.

Gesetzes etwas zu streichen und etwas dazu zu thun, und eine vollständige Uebertretung desselben für weitaus mannhafter und starken Christen angemessener. Dabei hattet ihr nicht die Wahrheit im Auge, sondern die Leichtigkeit, überall Anklang zu finden[1]).

Vernehmet eine treffliche und staatsmännische Mahnung: „Verkaufet eure Habe und gebt sie den Armen! Machet euch Säckel, die nicht veralten[2])!" Kann jemand wohl ein Gebot nennen, das von mehr staatsmännischer Einsicht zeugt? Wird es wohl noch einen Käufer geben, wenn alle dir folgen? Kann jemand eine Lehre billigen, bei deren Durchführung der Staat kein Volk und keine Familie mehr zusammenhalten kann? Wie kann denn noch ein Hauswesen oder eine Familie in Ehren dastehen, wenn sie alles verkauft hat? Und dass es auch keinen Handelsstand mehr geben würde, ist unleugbar und wird doch mit Stillschweigen übergangen[3]).

b) Sein Verfahren gegen die Christen.

Aus der (römischen) Geschichte des Ammianus Marcellinus († nach 390)[4]).

XXII. Buch.

Obgleich er von frühester Kindheit an der Verehrung der c. 5.
Götter geneigter war und allmählich heranwachsend von Eifer dafür entbrannte, so betrieb er aus vielfacher Besorgnis gewisse Dinge, die darauf hinzielten, so geheim als möglich. Als er aber sah, dass nach Wegfall dessen, was er fürchtete[5]), die Zeit gekommen sei, in der es ihm freistehe zu thun, was er wollte, da eröffnete er die Geheimnisse seines Herzens und bestimmte durch klare und uneingeschränkte Verordnungen dass die Tempel [wieder] geöffnet, Opfertiere zu den Altären gebracht und die Verehrung der Götter wiederhergestellt werde. Und um die Wirkung seiner Anordnungen zu verstärken, liess er die uneinigen Vorsteher der Christen mit dem gespaltenen Volke in den Palast kommen und ermahnte sie in ziemlich leutseliger Weise, ihre Streitigkeiten einschlafen zu lassen und ein jeder ungehindert furchtlos seiner Religion zu leben. Dies betrieb er deshalb so entschieden, damit er, wenn die Freiheit die Meinungsverschiedenheiten noch vermehrte, dann kein einmütiges [christliches] Volk zu fürchten brauchte, da er aus Er-

[1]) Neumann, S. 41. ‖ [2]) Luc. 18, 22. 12, 33. ‖ [3]) Neumann, S. 51. ‖ [4]) Ammiani Marcellini rerum gestarum libri qui supersunt, rec. V. Gardthausen. Leipzig 1874. ‖ [5]) Nach dem Tode des Kaisers Konstantius (361).

fahrung wusste, dass keine wilden Tiere den Menschen so feindlich sind, wie die meisten der Christen einander verderblich sind.

c. 13. Zu derselben Zeit[1]), am 22. Oktober, wurde das grossartige Heiligtum des daphnäischen[2]) Apollo, das jener zornige und grausame König Epiphanes Antiochus[3]) erbaut hat, und das Gottesbild darin, welches dem olympischen Jupiter-Bild an Grösse gleichkam, durch eine plötzliche Feuersbrunst eingeäschert. Da es durch einen so furchtbaren Unglücksfall plötzlich zerstört war, riss der Zorn den Kaiser soweit fort, dass er strengere Untersuchungen als gewöhnlich anstellen und die Hauptkirche[4]) zu Antiochia schliessen liess. Denn er argwöhnte, die Christen hätten das gethan, durch Neid aufgestachelt, weil sie mit Unwillen sahen, dass dieser Tempel mit einem prunkvollen Säulengang umgeben wurde. — — —

XXV. Buch, c. 4, 20.

— — Er gab auch Gesetze, die manches unbedingt geboten oder verboten; sie waren nicht drückend mit Ausnahme einiger wenigen. Unter diesen war ein hartes das, welches den Christen verbot, als Lehrer der Beredsamkeit und Grammatik zu wirken, wenn sie nicht zum Dienste der Götter übertraten[5]).

3. Die Unterdrückung des Heidentums und der Ketzerei im römischen Reiche.

a) Gesetze[6]).

α) Gegen das Heidentum[7]).

𝔞) Edikt des Konstantius vom Jahre 341.

Weg mit dem Aberglauben: der Unsinn der Opfer werde abgeschafft![8])

---

[1]) Als Julian den Zug gegen die Perser antrat, i. J. 362. || [2]) Daphne eine Vorstadt von Antiochien. Vgl. XIX, 12. || [3]) Nach anderen Seleucus Nicator. || [4]) maiorem ecclesiam. || [5]) Sein Zeitgenosse Eutropius kennzeichnet sein Verhalten gegen die Christen in seinem breviarium Romanae historiae X, 16 mit den Worten: religionis Christianae insectator, perinde tamen ut cruore abstineret (unblutiger Christenverfolger)! — Das Leben Julians beschreibt auch Sokr., K.-G. III. „Die Worte des Sterbenden: Du hast gesiegt, Galiläer, sind nicht sicher zu belegen, bezeichnen aber den Eindruck des Ereignisses." Möller, K.-G. I, 320 f. || [6]) Codex Theodosianus, herausg. v. Haenel, Bonn 1842. Vergl. auch oben unter „Konstantin d. Gr." S. 3 ff. || [7]) Hase, Kirchengeschichte auf der Grundlage akademischer Vorlesungen, I, 456: Die alte Religion des Reichs, aus den Städten hinausgedrängt, wurde zur Dorfreligion, zum Paganismus. Die klassische Bedeutung von pagani ist Landleute, insbesondere die nicht Kriegsdienste leisten. Die kirchliche Bedeutung findet sich zuerst in einer Schrift von 365 und in einem Gesetz von 368 Religio in pagis, in der Haide. || [8]) Cesset superstitio: sacrificiorum aboleatur insania. A. a. O. XVI, 10, 2 (S. 1612).

b) Edikt desselben Kaisers vom Jahre 346 (?).

Es ist mein Wille, dass in allen Orten und Städten fortan die Tempel geschlossen werden, und dass, indem alle an deren Besuch verhindert werden, den Verworfenen die Freiheit genommen werde, sich zu vergehen. Wir wollen auch, dass alle sich der Opfer enthalten. Wenn aber jemand etwas derartiges begehen sollte, so sei seine Strafe der Tod durchs Schwert. Auch das Vermögen des Hingerichteten soll, so verfügen wir, dem Fiskus anheimfallen; und ebenso sollen die Leiter der Provinzen bestraft werden, wenn sie es versäumen, die[se] Verbrechen zu ahnden[1]).

c) Edikt Theodosius d. Gr. vom Jahre 392[2]).

Überhaupt niemand, welchem Geschlechte, welchem Rang unter den Menschen, unter den Ehrenstellen er auch angehöre, mag er ein Staatsamt bekleiden oder eine Ehrenstelle bekleidet haben, sei er von Geburt her einflussreich oder niedrig in Bezug auf Herkunft, Stellung und Lebenslage, soll in irgend einem Ort, in irgend einer Stadt den vernunftlosen Götterbildern ein unschuldiges Opfer schlachten oder, in geheimeren Verbrechen[3]), den Lar[4]) durch [heiliges Herd-] Feuer, den Genius[5]) durch Wein[spenden], die Penaten[6]) durch Opferduft verehren, ihnen Lichter anzünden, Weihrauch darbringen und Blumengewinde aufhängen.

Wenn aber jemand wagt, ein Opfertier mit Opfermehl zu be- § 1.
streuen, um es zu opfern, oder die noch rauchenden Eingeweide zu befragen, so soll er als ein nach Art derer, die ein Majestätsverbrechen begangen haben, Schuldiger angeklagt werden — wobei jedermann die Anklage freisteht — und das entsprechende Urteil empfangen, auch wenn er nicht [in feindseliger Absicht] gegen das Leben[7]) der Herrscher oder in betreff ihres Lebens Fragen gestellt hat: denn es genügt für die Grösse des Verbrechens, dass man die Gesetze der Natur selbst durchbrechen, Unerlaubtes erforschen, Verborgenes erschliessen will, Verbotenes unternimmt, nach dem Ende des Lebens eines anderen forscht, Hoffnung auf den Untergang eines anderen erweckt[8]).

---

[1]) S. 1613. || [2]) A. a. O. S. 1617—19. Neben ihm sind seine Söhne Arkadius und Honorius genannt. || [3]) piaculo. || [4]) Den Schutzgott des Hauses. || [5]) Schutzgeist des Einzelnen. || [6]) Gottheiten der Familie sowie auch des aus dem Familienverband erwachsenen Staates. || [7]) contra salutem. || [8]) spem alieni interitus polliceri.

§ 2. Wenn aber jemand die von Menschenhand gemachten und unter [dem Zahn] der Zeit leidenden Götterbilder durch Darbringung von Weihrauch verehrt und, in lächerlicher Weise plötzlich fürchtend, was er selbst gebildet hat, entweder durch Umwindung eines Baumes mit Binden[1]) oder durch Aufrichtung eines Altars aus herausgegrabenen Rasenstücken nichtige Bilder, sei es auch mit einem geringwertigen Geschenk, doch mit vollkommener Verletzung der Religion, zu ehren sich untersteht, so soll er als ein der Religionsverletzung Schuldiger, mit dem [Verlust des] Hause[s] oder der Besitzung bestraft werden, wo er erwiesenermassen in heidnischem Aberglauben [jenen] gedient hat. Denn wir erachten, dass alle Orte, die erwiesenermassen von Weihrauchdufte geraucht haben — vorausgesetzt jedoch, es erweisst sich, dass sie ein rechtmässiger Besitz[2]) der Weihrauchspendenden waren —, unserm Fiskus einzuverleiben sind.

§ 3. Wenn aber einer in öffentlichen Tempeln und Heiligtümern oder in fremden Häusern oder auf fremdem Grundbesitz ein derartiges Opfer zu vollziehen sich untersteht, wenn er sie sicher ohne Wissen ihres Herrn [zu seinen Zwecken] gebraucht hat, so ist er zur Zahlung einer Busse von 25 Pfund Gold zu zwingen[3]); den aber, der gegen dieses Verbrechen Nachsicht übt, soll die gleiche Strafe treffen wie den Opfernden. — — — — — — —

β) Gegen die Ketzer.

α) Edikt des Valens, Gratianus und Valentinianus von 376[4]).

Längst haben wir zu Gunsten der heil. katholischen Religion[5]), damit dem Unfug ketzerischer Versammlung[en] ein Ende gemacht werde, angeordnet, dass, mögen nun in den Städten oder auf dem Lande ausserhalb der Kirchen, die in unserm Schutze stehen[6]), Versammlungen gehalten werden, alle die Orte dem Staate verfallen, wo unter dem falschen Vorwand der Religion Altäre aufgestellt würden[7]). — — — — — — — — — —

[1]) Wie sie Priester und Opfertiere trugen. || [2]) in iure. || [3]) XXV librarum auri multae nomine cogetur inferre. Multae nomine wörtlich: unter dem Rechtstitel einer Geldstrafe. 1 ℔ Gold = 913½ Mk. || [4]) A. a. O. S. 1523f. (XVI, 5, 3.) || [5]) pro religione catholicae sanctitatis. || [6]) quas pax nostra obtinet. || [7]) Nach einem Edikt von 414 (XVI, 5, 54, § 1; S. 1559) werden sie „der verehrungswürdigen katholischen Kirche“ zugeeignet.

b) Edikt Gratians, Valentinians und Theodosius' von 381[1]).

— — Von aller Kirchen Schwellen sollen sie weggewiesen und ganz in Schranken gehalten werden, da wir allen Häretikern verbieten, unerlaubte Versammlungen in den Städten zu halten, und gebieten, wenn sie in einem Ausbruch ihrer Parteileidenschaft [doch] etwas unternehmen[2]), ihre Raserei auch aus den Mauern der Städte selbst zu verbannen und sie zu vertreiben, damit sie[3]) sämtlichen orthodoxen Bischöfen der katholischen Kirche, die am nicänischen Glauben festhalten, auf dem ganzen Erdkreis zurückgegeben werden.

c) Edikt derselben aus demselben Jahre[4]).

Wenn ein Manichäer oder eine Manichäerin vom Tage des soeben erlassenen Gesetzes an — — auf irgend eine Person durch ein Vermächtnis oder unter dem Titel irgend einer Schenkung und in Gestalt eines Geschenkes Eigentum überträgt, oder jemand von diesen[5]) durch die Schenkung einer unter irgend einer Form angetretenen Erbschaft bereichert worden ist, so soll, da wir diesen auf Grund des dauernden Brandmals gerechter Schande fortan jedes Recht, zu testieren und nach römischem Rechte zu leben, entziehen und ihnen die Fähigkeit, irgend eine Erbschaft zu vermachen oder anzunehmen, absprechen, das Ganze dem Vermögen unseres Fiskus durch unmittelbar folgendes Verfahren[6]) einverleibt werden.

§ 1. Und nicht nur für die Zukunft soll das Formular dieses durch Unsere Gnaden erlassenen Gesetzes gelten, sondern auch mit rückwirkender Kraft soll zu Gunsten des Fiskus in Beschlag genommen werden, was solche Personen an Besitz hinterlassen oder als Erbe erhalten haben[7]). — — —

b) Edikt des Arkadius und Honorius von 395[8]).

Unter dem Namen Häretiker werden die zusammengefasst und sollen umfassenden gegen sie gerichteten Strafgesetzen unterstellt sein, die auch nur in einem untergeordneten

[1]) XVI, 5, 6; S. 152f. || [2]) si quid eruptio factiosa tentaverit. || [3]) Die Städte. || [4]) XVI. 5, 7. || [5]) Manichäern. S. Heft I, 85, Anm. 5. || [6]) Lies: imminenti indagatione. || [7]) sed in praeteritum etiam, quidquid talium personarum aut proprietas reliquit aut successio habuit, usurpatio fiscalis commodi persequatur. Im Edikt von 407 wird diese Entrechtung ausdrücklich auf Montanisten (Phrygae) und Priscillianisten (s. u. S. 25 ff.) ausgedehnt. XVI, 5, 40. || [8]) XVI, 5, 28.

Punkte[1]) vom Urteil und Wege der katholischen Religion offenbar abweichen. — —

e) Edikt derselben aus demselben Jahre an den Kanzler Marcellus[2]).

Wir befehlen Deiner Excellenz[3]) nachzuforschen, ob einer von den Ketzern in der Kanzlei oder Polizei oder am Hofe unter Verletzung unserer Gesetze ein Amt zu bekleiden sich untersteht[4]); diesen ist nach dem Vorgange unseres hochseligen[5]) Vaters auch von uns jedes Recht, ein Amt zu bekleiden, versagt. — —

f) Edikt derselben von 398[6]).

Geistliche des eunomianischen oder montanistischen Aberglaubens[7]) sollen aus der Gemeinschaft und dem Verkehr sämtlicher Bürgerschaften und Städte ausgestossen werden. Wenn diese etwa auf dem Lande leben und ihnen nachgewiesen wird, dass sie dort das Volk um sich scharen oder irgendwelche Versammlungen veranstalten, sollen sie auf immer deportiert werden; dazu soll der Verwalter des Gutes[8]) mit der äussersten Strafe belegt werden und der [Guts-]Herr seines Gutes verlustig gehen, in dem mit deren Wissen und Schweigen die unseligen und verfluchten Zusammenkünfte erwiesenermassen gehalten worden sind. —

§ 1. Ihre Bücher, die Anweisung und Zündstoff zu allen Verbrechen enthalten, befehlen wir mit besonderer Entschiedenheit, mit grösstem Spürsinn alsbald aufzusuchen und auszuliefern, damit sie (alsbald) unter den Augen der Richter verbrannt werden. Wenn einer etwa überführt wird, etwas von diesen [Büchern] unter irgend einem Vorwand oder Betrug verheimlicht und nicht ausgeliefert zu haben, so wisse er, dass er als einer, der strafbare und frevelhaft geschriebene Bücher beschützt[9]), mit dem Tode zu bestrafen ist[10]).

---

[1]) vel levi argumento. ‖ [2]) XVI, 5, 29. ‖ [3]) Sublimitatem tuam. ‖ [4]) vel in scriniis vel inter agentes in rebus vel inter palatinos cum legum nostrarum iniuria audeant militare. ‖ [5]) divi. ‖ [6]) XVI, 5, 34; S. 1543f. ‖ [7]) Eunomius, Bischof von Kyzikos, hatte im Gegensatz zum Nicaenum die Unähnlichkeit des Sohnes und des Vaters behauptet. Über die Montanisten s. Heft I, S. 85ff. ‖ [8]) procuratore possessionis. ‖ [9]) velut noxiorum codicum et maleficii crimine conscriptorum retentatorem. ‖ [10]) Im Edikte von 407 (XVI, 5, 40; S. 1548) wird bestimmt: „Wenn der Oberbeamte (rector) der Provinz diese Verbrechen (die Zusammenkünfte der Häretiker und die Überlassung von Versammlungsräumen an sie) — — nicht beachtet, so wisse

g) Edikt des Honorius und Theodosius II. von 410[1]).

— — So mögen alle Feinde des heiligen Gesetzes[2]) wissen, dass sie mit Acht und Tod[3]) zu bestrafen sind, wenn sie vermöge der fluchwürdigen Verwegenheit ihres Verbrechens sich fernerhin herausnehmen, öffentlich zusammenzukommen.

b) Gewaltthätigkeiten.

α) Gegen das Heidentum.

Sokrates K.-G. V, 16.

Um diese Zeit[4]) regte sich auch in Alexandria ein solcher Fanatismus[5]). Auf Betrieb des Bischofs Theophilus befahl ein Erlass des Kaisers[6]), dass die Tempel der Hellenen[7]) zu Alexandria zerstört würden, und dass dies unter der Leitung[8]) des Theophilus geschehe. Im Besitz dieser Vollmacht war Theophilus leidenschaftlich beflissen, an den Heiligtümern der Hellenen Gewalt zu üben. So säuberte er denn das Mithräum[9]) und zerstörte das Serapeum. — — — Als die Hellenen zu Alexandria dies so geschehen sahen, und insbesondere die Philosophen von Profession[10]), so ertrugen sie den Schmerz nicht, sondern fügten den Scenen, die sie früher schon aufgeführt hatten[11]), noch grössere hinzu. In Einem Ansturm gingen sie nämlich auf ein gewisses Zeichen hin gegen die Christen los und vollbrachten allerlei Mordthaten; aber auch die Christen setzten sich zur Wehr und aller Art Unheil folgte auf Unheil. So lange dauerte der Kampf, bis der Ekel an den Mordthaten der Sache ein Ende machte. Furcht ergriff infolge des Geschehenen die hellenisch Gesinnten, die sich vor dem Zorn des Kaisers fürchteten. — — Viele flohen aber auch aus Alexandria und verteilten sich auf die [anderen] Städte. — — Nachdem so das Unheil gehemmt war, unterstützten den Theophilus bei der Zerstörung der Tempel der Präfekt von Alexandria und der Kommandant der militärischen Abteilung[12]). Die Tempel wurden also zerstört; die

er, dass er eine Strafe von 20 ℔ Gold zu zahlen hat. Die obersten Beamten der einzelnen Städte u. a. werden mit einer Strafe von 10 ℔ bedroht. — Andere Geldstrafen je nach dem Range des zu Bestrafenden werden i. J. 414 (XVI, 5, 54) festgesetzt. || [1]) XVI, 5, 51; S. 1556. || [2]) Des wahren (katholischen) Christentums. || [3]) plectendos se poena et proscriptionis et sanguinis. || [4]) 392. || [5]) τοιοῦτο πάθος ἐγένετο. || [6]) Theodosius. || [7]) Ἑλλήνων, hier s. v. a. Heiden. || [8]) φροντίδι. || [9]) Mithras-Heiligtum (häufig eine Höhle). || [10]) οἱ φιλοσοφεῖν ἐπαγγελλόμενοι. || [11]) τοῖς πάλαι δραματουργηθεῖσι. || [12]) ὅ τε τῆς Ἀλεξανδρείας ἔπαρχος καὶ ὁ ἡγούμενος τοῦ στρατιωτικοῦ τάγματος.

Götterbilder aber wurden zu kleinen Kesseln umgeschmolzen und für andere Bedürfnisse der alexandrinischen Gemeinde [verwendet], indem der Kaiser die Götter für den Unterhalt der Armen hergab. Nachdem also Theophilus die Götter vernichtet hatte, befahl er, Ein Bild jenes Gottes[1]) ungeschmolzen aufzubewahren, und stellte es öffentlich auf, damit — so sprach er — in späterer Zeit die Hellenen nicht leugnen, solche Götter angebetet zu haben. — — — —

Ebendaselbst VII, 15.

Es war ein Weib in Alexandria Namens Hypatia[2]). Diese war die Tochter des Philosophen Theon und war so hochgebildet, dass sie die gleichzeitigen Philosophen übertraf, die von Plotinus sich herleitende platonische Schule übernahm[3]) und alle philosophischen Lehren den danach Verlangenden auseinandersetzte. Deshalb strömten auch von allen Seiten die der Philosophie Beflissenen zu ihr. Wegen der würdigen Freimütigkeit, die ihr infolge ihrer Bildung eigen war, trat sie auch ehrbar[4]) vor das Angesicht der Regierenden und scheute sich nicht, unter Männern zu erscheinen. Denn alle ehrten und bewunderten sie um ihrer überaus grossen Ehrbarkeit willen noch mehr. Gegen diese nun erhob sich damals der Neid. Da sie nämlich öfters mit Orestes[5]) verkehrte, so erzeugte dies bei der christlichen Gemeinde[6]) die Verleumdung gegen sie, dass sie es wäre, welche den Orestes nicht in ein freundschaftliches Verhältniss zum Bischof[7]) treten liesse. Es verständigten sich daher einige Männer von heftiger Gemütsart, an deren Spitze ein Lektor[8]) Petrus stand, und lauerten dem Weibe auf, als es von irgendwoher nach Hause zurückkehrte. Sie warfen sie aus der Sänfte, schleppten sie in die Caesareum benannte Kirche[9]), zogen ihr das Kleid aus und steinigten sie; dann rissen sie ihr Glied für Glied ab, brachten die Glieder auf den sogenannten Kinaron[10]) und verbrannten sie. Dies zog dem Cyrillus und der alexandrinischen Kirche nicht wenig Tadel zu; denn durchaus fremd sind den christlich Gesinnten Mordthaten, Kämpfe und dergleichen. Und dies ist geschehen im

---

[1]) Wohl des oben erwähnten Serapis. ‖ [2]) Vgl. Kingsleys gleichnamigen Roman. ‖ [3]) τὴν Πλατωνικὴν . . διατριβὴν διαδέξασθαι. ‖ [4]) σωφρόνως. ‖ [5]) Präfekt von Alexandria. ‖ [6]) παρὰ τῷ τῆς ἐκκλησίας λαῷ. ‖ [7]) Cyrillus. ‖ [8]) Kirchlicher Vorleser. ‖ [9]) Der von Kleopatra zu Ehren Caesars gegründete Tempel war seit 353 Kirche. ‖ [10]) Der Hinrichtungsplatz.

4. Jahre des Bistums Cyrills, im 10. Konsulat des Honorius, im 6. des Theodosius[1]), im Monat März zur Fastenzeit.

β) Der Ketzerprozess gegen Priscillian († 385).

Sulpicius Severus, Chronik II, 46—51[2]).

— — Damals zuerst wurde jene schändliche Ketzerei der 46.
Gnostiker in Spanien entdeckt, ein unheilvoller Aberglaube, verborgen unter geheimen Mysterien[3]). Die Heimat dieses Übels war der Orient und Aegypten, aber aus welchen Anfängen es dort erwachsen, ist nicht leicht darzulegen. Zuerst führte es in Spanien Markus ein, der von Ägypten kam und aus Memphis stammte. Seine Zuhörer waren eine gewisse Agape, eine vornehme Frau, und der Redner Helpidius. Von diesen wurde Priscillianus unterwiesen, von vornehmer Familie, überaus reichbegütert, scharfsinnig, unruhig, beredt, durch vieles Lesen unterrichtet, zu Erörterungen und Disputationen äusserst bereit, in der That glücklich [begabt], wenn er nicht durch ein verkehrtes Streben die beste Anlage verdorben hätte: gewiss konnte man viele Vorzüge des Geistes und Leibes an ihm bemerken. Er konnte viel wachen, Hunger und Durst ertragen, [war] gar nicht habsüchtig und äusserst sparsam. Ja, man glaubte, er habe auch Zauberkünste von Jugend auf getrieben. Als dieser der unheilvollen Lehre sich zugewandt hatte, lockte er durch die Macht seiner Überredung und seine Schmeichelkunst viele Vornehme und noch mehr Leute aus dem Volk in seine Gemeinschaft. — — Ja, auch einige verderbte Bischöfe, darunter Instantius und Salvianus, nahmen sich Priscillians nicht nur durch ihre Zustimmung, sondern sogar in einer Art von Verschwörung an, bis Hyginus, der Bischof von Korduba, der in ihrer Nähe lebte, es erfuhr und dem Bischof Ydacius von Emerita[4]) hinterbrachte. Dieser aber reizte den Instantius und seine Genossen ohne Mass und mehr, als nötig war, und schürte das entstehende Feuer noch[5]), sodass er die Bösen mehr erbitterte, als unterdrückte.

Daher wurde nach vielen und nicht erwähnenswerten Streitig- 47.

[1]) Im J. 415. || [2]) Sulpicii Severi opera ex rec. C. Halm. Wien 1866. (Corpus scriptorum ecclesiasticorum latinorum vol. I.) Sulpicius Severus, ein gallischer Presbyter, † um 420. Neu aufgefundene Schriften Priscillians selbst hat Schepss herausgegeben. (Priscilliani quae supersunt. Corp. scr. eccl. lat. t. 18; 1889.) || [3]) arcanis occultata secretis. || [4]) Merida in Spanien. || [5]) facem quandem nascenti incendio subdidit.

keiten unter ihnen nach Saragossa[1]) eine Synode berufen, der damals auch die aquitanischen[2]) Bischöfe beiwohnten. Aber die Ketzer wagten nicht, sich dem Gerichte zu stellen; doch wurde über die Abwesenden das Urteil gesprochen und die Bischöfe Instantius und Salvianus und die Laien Helpidius und Priscillianus verdammt. — — — Dem Bischof Ithacius von Sossuba[3]) wurde der Auftrag gegeben, den Beschluss der Bischöfe zur allgemeinen Kenntniss zu bringen — — Unterdessen setzten Instantius und Salvianus Priscillian, der noch Laie war, als Bischof in der Stadt Avila[4]) ein. — — Da aber gingen Ydacius und Ithacius schärfer vor, in der Meinung, das Übel könne im Keime erstickt werden; aber mit wenig gesunder Überlegung wandten sie sich an die weltlichen Richter, damit auf ihre Verfügungen und [rechtlichen] Verfolgungen hin die Ketzer aus den Städten vertrieben würden. Daher wurde nach vielen abscheulichen Kämpfen dem damaligen Kaiser Gratian[5]) ein Reskript entlockt, das befahl, alle Ketzer sollten nicht nur die Kirchen und Städte verlassen, sondern aus allen Ländern vertrieben werden. — —

48. Da begaben sich Instantius, Salvianus und Priscillianus nach Rom, um sich vor Damasus, der in jener Zeit Bischof der Stadt war[6]), von den [gegen sie erhobenen] Anschuldigungen zu reinigen. — — — Sie wurden nicht einmal vorgelassen. Als sie zurück nach Mailand kamen, fanden sie Ambrosius in ebensolchem Gegensatz zu ihnen. Da änderten sie ihre Pläne, um, da sie die beiden Bischöfe, die zu jener Zeit das höchste Ansehen genossen, nicht hatten irre führen können, durch Geld und gute Worte[7]) beim Kaiser das Gewünschte durchzusetzen. Sie bestachen also den Macedonius, den damaligen Kanzler[8]), und erwirkten ein Reskript, durch das die früheren Verfügungen aufgehoben und ihre Wiedereinsetzung in ihre Kirchen[ämter] angeordnet wurde. — — —

49. — — Als Maximus[9]) als Sieger in der Stadt Trier einzog, bestürmte er [Ithacius] ihn mit Bitten[10]) voll von Hass und Vorwürfen gegen Priscillian und seine Genossen. Durch sie wurde

[1]) apud Caesaraugustam. 380. || [2]) Aquitanien = das südwestliche Frankreich. || [3]) Ossonoba in Lusitanien (d. h. Portugal und ein angrenzendes Stück spanisches Binnenland). — „Ein Charakter von vollendeter Nichtswürdigkeit.“ Müller, K-G. I, 246. Vgl. c. 50. || [4]) Gleichfalls in Lusitanien. || [5]) 375—383. || [6]) 366—384. || [7]) largiendo et ambiendo. || [8]) tum magistro officiorum. || [9]) Gratians Mörder, der den Thron usurpierte. || [10]) ingerit preces.

der Kaiser bewogen, an den Präfekten von Gallien und den Vikar von Spanien Schreiben zu richten, in denen er befahl, überhaupt alle, die von jenem verderblichen Geist ergriffen waren, vor die Synode von Bordeaux[1]) zu stellen. So wurden Instantius und Priscillian[2]) dahin gebracht. Von ihnen wurde Instantius . . . . des Bistums für unwürdig erklärt; Priscillian aber appellierte, um nicht von den Bischöfen verhört zu werden, an den Kaiser, und dies wurde von der Energielosigkeit der Unsrigen[3]) zugelassen. — So wurden alle, die in die Sache verwickelt waren, vor den Kaiser gebracht. Es folgten [ihnen] auch ihre Ankläger, die Bischöfe Ydacius und Ithacius, deren Eifer in Bezug auf die Bekämpfung der Ketzer ich nicht tadeln möchte, wenn sie nicht in dem Bestreben zu siegen heftiger als nötig gekämpft hätten. Meine Meinung wenigstens ist, dass mir sowohl Angeklagte als Ankläger missfallen, jedenfalls erkläre ich, dass Ithacius nichts Achtungswertes, nichts Heiliges hatte; denn er war frech, geschwätzig, schamlos, verschwenderisch und sorgte besonders für Bauch und Kehle. Dieser war in seiner Thorheit so weit gegangen, dass er auch alle heiligen Männer, die nach Bildung strebten oder darauf bedacht waren, im Fasten zu wetteifern[4]), als Genossen oder Schüler Priscillians verklagte. Der Elende wagte damals sogar, dem Bischof Martin[5]), einem geradezu den Aposteln vergleichbaren Manne[6]), öffentlich die Schande der Ketzerei vorzuwerfen. Denn Martin, der damals in Trier weilte[7]), setzte dem Ithacius unablässig zu, dass er von der Anklage abstände, und bat Maximus, das Blut der Unglücklichen nicht zu vergiessen; es sei reichlich genug, dass die Ketzer von dem Spruch der Bischöfe verurteilt seien und aus ihren Kirchen vertrieben würden; es sei ein schrecklicher und unerhörter Frevel[8]), dass ein weltlicher Richter in einer Sache der Kirche richte. Endlich wurde die Untersuchung aufgeschoben, solange Martin in Trier war, und kurz vor seiner Abreise bewog er durch seinen vortrefflichen Einfluss Maximus zu dem Gelübde, keine blutige Massregel gegen die Angeklagten zu beschliessen. Aber nachher wurde der Kaiser durch die Bischöfe

[1]) Burdigalensem. || [2]) Salvian war nach c. 48. in Rom gestorben. || [3]) inconstantia. || [4]) quibus aut studium inerat lectionis aut propositum erat certare ieiuniis. || [5]) Bischof von Tours, † um 400. || [6]) viro plane apostolis conferendo. || [7]) Namque tum Martinus apud Treveros constitutus. || [8]) nefas.

Magnus und Rufus verleitet und von seinen milderen Absichten abgebracht und überliess die Sache dem Präfekten Euodius, einem harten und strengen Mann. Dieser verhörte Priscillian in zwei Gerichtssitzungen[1]), erklärte den seines Frevels[2]) Überführten, der auch nicht leugnete, dass er sich schamlosen Lehren hingegeben, sogar nächtliche Zusammenkünfte mit gemeinen Frauenzimmern[3]) gehalten und die Gewohnheit habe, nackt zu beten, für schuldig und nahm ihn in Haft, bis er dem Kaiser berichtete. Die Verhandlungen wurden in den Palast berichtet und der Kaiser entschied, dass Priscillian und seine Genossen mit dem Tode zu bestrafen seien.
51. — — — Übrigens wurde durch den Tod Priscillians die Ketzerei, die infolge seiner Thätigkeit hervorgetreten war, nicht nur nicht unterdrückt, sondern bestärkt und weiter verbreitet. Denn seine Anhänger, die ihn zuvor als Heiligen geehrt hatten, begannen ihn nachher als Märtyrer zu verehren. Die Leichname der Getöteten wurden nach Spanien zurückgebracht und ihr Leichenbegängnis mit grossem Gefolge gefeiert; ja, es galt sogar für höchste Frömmigkeit, bei Priscillian zu schwören. — —

II. Kirchenväter.

1. Johannes Chrysostomus[4]) († 407).

a) Sein Leben.

α) Sokrates, K.-G. VI, 3—5. 15—16. 18. 21.

3. Johannes stammte aus Antiochien in Coelesyrien und war der Sohn des Sekundus und der Anthusa, aus einem vornehmen

[1]) gemino iudicio. || [2]) maleficii. || [3]) turpium feminarum. „Die Kirche trat . . auch damit in das Erbe des Heidentums, dass sie die Vorwürfe, die einst gegen das Christentum geschleudert worden waren, aufnahm und nun Jahrhunderte lang unermüdlich, genau in derselben Fassung, nur noch breiter ausgeführt, gegen die Häretiker wiederholte. Die Anklage aber war so gestellt, weil bei diesen Verbrechen die Synodalgerichte nur die vorläufige Feststellung des Thatbestandes zu geben hatten, die eigentliche Aburteilung aber den weltlichen Gerichten oblag, die, den politischen und fiskalischen Tendenzen dieser Prozesse entsprechend, stets grössere Bereitwilligkeit gezeigt hatten, als die kirchlichen Gerichte. Umsonst bemühte sich Bischof Martin von Tours . . . vor dem kaiserlichen Gericht des Maximus die Anklage wieder auf Häresie stellen zu lassen und so vor das geistliche Gericht zu bringen." Müller, K-G. I, 246. || [4]) Der Beiname Chrysostomus (Goldmund) wurde ihm erst später wegen seiner rednerischen Begabung beigelegt.

dortigen Geschlecht. Er war ein Schüler des Sophisten Libanius[1]) und ein Zuhörer des Philosophen Andragathius. Als er aber im Begriff war, den Beruf eines Sachwalters anzutreten und das beschwerliche und unredliche Treiben in den Gerichtshöfen[2]) kennen lernte, zog er es vor, sich dem beschaulichen[3]) Leben zuzuwenden. Und dies that er nach dem Vorbilde des Euagrius, der gleichfalls bei denselben Lehrern in die Schule gegangen und schon längst zum beschaulichen Leben übergegangen war. Sogleich veränderte er denn auch Haltung und Gang, wendete seinen Geist der Lektüre der heiligen Schrift zu und besuchte fleissig die Kirche[4]). Er überredete aber auch den Theodorus und Maximus, seine Mitschüler bei dem Sophisten Libanius, das dem Erwerb gewidmete Leben aufzugeben und sich dem einfachen zu widmen. Von diesen wurde Theodorus später Bischof der Stadt Mopsuestia in Cilicien und Maximus von Seleucia in Isaurien. Nachdem diese also damals von Eifer um die Tugend erfüllt worden waren, wurden sie im asketischen Leben Schüler des Diodorus und Karterius, die damals Vorsteher von Klöstern waren[5]). Unter diesen wurde Diodorus später Bischof von Tarsus und schrieb viele Bücher, worin er den blossen Buchstaben der heiligen Schriften beachtete, sich dagegen von ihrer allegorischen Auslegung fernhielt[6]). Soviel also über diese. [Unsern] Johannes aber, der meist mit Basilius zusammenlebte, welcher damals von Meletius zum Diakonus ernannt war und nachmals Bischof von Caesarea in Kappadozien wurde, machte der Bischof Zeno bei seiner Rückkehr aus Jerusalem zum Vorleser[7]) der Kirche in Antiochia. In der Stellung des Vorlesers schrieb er sein Buch gegen die Juden. Bald darauf empfing er aber von Meletius auch die Würde des Diakonen und schrieb jetzt die Bücher über das Priesteramt. — — — — — — — — — — — — — — —

Später, nach dem Tode des Paulinus[8]), wurde er von

---

[1]) Die Sophisten lehrten insbesondere auch die Redekunst. ‖ [2]) τὸν ἐν τοῖς δικαστηρίοις μοχθηρὸν καὶ ἄδικον βίον. ‖ [3]) τὸν ἡσύχιον. ‖ [4]) συνεχεῖς ἐποιεῖτο τὰς ἐπὶ τὴν ἐκκλησίαν σπουδάς. ‖ [5]) Lies: ἀσκητηρίων. ‖ [6]) ψιλῷ τῷ γράμματι τῶν θείων προσέχων γραφῶν, τὰς θεωρίας αὐτῶν ἐκτρεπόμενος. Diodor († 378) gilt als das Haupt der antiochenischen Schule (d. h. theologischen Richtung), welcher die alexandrinische gegenübersteht, deren bedeutendster Vertreter der Bischof Cyrillus von Alexandria († 444) ist. Näheres z. B. bei K. Müller, K.-G. I, 234 ff. ‖ [7]) ἀναγνώστης = lector. ‖ [8]) Des Nachfolgers des Bischofs Meletius.

dessen Nachfolger Euagrius zum Presbyter geweiht. Dies war in Kürze das Leben des Johannes vor seinem Episkopat.

Er war aber, wie man sagt, um seines Eifers in der Enthaltsamkeit willen eine etwas herbe Natur und wie einer seiner vertrautesten und ältesten Jugendfreunde sagte, mehr zum Zorn als zur Verzeihung geneigt, wegen der Rechtschaffenheit seines Lebens unbekümmert um das Kommende, und wegen seiner Geradheit leicht zu behandeln. Er sprach mit masslosem Freimut gegenüber jedermann; in seiner Lehre war er eifrig bemüht, die Sitten der Zuhörer zu veredeln; im Verkehr aber erschien er denen, die ihn nicht kannten, hochmütig[1]).

4. Bei diesem Charakter wendete er nach seiner Beförderung zum Bischofsamt[2]) mehr Strenge, als nötig war, gegen seine Untergebenen an, in der Absicht, die Sitten der ihm untergebenen Kleriker, wie er meinte, zu vervollkommnen. Gleich von Anfang an wurde er also, da er den Männern der Kirche hart schien, von ihnen gehasst, und viele waren ihm aufsässig und mieden ihn als einen Jähzornigen; es verleitete ihn aber dazu, dass er alle vor den Kopf stiess, der unter ihm stehende Diakonus Serapion. — — —

Das Volk jedoch zollte ihm um der Rede willen, die er in der Kirche hielt, lebhaften Beifall[3]), liebte den Mann und bekümmerte sich wenig um die, welche ihn anklagen wollten. Wie aber sowohl die von ihm selbst herausgegebenen, als die von den Schnellschreibern[4]) während seiner Rede nachgeschriebenen

---

[1]) Ἦν δὲ ἄνθρωπος, ὥς φασι, διὰ ζῆλον σωφροσύνης πικρότερος, καὶ πλέον, ὡς ἔφη τις τῶν οἰκειοτάτων αὐτῷ ἐκ νέας ἡλικίας, θύμῳ μᾶλλον ἢ αἰδοῖ ἐχαρίζετο· καὶ διὰ μὲν ὀρθότητα βίου οὐκ ἀσφαλὴς πρὸς τὰ μέλλοντα· δι' ἁπλότητα δὲ εὐχερής. Ἐλευθεροστομίᾳ τε πρὸς τοὺς ἐντυγχάνοντας ἀμέτρως ἐκέχρητο· καὶ ἐν μὲν τῷ διδάσκειν πολὺς ἦν ὠφελῆσαι τὰ τῶν ἀκουόντων ἤθη· ἐν δὲ ταῖς συντυχίαις ἀλαζονικὸς τοῖς ἀγνοοῦσιν αὐτὸν ἐνομίζετο. ‖ [2]) 398 wurde Chrysostomus vom Kaiser zum Bischof von Konstantinopel ernannt. ‖ [3]) σφόδρα συνεκρότει. Offenbar ist an wirkliches Beifallklatschen gedacht, wie auch VII, 13, 7 ein besonders eifriger Claqueur des Bischofs Cyrill von Alexandria erwähnt wird (περὶ τὸ κρότος ἐν ταῖς διδασκαλίαις αὐτοῦ ἐγείρειν ἦν σπουδαιότατος). Zu der Sitte des Beifallklatschens passt die der Kunst- und Erwerbspredigten in auswärtigen Gemeinden. (Vgl. die heutigen Vortragsreisen in Amerika.) So erzählt z. B. Sokr. K.-G. VI, 11, 4 von dem Bischof Antiochus von Ptolemais in Phönicien: „Antiochus also war früher von Ptolemais nach Konstantinopel gekommen, hatte in den Kirchen eine Zeitlang mit Anstrengung gepredigt und damit viel Geld erworben; dann kehrte er zu seiner Gemeinde zurück.“ ‖ [4]) ὑπὸ τῶν ὀξυγράφων.

Predigten beschaffen sind, wie glänzend und wirkungsvoll [1]), wozu brauche ich das jetzt darzulegen, da ja jeder, der will, lesen und und ihre heilsame Frucht geniessen kann! [2])

Solange er nun bloss den Klerus vor den Kopf stiess, war 5.
die gegen ihn gerichtete Agitation [nur] schwach; als er aber auch viele Standespersonen [3]) über Gebühr abzukanzeln wagte, da entbrannte auch die Feindseligkeit gegen ihn heftiger. Vieles wurde gegen ihn gesagt; das meiste fand übrigens bei denen, die es hörten, auch Glauben. Vermehrt wurde die Verleumdung noch infolge der Rede, die er damals gegen Eutropius hielt. Der Eunuch Eutropius nämlich, der kaiserliche Oberst-Kammerherr [4]), der auch die Konsulwürde zuerst unter den Eunuchen vom Kaiser empfangen hatte, wollte einige, die in die Kirche flüchteten, bestrafen und suchte daher von den Kaisern den Erlass eines Gesetzes zu erwirken, wonach niemand in die Kirchen flüchten, sondern auch die bereits dahin Geflohenen daraus weggerissen werden sollten [5]). Die Strafe folgte aber auf dem Fusse nach: das Gesetz wurde nämlich erlassen, und kurz darauf fiel Eutropius bei dem Kaiser in Ungnade und gehörte [nun selbst] zu den Zufluchtsuchenden. Der Bischof nun setzte sich, während Eutropius am Fusse des Altars [6]) lag und vor Furcht ausser sich war, auf die Kanzel [7]), von wo aus er auch vorher gewöhnlich gesprochen hatte, um [besser] gehört zu werden [8]), und hielt eine Strafpredigt gegen jenen. Infolge dessen schien er sich manche noch mehr zu Feinden zu machen, weil er für den Unglücklichen nicht nur kein Erbarmen hatte, sondern im Gegenteil ihn noch abkanzelte. Den Eutropius also, der damals das Konsul-Amt verwaltete, liess der Kaiser um gewisser Vergehungen enthaupten. — — — — —

Es wird aber erzählt, dass der Bischof Johannes auch den damaligen Feldherrn Gaïnas mit seinem gewohnten Freimut gewaltig heruntermachte, weil er gewagt hatte, den Kaiser zu bitten, dass Eine der Kirchen in der Stadt seinen Glaubensgenossen, den Arianern überwiesen würde. Andere der hochmögenden Herren [9]) kanzelte er aus anderen Gründen mit grossem Freimut ab, weshalb

[1]) τὸ ἐπαγωγὸν ἔχοντες. ‖ [2]) τὴν ἐξ αὐτῶν ὠφέλειαν καρποῦσθαι. ‖ [3]) πολλοὺς τῶν ἐν τέλει. ‖ [4]) προεστὼς τοῦ βασιλικοῦ κοιτῶνος. ‖ [5]) Kurz: den Kirchen sollte das Asylrecht, welches von den heidnischen Tempeln auf sie übergegangen war, entzogen werden. S. u. AIII 6b. ‖ [6]) ὑπὸ τὸ θυσιαστήριον. ‖ [7]) ἐπὶ τοῦ ἄμβωνος. ‖ [8]) Als vom Bischofssitz (im Chor) aus. ‖ [9]) τῶν κρατούντων.

er vielen verhasst war. Deshalb sann auch der Bischof Theophilus von Alexandria gleich nach seiner[1]) Weihung [zum Bischof] darauf, wie er ihn verdrängen könnte[2]). — — — — — — —

Es verdross ihn aber nicht bloss der übermütige Freimut des Johannes, sondern auch, dass er den ihm untergebenen Presbyter Isidor nicht auf den Bischofsstuhl von Konstantinopel zu bringen vermocht hatte. — — — — — — — — — — — — — —

15. Nachdem Epiphanius[3]) abgesegelt war, erfuhr Johannes von einigen, dass die Kaiserin Eudoxia den Epiphanius gegen ihn in den Harnisch gebracht habe[4]). Und da er nun hitzig von Charakter und redefertig war, so hielt er ohne Verzug eine Strafpredigt gegen alle Weiber insgemein vor dem Volke. Das Volk fasste die Rede als einen maskierten Angriff gegen die Kaiserin auf[5]); und die Rede wurde von den Feinden aufgegriffen und zur Kenntnis der Herrschaften[6]) gebracht. Als die Kaiserin davon erfuhr, beklagte sie sich bei dem Kaiser über die ihr widerfahrene Beschimpfung und sagte, ihre Beschimpfung sei [zugleich] die seinige. Er[7]) betrieb es daher, dass Theophilus rasch eine Synode gegen ihn veranstaltete. — — — — — —

Nicht lange darauf erschien Theophilus mit vielen Bischöfen, die er aus verschiedenen Städten herbeigerufen hatte; dies hatte aber auch ein Erlass des Kaisers angeordnet. Besonders aber strömten die zusammen, die dem Johannes aus verschiedenen Ursachen grollten.

Alle kamen also verabredetermassen[8]) nach Chalkedon in Bithynien.

Damals wurden von da aus[9]) viele Anklagen gegen Johannes vorgebracht; und dabei wurden die Schriften des Origenes nicht mehr erwähnt, sondern man warf sich auf andre abgeschmackte Anklagen. Nachdem so diese Vorbereitungen getroffen waren, kamen

---

1) Des Johannes. ‖ 2) σκευωρήσηται. ‖ 3) Bischof von Cypern. Theophilus hatte ihn auf seine Seite gebracht und bewogen, in Konstantinopel zu erscheinen, wo er gegen Johannes agitierte, u. a. auch deshalb, weil dieser nicht ohne weiteres sich einem Verdammungsurteil über die Schriften des Origenes anschliessen wollte. ‖ 4) ἐξώπλισε. ‖ 5) ὡς αἴνιγμα κατὰ τῆς βασιλίδος λεχθέν. ‖ 6) τῶν κρατούντων. ‖ 7) Dafür, dass der Kaiser, und nicht die Kaiserin, als Subjekt des Satzes anzusehen ist, spricht 1) οὖν und 2) weiter unten der Hinweis auf τοῦ βασιλέως πρόσταγμα. ‖ 8) συμφωνήσαντες. ‖ 9) Von einem vorher erwähnten kaiserlichen Palast aus, wo Theophilus herbergte.

die Bischöfe in einer Vorstadt von Chalkedon zusammen, welche die Eiche[1]) genannt wurde, und luden sogleich Johannes vor, damit er sich über das verantworte, dessen er angeklagt wurde. —

Da aber Johannes die Vorladenden als Feinde beanstandete[2]) und an eine ökumenische Synode appellirte, luden sie ihn unverzüglich viermal vor. Da er aber nicht erscheinen wollte, sondern bei seiner Erklärung blieb, so verurteilten sie ihn und setzten ihn ab, ohne einen anderen Grund anzugeben, als dass er der Vorladung nicht gehorcht habe. Die gegen Abend eingetroffene Nachricht hiervon entzündete die Menge zum grössten Tumult. Sie hielten die ganze Nacht Wache und liessen ihn nicht aus der Kirche wegführen, sondern riefen, seine Sache müsse auf einem grösseren Konzil entschieden werden. Ein Erlass des Kaisers verordnete aber, dass er so schnell als möglich ausgestossen und in die Verbannung abgeführt werde. Als dies Johannes erfuhr, lieferte er sich am dritten Tage nach seiner Absetzung um die Mittagszeit selbst aus, ohne Wissen der Menge; denn er fürchtete, dass eine Empörung seinetwegen ausbräche; und so wurde er abgeführt.

Das Volk aber geriet in eine furchtbare Aufregung. Und 16.
wie es in solchen Fällen gern geschieht, gaben sich viele von seinen Gegnern dem Mitleid hin und sagten, der werde verleumdet, den sie kurz zuvor abgesetzt zu sehen wünschten. Es mehrte sich also deshalb noch die Zahl derer, welche den Kaiser und die Synode der Bischöfe schalten. — — —

Deshalb veranlasste der Kaiser seine baldige Zurückberufung. — — Da aber der zurückberufene Johannes nicht eher die Stadt betreten wollte, als bis er durch ein grösseres Gericht freigesprochen sei, blieb er einstweilen in der Vorstadt Marianae[3]). Da er aber verzog und nicht in die Stadt zurückkehren wollte, wurde die Menge unwillig und stiess alsbald lästerliche Worte gegen die Herrschaften aus; dadurch nötigten sie ihn doch zur Rückkehr. Die Menge zog ihm also entgegen, führte ihn sogleich mit vielen grossen Ehrenbezeigungen in die Kirche und bat ihn, sich auf dem bischöflichen Stuhle niederzulassen und in gewohnter Weise den Segen über die Gemeinde zu sprechen[4]). Als er aber dies ablehnte und sagte, dies müsse auf Grund einer gerichtlichen Ent-

[1]) Δρῦς. Daher heisst die Synode auch synodus ad Quercum [habita]. ‖ [2]) παρεγράφετο. ‖ [3]) Μαριαναί. ‖ [4]) τῷ λαῷ τὴν εἰρήνην ἐπεύξασθαι.

scheidung geschehen, und die, welche ihn verurteilt hätten, müssten ihn wieder freisprechen, da entbrannte die Menge von Sehnsucht, ihn auf dem Throne[1]) sitzen zu sehen und ihn wieder lehren[2]) zu hören. Das Volk vermochte dies durchzusetzen, und Johannes setzte sich auf den bischöflichen Thron und sprach in gewohnter Weise den Segen über das Volk; und da er genötigt ward, predigte er auch. Dieser Vorgang bot seinen Feinden Stoff zu einer neuen Wühlerei; aber einstweilen schwiegen sie darüber.

18. Der Kaiserin Eudoxia wurde ein silbernes Standbild auf purpurner Säule errichtet, angethan mit einem feinen Oberkleid[3]); diese stand auf einer hohen Basis in mässiger Entfernung von der Sophienkirche[4]); zwischen beiden lief die Strasse mitten hindurch. Bei dieser [Bildsäule] pflegten öffentliche Spiele abgehalten zu werden. Johannes aber, der das Geschehene als einen Frevel gegen die Kirche ansah, gewann seinen gewohnten Freimut wieder und wappnete wiederum seine Zunge gegen die, welche dies gethan hatten. Und während er die Herrschaften durch ein mahnendes Wort hätte überreden sollen, das Spiel abzustellen, that er dies nicht, sondern brauchte seine hitzige Zunge und verhöhnte die, welche dies angeordnet hatten. Die Kaiserin bezog das Geschehene wieder auf sich; und da sie seine Worte als eine Beschimpfung ihrer Person auffasste, so betrieb sie wiederum die Berufung einer Versammlung von Bischöfen gegen ihn. Als das aber Johannes merkte, hielt er jene berühmte Rede in der Kirche, deren Anfang lautete: „Wiederum wütet Herodias, wiederum tobt sie, wiederum tanzt sie, wiederum begehrt sie, auf einer Schüssel das Haupt des Johannes zu empfangen[5]).“ Dies entflammte den Zorn der Kaiserin noch mehr. Und bald erschienen die Bischöfe, — — — und als diese zugegen waren, traten wieder die alten Ankläger auf. — — — Da aber Johannes

[1]) Dem Bischofsstuhle. ‖ [2]) Predigen. ‖ [3]) χλανίδα. ‖ [4]) οὔτε ἐγγὺς οὔτε πόρρω τῆς ἐκκλησίας, ᾗ ἐπώνυμον Σοφία. ‖ [5]) Πάλιν Ἡρωδιὰς μαίνεται, πάλιν ταράσσεται, πάλιν ὀρχεῖται, πάλιν ἐπὶ πίνακι τὴν κεφαλὴν Ἰωάννου ζητεῖ λαβεῖν. — Vermutlich ist diese Angabe „lediglich der Hom. in decoll. S. Joan. Bapt. (Migne a. a. O. LIX, 485—490) entnommen, die allerdings mit den bezeichneten Worten anhebt, aber anerkanntermassen nicht dem hl. Chrysostomus angehört, vielmehr sehr wahrscheinlich von gegnerischer Seite verfasst und sodann als Predigt des Patriarchen der Kaiserin unterbreitet worden ist.“ Bardenhewer in Wetzer u. Welte, Kirchenlexikon VI, 1616.

den Mut behielt und infolge dessen die Ankläger sich zaghafter zeigten, so stellten die anwesenden Bischöfe keine weitere Untersuchung an, sondern erklärten, dass dies allein zur Untersuchung kommen müsse, dass er nach seiner Absetzung ohne Zustimmung der Synode den [Bischofs-]Thron bestiegen habe. —

— — Dies[1]) geschah kurz vor dem Passahfeste. Der Kaiser eröffnete also dem Johannes, dass er die Kirche nicht betreten dürfe, da ihn zwei Synoden verurteilt hätten. Johannes stellte also für die Zukunft seine Wirksamkeit ein und kam gar nicht in die Kirche. Daher verliessen sogleich alle seine Anhänger die Kirche und feierten das Passah in dem öffentlichen Bad in Constantianae[2]), und mit ihnen viele Bischöfe, Presbyter und andere von priesterlichem Stand. Und die, welche seit jener Zeit ihre Versammlungen an verschiedenen Orten hielten, wurden Johanniten genannt. Johannes aber erschien 2 Monate lang nirgends in der Öffentlichkeit, bis ein kaiserlicher Erlass seine Abführung in die Verbannung verordnete. Er nun wurde von seiner Kirche weggerissen und [in die Verbannung] abgeführt; einige der Johanniten aber verbrannten an demselben Tage die Kirche. Als sie aber brannte, wehte ein Ostwind und verbrannte auch das Senatsgebäude. Dies geschah am 20. Juni, während des sechsten Konsulats des Honorius[3]). — —

Nachdem aber Johannes ins Exil abgeführt war, starb er zu 21.
Komana am Pontus Euxinus am 14. September während des folgenden Konsulatsjahres[4]), welches das siebente des Honorius und das zweite des Theodosius war. — —

β) Palladius, Über Leben und Wandel des sel. Johannes Chrysostomus, c. 5[5]).

Hierauf prüft er die Rechnungen des Verwalters und findet Ausgaben, die der Kirche nichts nützen; er ordnet an, dass die

---

[1]) Seine im Vorhergehenden mitgeteilte Verurteilung. || [2]) Jedenfalls eine Vorstadt. Vgl. oben den Namen Marianae. || [3]) 404. || [4]) Diese Zeitbestimmung bezieht sich auf das, was in dem von uns ausgelassenen 20. Kapitel steht. Gemeint ist das Jahr 407. || [5]) Διάλογος ἱστορικὸς Παλλαδίου, ἐπισκόπου Ἑλενουπόλεωσ, γενόμενος πρὸς Θεόδωρον, διάκονον Ῥώμης, περὶ βίου καὶ πολιτείας τοῦ μακαρίου Ἰωάννου ἐπισκόπου Κωνσταντινουπόλεως τοῦ Χρυσοστόμου. Joannis Chrysostomi op. omnia ed. B. de Montfaucon (Paris 1839), XIII, p. 21. Palladius † als Bischof von Aspona in Galatien um 431. „Ob der helenopolitanische

Sorge für diese Dinge[1]) aufhören soll. Sodann kommt er zu dem Budget[2]) des Bischofs und findet [gleichfalls] übermässige Ausgaben, und er befiehlt, den Aufwand für diese Dinge auf das Krankenhaus[3]) zu übertragen. Da aber die Not sich sehr gross erwies[4]), gründete er mehrere Hospitäler und setzte über sie zwei gottesfürchtige Presbyter, denen er noch Ärzte, Köche und tüchtige Arbeiter, die zu den Ehelosen gehörten, zur Verfügung stellte, sodass die ortsanwesenden Fremden und die von einer Krankheit Ergriffenen versorgt würden, sowohl um des Guten selbst willen, als zur Ehre des Heilands.

b) Aus seinen Predigten.

α) Auf den Geburtstag unseres Heilandes Jesus Christus, welcher [Tag] früher noch unbekannt war, vor wenigen Jahren aber von einigen bekannt gemacht worden ist, die aus dem Occident kamen und ihn verkündigten[5]). K. 1. 5. 7.

1. Was einst Erzväter schmerzlich ersehnten, Propheten weissagten und Gerechte zu sehen begehrten, das ist geschehen und heute in Erfüllung gegangen: Gott ist auf Erden im Fleisch erschienen und unter den Menschen gewandelt. Lasst uns darum uns freuen und jubeln, Geliebte. Denn wenn Johannes, der noch im Mutterleibe war, vor Freuden hüpfte, als Maria zu Elisabeth kam, wieviel mehr müssen wir, die wir nicht Maria, sondern den Heiland selbst sehen, der heute geboren ist, hüpfen und jubeln und die Grösse der [göttlichen] Heilsordnung, die alles Denken übersteigt, staunend bewundern! Denn bedenke, was das zu bedeuten hat[6]), die Sonne vom Himmel herabsteigen, auf Erden wandeln und ihre Strahlen von da aus zu allen senden zu sehen! Wenn aber dies alle, die es sähen, in Erstaunen versetzen würde, wenn es an dem sinnlichen Lichtquell geschähe, so bedenke

---

Bischof Palladius, der diese Biographie des Chrysostomus jedenfalls verfasst hat, mit dem Galater Palladius . . eine und dieselbe Person sei oder nicht — dies ist eine schwer zu entscheidende Streitfrage.“ Zöckler in der Theol. Real-Encyclopädie XI, 174. || [1]) τούτων ἀργεῖν τὴν ἐπικουρίαν. τούτων kann masc. oder neutr. sein. Im folgenden Satze ist es offenbar neutrum. || [2]) εἰς τὸ μέρος τοῦ ἀναλώματος. || [3]) τὸ νοσοκομεῖον. || [4]) περισσούσης (= περισσευούσης). || [5]) Migne, a. a. O. XLIX, 351 ff. Die Predigt hat keinen Text. Sie ist nach Bardenhewer (bei Wetzer u. Welte a. a. O. S. 1621) am 25. Dec. 388 gehalten. || [6]) ἡλίκον ἐστίν.

und erwäge mir nun, was es [vollends] zu bedeuten hat, die Sonne der Gerechtigkeit von unserm Fleische aus ihre Strahlen entsenden und unsere Seelen erleuchten zu sehen! Längst begehrte ich diesen Tag zu sehen, und nicht einfach zu sehen, sondern mit einer solchen [Menschen-]Menge; unablässig wünschte ich, dass uns das Haus[1]) so voll sei, wie es jetzt gefüllt zu sehen ist. Dies also ist geschehen und erfüllt. Und doch ist es noch nicht 10 Jahre her, dass uns dieser Tag kund und offenbar geworden ist; aber dennoch ist er durch euern Eifer zu solchem Ansehen gekommen, als ob er von Anfang an und vor vielen Jahren uns überliefert worden wäre. Daher würde einer nicht fehlgreifen, wenn er ihn neu und alt zugleich nennte: neu, weil er erst kürzlich uns bekannt geworden ist, alt aber und althergebracht[2]), weil er den älteren [Festen] rasch gleich geworden und zu demselben Masse der Grösse wie sie gelangt ist. Denn gleich wie die edeln und guten unter den Gewächsen (denn auch sie schiessen, sobald sie in die Erde gesetzt werden, sogleich zu grosser Höhe auf und beladen sich mit ihrer Frucht), so ist auch dieser [Festtag], der von altersher bei den Bewohnern des Occidents bekannt, zu uns aber [erst] jetzt, und nicht [schon] vor vielen Jahren, gebracht worden ist, auf einmal so emporgeschossen und hat so viel Frucht getragen, wie jetzt zu sehen ist, da die Schranken[3]) uns gefüllt sind und die ganze Kirche von der Menge der Zusammengeströmten gedrängt voll ist. Den würdigen Lohn also für solchen Eifer erwartet von dem heute dem Fleische nach geborenen Christus; er wird euch sicher für diese Willigkeit belohnen; denn der liebevolle Eifer[4]) für d[ies]en Tag ist der grösste Beweis der Liebe zu dem, der [an ihm] geboren ist. Wenn aber auch von uns, euern Mitknechten, [zur Feier] etwas beigetragen werden soll, so will auch ich[5]) beitragen, was in meinen Kräften steht, oder vielmehr, was Gottes Gnade zu euerm Besten zu sagen gibt. Was also begehrt ihr heute zu hören? Was sonst, als von diesem Tage? — — — —

Ich habe nun 3 Beweise vorzubringen, durch die wir sicher darthun, dass dies die Zeit ist, in der unser Herr Jesus Christus, der Logos Gottes, geboren worden ist. Der erste

---

[1]) τὸ θέατρον! || [2]) παλαιὰν δὲ καὶ ἀρχαίαν. || [3]) τῶν περιβόλων. || [4]) φιλία καὶ σπουδή. || [5]) καὶ ἡμεῖς.

von ihnen ist der Beweis, dass das Fest so schnell überall verkündet, zu solcher Höhe emporgewachsen und zu solchem Ansehen gelangt ist.[1] — — —

5. — — Einmal im Jahre[2]) ging allein der Hohepriester in das Allerheiligste. Wann aber geschah das? Im September[3]). Zu dieser Zeit also ging Zacharias in das Allerheiligste und empfing die frohe Botschaft über [die künftige Geburt des] Johannes. Er kehrte von da zurück, und sein Weib empfing. Nach dem September aber, als Elisabeth im 6. Monat [ihrer Schwangerschaft] stand, d. h. im März, empfing ferner Maria. Zählen wir also vom April ab 9 Monate, so kommen wir in den gegenwärtigen, in dem unser Herr Jesus Christus geboren ist. — —

7. Lasst uns also *nicht undankbar gegen den Wohlthäter sein*[4]), sondern ihm nach unsern Kräften alle alles darbringen, Glauben, Hoffnung, Liebe, Mässigkeit, Barmherzigkeit, Gastfreundschaft. Und wozu ich euch neulich ermahnt habe, dazu ermahne ich euch auch jetzt und werde nie aufhören, es zu thun. Was aber ist dies? Wenn ihr zu diesem [heil.] Schauer erregenden und göttlichen Tische und dieser heiligen Mysterienfeier herantreten wollt[5]), so thut dies mit Furcht und Zittern, mit reinem Gewissen, mit Fasten und Gebet, nicht lärmend, springend und den Nachbar stossend; denn das ist ein Zeichen äusserster Unvernunft und massloser Verachtung[6]).

---

[1]) Chrysostomus citiert hier Apg. 5, 38. — Als 2. Beweis führt er an, dass die Bewohner Roms, von denen der Orient die Kenntnis des Geburtstags Christi empfangen habe, die Zeit der Schatzung des Augustus (Luk. 2) aus dem Staatsarchiv ermitteln können. (Καὶ τοῖς ἀρχαίοις τοῖς δημοσίᾳ κειμένοις κώδιξιν ἐπὶ τῆς Ῥώμης ἔξεστιν ἐντυγχάνοντα καὶ τὸν καιρὸν τῆς ἀπογραφῆς μαθόντα ἀκριβῶς εἰδέναι τὸν βουλόμενον. A. a. O. S. 355.) — Der 3. Beweis ist sehr weitschichtig angelegt, so dass der Redner selbst einmal die Frage aufwirft: „Was hat dies, sagt man, mit dem in Rede stehenden (προκειμένην) Tage zu thun?“ und darauf seine Zuhörer noch um einige Geduld bittet: „Wartet noch ein wenig und werdet nicht unruhig (μὴ θορυβεῖσθε). Denn wir graben die Quelle in ihrem ersten Ursprung auf (ἄνωθεν γὰρ τὴν πηγὴν διορύττομεν) . . .“ Schliesslich fasst Chrysostomus seinen dritten chronologischen Beweis in den im Text wiedergegebenen Worten zusammen. Zum Verständnis ist die Bemerkung nötig, dass er irrtümlicherweise Zacharias, den Vater Johannes des Täufers, für einen Hohenpriester hält. ‖ [2]) Migne, a. a. O. S. 358 (Ende von c. 5). ‖ [3]) An Stelle der macedonischen Monatsnamen stehen in einigen Handschriften die römischen, die oben eingesetzt sind. ‖ [4]) Migne, a. a. O. S. 360 f. ‖ [5]) τῇ φρικτῇ καὶ θείᾳ ταύτῃ τραπέζῃ καὶ ἱερᾷ μυσταγωγίᾳ. ‖ [6]) Des heiligen Abendmahls.

Deshalb zieht es auch denen, die dieses thun, viele Züchtigung und Strafe zu. Bedenke, o Mensch, was für ein Opfer du dich anschickst zu berühren, an was für einen Tisch zu treten; erwäge auch, dass du, obwohl du Erde und Asche bist, Blut und Leib Christi empfängst. Auch wenn euch ein König zur Tafel ladet, so lasst ihr euch mit Furcht nieder und geniesst die vorgesetzten Speisen mit ehrfurchtsvollem Schweigen[1]); wenn aber Gott euch zu seinem Tische ladet und uns seinen Sohn vorsetzt, wenn die Engelmächte mit Furcht und Zittern dabeistehen, die Cherubim ihr Angesicht verhüllen und die Seraphim zitternd rufen: „Heilig, heilig, heilig ist der Herr", so schreist du, sage mir, und lärmst du bei diesem geistlichen Mahle? — —

β) Von der Barmherzigkeit[2]), K. 1. 3. 5. 6.

Eine gerechte, nützliche und für euch geziemende Botschaft 1.
auszurichten bin ich heute vor euch aufgetreten: niemand anderes als die Armen, die in unserer Stadt wohnen, hat mich dazu erwählt, nicht durch Worte, durch Volksbeschlüsse[3]) und den Beschluss einer allgemeinen Ratsversammlung, sondern durch die mitleiderregenden und höchst traurigen Bilder, die sich mir darboten. Denn als ich über den Markt und durch die engen Gassen hindurchging und in eure Versammlung eilte und dabei viele mitten auf den Strassen hingestreckt[4]) sah, denen teils die Hände abgehauen waren, teils die Augen [ausgestochen], oder die voll unheilbarer Geschwüre und Wunden waren und meist [gerade] diejenigen Glieder zeigten, die um der daran zu Tage tretenden Fäulnis willen hätten bedeckt werden müssen, da fand ich, dass es äusserst unmenschlich sein würde, wenn ich nicht vor eurer Liebe über diese redete, zumal da neben dem schon Erwähnten auch die [Jahres-]Zeit mich dazu drängte. Denn es ist zwar immer nötig, [das Thema] von der Barmherzigkeit zu [be]handeln[5]), da auch wir dieser reichlich von dem Herrn, der uns geschaffen hat, bedürfen, besonders aber in der gegenwärtigen [Jahres-]Zeit, da die Kälte gross ist. Denn im Sommer haben die Armen viel Linderung von der Jahreszeit; denn da ist es ungefährlich, sogar nackt zu gehen, weil ihnen statt eines Gewandes

[1]) μετὰ αἰδοῦς καὶ ἡσυχίας. || [2]) Περὶ ἐλεημοσύνης. Migne, a. a. O. LI, 261 ff. || [3]) ψηφίσμασι. || [4]) ἐρριμμένους. || [5]) τοὺς περὶ τῆς ἐλεημοσύνης ποιεῖσθαι λόγους.

der Sonnenschein genügt, unbedenklich, einfach auf dem Erdboden zu schlafen und unter freiem Himmel zu übernachten; da brauchen sie weder so notwendig Schuhe, noch Wein, noch reichlichere Nahrung, sondern sie begnügen sich mit den Wasserquellen, begnügen sich teils mit den geringen Gemüsepflanzen, teils mit ein wenig trockener Körner, da die Jahreszeit ihnen den Tisch mühelos deckt[1]). Und noch eine andere nicht geringere Erleichterung haben sie: die günstige Gelegenheit, Arbeit zu finden, denn die, welche sich Häuser bauen, die das Land graben, die das Meer befahren, brauchen gerade ihre Mitarbeit. Und was den Reichen Äcker, Häuser und sonstige Einkünfte, das ist ihnen ihr Leib, und ihr ganzes Einkommen entstammt ihren Händen, sonst aber nirgend woher. Deshalb geniessen sie im Sommer eine Erleichterung; in der Winterszeit aber haben sie nach allen Seiten einen harten Kampf zu bestehen und eine doppelte Belagerung [auszuhalten], denn inwendig verzehrt [ihnen] der Hunger die Eingeweide, von aussen macht [ihnen] die Kälte das Fleisch steif und [wie] tot. Darum brauchen sie mehr Nahrung, ein stärkeres Gewand, Obdach, Lagerstatt, Schuhe und vieles andere. Und was schlimmer als alles andere ist: sie haben auch keine Arbeitsgelegenheit, denn die Jahreszeit erlaubt es nicht.

Da sie also einerseits noch mehr notwendige Dinge brauchen, andererseits ihnen die Arbeitsgelegenheit durch den obenerwähnten Umstand genommen ist[2]), indem niemand die Unglücklichen in Lohn nimmt und in [seinen] Dienst beruft, wohlan, so wollen wir die Hände der Barmherzigen an Stelle derjenigen der Arbeitgeber[3]) heranziehen und dabei den wahrhaften Patron und Versorger der in Armut Lebenden, Paulus, zum Helfer bei dieser Fürbitte nehmen[4]).—

[1]) σπερμάτων ξηρῶν ὀλιγότητι, τῆς ὥρας τοῦ ἔτους ἐσχεδιασμένην αυτοῖς παρεχούσης τὴν τράπεζαν. || [2]) καὶ τὸ ἐργάζεσθαι μετὰ τούτου παρῄρηνται. Jedenfalls ist zu lesen: παρῄρηται. || [3]) τῶν μισθουμένων. || [4]) Chrysostomus beruft sich hierfür zunächst auf Gal. 2, 9 und 1. Kor. 16, 1 und findet es sehr weise, dass Paulus die Ermahnung zur Sammlung für die Armen in Jerusalem auf das Kapitel folgen lässt, das von der Auferstehung handelt. „Denn wer über Auferstehung nachdenken (φιλοσοφεῖν) kann und sich ganz dem jenseitigen Leben (πρὸς τὴν ἐκεῖ ζωήν) zugewendet hat, wird das Gegenwärtige für nichts achten, Reichtum, Überfluss, Gold, Silber, Kleiderpracht (eigentlich: Kleideranlegen, ἱματίων περιβολήν), Üppigkeit, reichbesetzte Tafeln und anderes derart; wer aber dies für nichts achtet, wird umso lieber (εὐκολώτερον) sich der Fürsorge für die Armen annehmen.“ (S. 262.)

Sodann[1]) gibt er auch die Art an, wie er es angeordnet hat[2]): 3.
„Am ersten Wochentage, sagt er, lege jeder von euch bei sich etwas zurück, Schätze sammelnd, je nach seinen Einnahmen, damit nicht erst dann, wenn ich komme, Sammlungen veranstaltet werden.“ Als ersten Wochentag bezeichnete er den Tag des Herrn[3]). Und weshalb bestimmte er diesen Tag für die Beisteuer? Weshalb sagte er nicht: am zweiten Wochentage oder am Sabbat selbst? Nicht umsonst und nicht grundlos, sondern weil auch der Tag ihm dazu helfen sollte, die Beisteuernden bereitwilliger zu machen. Nichts Unbedeutendes aber ist der Nutzen des richtigen Zeitpunktes in allen Dingen. Und was für einen Nutzen, sagt man, bringt der Zeitpunkt für die Überredung zur Mildthätigkeit? An diesem Tage ruhen wir von jeder Arbeit, wird die Seele durch die Ruhe heiterer, und, was das Wichtigste von allem ist, an ihm haben wir zahlloses Gutes empfangen[4]). Denn an diesem Tage ist der Tod vernichtet, der Fluch ausgelöscht, die Sünde getilgt, die Pforten der Hölle zerbrochen und der Teufel ein Gefangener geworden, der lange Krieg zu Ende gebracht und die Versöhnung Gottes mit den Menschen zustande gekommen; unser Geschlecht hat wieder den früheren, ja vielmehr einen viel grösseren Adel erlangt, und die Sonne sah jenes wunderbare und unglaubliche Schauspiel: den Menschen unsterblich geworden! Weil er uns an alles dies und derartiges erinnern wollte, so betonte[5]) er den Tag, indem er ihn gleichsam zum Fürsprecher nahm und zu einem jeglichen sprach: Bedenke, Mensch, wie viel und was für Gutes du an diesem Tage empfangen hast und von wie vielen Übeln du erlöst worden bist; was du zuvor warst, und was du nach diesem geworden bist! Wenn wir aber unsere Geburtstage, viele Sklaven aber auch die Tage, an denen sie die Freiheit erlangt haben, mit viel Auszeichnung begehen, und manche Gastmähler geben, die Edelmütigen[6]) aber auch Geschenke machen und so den Tag sehr auszeichnen: wie viel mehr müssen wir diesen Tag auszeichnen, den man nicht mit Unrecht den Geburtstag des ganzen menschlichen Geschlechtes nennen würde! Denn wir waren verloren und sind gefunden worden, tot, und sind wieder lebendig geworden, Feinde[7]),

---

[1]) A. a. O. S. 264 ff. || [2]) Nämlich in Galatien. Vgl. 1. Kor. 16, 1. 2. || [3]) κυριακήν. || [4]) τὸ μυρίων ἡμᾶς κατ᾽ αὐτὴν ἀπολελαυκέναι καλῶν. || [5]) εἰς μέσον ἤγαγε. || [6]) ἐλεύθεροι. || [7]) Nämlich Gottes.

und sind versöhnt worden. Deshalb ziemt es sich auch, ihn auf geistliche Weise auszuzeichnen, nicht dadurch, dass wir Gastmähler geben, Wein fliessen lassen, uns berauschen und tanzen, sondern dadurch, dass wir den ärmern unter unsern Brüdern zu reichlichem Besitz verhelfen. Dies sage ich nicht, damit ihr es lobt, sondern damit ihr auch danach handelt. Denn glaubet nicht, dass dies bloss zu den Korinthern gesagt ist, sondern auch zu einem jeden von euch und zu allen, die nach unserer Zeit kommen werden; und lasst uns eben das thun, was Paulus angeordnet hat und ein jeder am Tage des Herrn daheim Schätze des Herrn zurücklegen; und das sei Gesetz und unerschütterliche Gewohnheit, dann werden wir künftig keiner Ermahnung und keines Rates bedürfen; denn Wort und Ermahnung vermag solches nicht so zuwege zu bringen wie eine durch die Zeit befestigte Gewohnheit. — —

Zu den Worten: „am ersten Wochentage“ fügte er hinzu: „ein jeglicher von euch“. Nicht nur zu den Reichen rede ich, sagte er [damit], sondern auch zu den Armen; nicht zu Freien [allein], sondern auch zu Sklaven; nicht [bloss] zu Männern, sondern auch zu Frauen. Niemand sei von diesem Dienste befreit und des Gewinnes unteilhaftig, sondern jeder steuere bei! Denn auch die Armut würde kein Hindernis für diese Beisteuer sein. Auch wenn du zehntausendmal arm bist, so bist du doch nicht ärmer als das sidonische Weib, das nur eine Handvoll Mehl hatte und trotzdem nicht in Verlegenheit war, als es galt, den Propheten aufzunehmen; sondern obwohl sie eine Schar von Kindern umherstehen, den Hunger drängen und nichts weiter vorhanden sah, nahm sie mit grosser Bereitwilligkeit den Propheten auf.

Weshalb aber sagte er: „er lege bei sich zurück Schätze sammelnd?“ Weil der Zurücklegende vielleicht sich schämte und errötete, es zu zeigen, wenn es wenig wäre. Deshalb sagt er: Du bewahre und bewache es, und wenn durch wiederholte Beisteuer das Wenige viel geworden ist, dann bring' es an den Tag. Und nicht sagte er: sammelnd, sondern Schätze sammelnd, damit du lernst, dass dieser Aufwand zum Schatz, diese Ausgabe zur Einnahme wird: zu einem Schatz, besser als jeder Schatz.

Denn dieser sinnliche [Schatz] ist Nachstellungen ausgesetzt und vermindert sich und hat die, welche ihn fanden, oft ins Verderben gestürzt; der [Schatz] im Himmel aber ist ganz das Gegenteil: unaufzehrbar bleibt er und keinen Nachstellungen ausgesetzt, ein Heil für die, die ihn besitzen, und die, die ihn empfangen. Denn an ihm zehrt nicht die Zeit, ihn raubt nicht der Neid[1], sondern er ist allen derartigen Nachstellungen unerreichbar und bringt denen, die ihn sammeln, zahlloses Gute. — — —

Eine Kirche[2]) werde darum auf diese Weise eines jeden Haus, indem 4.
heilige Schätze darin niedergelegt werden. Denn die Gotteskästen[3]), die hier aufgestellt sind, sind das Sinnbild von diesen[4]). Der Ort, wo Schätze für die Armen liegen, ist den Dämonen unzugänglich, und mehr als Schild, Speer, Waffen, Körperkräfte und Heeresmasse schirmen[5]) die zur Barmherzigkeit gesammelten Schätze die Häuser. — — —

Und bedenke[6]), durch wie viele bedeutsame Gründe er[7]) die Schwere der Sache zu vermindern sich bestrebte. Einmal und erstens dadurch, dass er verlangte, nicht dass von einem oder zweien oder dreien, sondern von der ganzen Stadt beigesteuert werde. Denn eine Kollekte[8]) ist nichts anderes als eine Sammlung und Unterstützung[9]), die von allen als Geschenk gewährt wird. Zweitens durch die ehrenvolle Bezeichnung[10]) der Empfänger; denn er sagte nicht „Arme“, sondern „Heilige“. Drittens durch das Beispiel derer, die es schon gethan[11]) haben: „gleich wie ich es, sagt er, schon den Gemeinden von Galatien verordnet habe.“ Ferner durch die gute Bedeutung des Tages: „Am ersten Wochentage nämlich“, sagt er, „lege jeder von euch bei sich etwas zurück, Schätze sammelnd.“ Fünftens dadurch, dass er nicht verlangt, dass die ganze Wohlthätigkeitsspende[12]) auf einmal dargebracht werde, sondern allmählich und in kleinen Teilen. Denn es ist nicht gleich, ob man verlangt, die Beisteuer an einem Tage zu entrichten, oder ob man es auf so lange Zeit verteilt, denn auf diese Art hat man gar nicht die Empfindung einer grossen Ausgabe. Sechstens dadurch, dass er kein Mass bestimmt, sondern es dem freien Entschluss der Beisteuernden überlässt und zeigt, dass dies von Gott gegeben wird[13]); indem er nämlich sagte: „je nach seinen Einnahmen“[14]), hat er dies beides ausgedrückt. Siebentens fügte

---

1) οὐ γὰρ δαπανᾶται χρόνῳ, οὐχ ἁλίσκεται φθόνῳ. ‖ 2) ἐκκλησία. ‖ 3) τὰ γαζοφυλάκια. ‖ 4) Den Kirchen. ‖ 5) τειχίζει. ‖ 6) A. a. O. S. 267. ‖ 7) Paulus a. a. O. ‖ 8) λογία. ‖ 9) ἔρανος. ‖ 10) ἀξιώματι (wohl = ἀξιώσει). ‖ 11) D. h. schon gesammelt. ‖ 12) ἐλεημοσύνην. ‖ 13) D. h. das, was der Mildthätige nach Gutdünken gibt, ihm doch erst von Gott gegeben worden ist. ‖ 14) ὅτι ἂν εὐοδῶται.

er noch eine andere Art [der Motivirung] hinzu in den Worten: „damit nicht erst dann, wenn ich komme, Sammlungen veranstaltet werden.“ Denn er treibt sie zugleich dadurch an, dass sie seine Ankunft zu erwarten haben, und redet ihnen dadurch zu, dass er ihnen eine grosse Verheissung gewährt [1]). Und auch damit begnügt er sich noch nicht, sondern fügte noch einen anderen achten [Beweggrund] hinzu. Was für einer war das? „Wenn ich aber komme“ sagt er, „so will ich die, welche ihr durch Briefe [2]) beglaubigt, senden, um eure Wohlthat zu überbringen; und wenn es [der Mühe] wert ist, dass auch ich [hin-] reise, so sollen sie mit mir reisen.“ Siehe die Bescheidenheit und Milde dieser seligen und edlen Seele, ihre Fürsorglichkeit und zärtliche Liebe! Denn nicht wollte er, noch liess er es zu, dass er selbst nach eigener Ansicht die wählte, welche dieses Geld verwalten sollten, sondern überliess jenen ihre Wahl und erachtete es nicht für Anmassung, wenn sie nach der Korinther Abstimmung und Meinung, aber nicht nach der des Saulus gewählt wurden; im Gegenteil schien es ihm also widersinnig zu sein, dass jene zwar die Steuern aufbrachten, er aber die wählte, welche sie überbringen sollten [3]). Dies überliess er ihnen deshalb, um zugleich seine Bescheidenheit zu beweisen und zugleich jede Handhabe und jeden Schatten eines sinnlosen Argwohns zu beseitigen. Denn war er auch leuchtender als die Sonne und über jeden bösen Verdacht erhaben [4]), so war er dennoch bemüht, zum Überfluss auf diese Weise sich den Schwachen anzubequemen und falschem Verdachte zu entgehen. — —

5. Sind wir nun des Schattens des Paulus wert oder seiner Schuhe [5]), wenn er, der bei allen so grosses Ansehen geniesst, die Ehren [die ihm] von allen [zugedacht sind], abweist, wir aber sogar zürnen und uns ärgern, wenn die, welche derartige Gelder verwalten, nicht nach unserm Sinn, unserm Urteil und unserer Stimmabgabe gewählt werden? Wenn wir es für eine Anmassung erachten, wenn die, welche ihr Eigenes hergeben, dies nicht mit uns und unserer Zustimmung thun? — — Und beachte hier auch seine Klugheit [6]). Denn er weigerte sich weder mitzugehen, noch versprach er es für alle Fälle, sondern

[1]) Auch diese besteht in dem ihnen zugedachten Besuche. Er soll ihnen eine Freude sein, kann aber ihnen auch Beschämung bringen, wenn sie nur wenig gesammelt haben. || [2]) δι' ἐπιστολῶν verbindet Chrysostomus mit δοκιμάσητε, statt mit πέμψω. || [3]) τῶν ὑπηρετησομένων. || [4]) ἀπηλλαγμένος. || [5]) D. h. ihm die Schuhriemen aufzulösen. || [6]) Migne, a. a. O. S. 268; — seine = des Paulus.

er machte dies wiederum von dem Willen der Geber abhängig und machte sie zu Herren über seinen Aufenthaltsort, indem er ankündigte, wenn ihre Gabe reichlich sei und gross genug, um auch ihn zur Reise zu veranlassen, dann werde er sich gewiss auf den Weg machen. Denn die Worte: „Wenn es [der Mühe] wert ist", enthalten eine unbestimmte Andeutung[1]). Wenn er (also) diese Reise überhaupt abgelehnt hätte, so würde er sie mutloser und träger gemacht haben; wenn er es dagegen unbedingt[2]) zugesagt und versprochen hätte, so würde er sie sorglos gemacht haben. Deshalb lehnt er weder ganz ab, noch verspricht er; sondern er stellt es dem Willen der Korinther anheim mit den Worten: „Wenn es aber der Mühe wert ist." Denn da sie hörten, dass Paulus ihre Spende überbringen wolle, wurden sie von mehr Bereitwilligkeit und Eifer für die Sache erfüllt, damit jene heiligen Hände sich in den Dienst der Geber stellten und seine Gebete ihrem Opfer hinzugefügt würden. Wenn aber die Korinther, die dem Paulus geben wollten, damit er es überbringe, dies mit umso grösserem Eifer thaten, was für eine Entschuldigung deiner Lässigkeit wirst du haben, der du dem Herrn des Paulus geben sollst? Denn in den Armen empfängt er es[3]).

— — — — — — — — — — — — — —

Konnte Gott nicht der Erde gebieten, dass sie reines Gold auswerfe? Denn der, welcher sprach: „Die Erde lasse Gras als Futter wachsen", und sie plötzlich mit Grün bedeckt zeigte, konnte auch allenthalben Quellen und Flüsse voll Gold fliessen lassen. Aber er wollte es nicht und liess viele in Armut leben, sowohl um ihretwillen, als zu deinem Besten. Denn für die Tugend ist die Armut heilsamer als der Reichtum, und den in Sünden Lebenden erwächst ein nicht geringer Trost aus der Hilfe, die sie den Bedürftigen leisten[4]), und so ernst war es Gott damit, dass er, als er [auf die Erde] kam, Fleisch annahm[5]) und unter den Menschen wandelte, es nicht verschmähte und nicht für schämenswert erachtete, selbst sich der Armen anzunehmen. Und obgleich er so viele Brote gemacht hatte und alles durch sein Gebot vollbrachte, was er wollte, und obgleich

[1]) Τὸ γὰρ εἰπεῖν, Ἐὰν ᾖ ἄξιον, τοῦτό ἐστιν αἰνιττομένου. || [2]) Lies: ἀναμφιβόλως. || [3]) διὰ γὰρ τῶν πενήτων ἐκεῖνος λαμβάνει. || [4]) Καὶ γὰρ πρὸς ἀρετὴν ἐπιτηδειότερον πενία πλούτου· καὶ τοῖς ἐν ἁμαρτήμασι καθεστηκόσιν οὐ μικρὰ παραμυθία γίνεται ἀπὸ τῆς εἰς τοὺς δεομένους βοηθείας. || [5]) περιβαλόμενος.

er zahllose Schätze auf einmal ans Licht bringen konnte, so that er dies doch nicht, sondern befahl seinen Jüngern, einen Beutel zu haben, das, was hineingelegt würde, [bei sich] zu tragen und damit den Bedürftigen zu helfen[1]).

— — — Lasst uns darum diese Angelegenheit nicht vernachlässigen; denn nicht den Armen, sondern uns selbst nützen wir [mit ihrer Beachtung] am meisten und Grösseres empfangen wir, als wir gewähren[2]).

Dies sage ich jetzt nicht ohne Grund, sondern weil es viele
6. oft mit den Bedürftigen sehr genau nehmen, nach ihrer Heimat, ihrem Leben, ihren Sitten, ihrer Beschäftigung, der Gesundheit ihres Leibes forschen, ihnen Vorwürfe machen und immer und immer wieder Rechenschaft wegen ihrer Gesundheit fordern. Deshalb erheucheln auch viele leibliche Gebrechen, um unsere Grausamkeit und Unmenschlichkeit durch die Vorspiegelung[3]) dieses Missgeschicks umzustimmen[4]). — — Ich will euch etwas Unangenehmes und Lästiges sagen, dass ihr zürnen werdet; aber ich will es dennoch sagen, denn nicht, um euch zu verletzen, sondern zu bessern, sage ich es. Jenen werfen wir Faulheit vor, etwas oft auch Verzeihliches; wir selbst aber treiben oft solche Dinge, die schlimmer sind als jede Faulheit. „Aber ich habe ein väterliches Erbe", sagt man. Also ist jener, sprich, wohl deshalb wert, zu Grunde zu gehen, weil er arm ist und armer Leute Kind und keine wohlhabenden Vorfahren gehabt hat? Gerade deshalb verdiente er besonders, dass die Besitzenden Erbarmen und Mitleid mit ihm hätten. Du bringst oft den ganzen Tag in Theatern oder in Sitzungen und Gesellschaften zu, die keinen Nutzen haben, und redest von zahllosen Menschen Übles, aber du glaubst, [damit] nichts Schlimmes oder Müssiges zu thun; diesen Unglücklichen und Bejammerswerten aber, der seinen ganzen Tag mit Bitten, Thränen und tausendfachem Jammer zubringt, verdammst du, schleppst ihn vor Gericht und ziehst ihn zur Rechenschaft? Sprich, zeugt das von menschlicher Gesinnung? Darum wenn du sagst:

---

[1]) In einem nicht ganz klaren Satze beruft sich Chrysostomus hierfür auf Joh. 12, 6. Es folgt dann noch der Hinweis auf biblische Ermahnungen zur Barmherzigkeit, z. B. Hos. 6, 6 u. Mat. 9, 13. ‖ [2]) Μὴ τοίνυν καταμελῶμεν τοῦ πράγματος· οὐ γὰρ τοὺς πένητας, ἀλλ' αὐτοὺς ἡμᾶς τὰ μέγιστα ὠφελοῦμεν καὶ μείζονα λαμβάνομεν ὧν παρέχομεν. Migne, a. a. O. 269. ‖ [3]) δράματι. ‖ [4]) ἵνα . . ἐπικάμψωσι.

„Was sollen wir also dem Paulus erwidern?“ [1]) so führe diese Worte nicht [nur] an, wenn du mit den Armen, sondern auch wenn du mit dir selbst redest! Ausserdem aber lies nicht bloss die Drohung, sondern auch die [Worte der] Nachsicht; der, welcher gesagt hat: „Wenn einer nicht arbeitet, soll er auch nicht essen“, hat auch hinzugesetzt [2]): „ihr aber, liebe Brüder, werdet nicht müde, das Gute zu thun.“ Aber was ist ihre scheinbar so schöne [3]) Ausrede? „Das sind Ausreisser“, sagt man, „Fremdlinge, Taugenichtse [4]), sie laufen aus ihrer Heimat fort und strömen in unserer Stadt zusammen!“ Deshalb also, sprich, bist du unwillig und zerreissest den Ehrenkranz unserer Stadt, dass jedermann sie für einen gemeinsamen Hafen hält und die Fremde der eigenen Mutterstadt vorzieht? Darüber solltest du jubeln und froh sein, dass alle Welt in unsere Hände läuft, wie in einen gemeinsamen Stapelplatz, und dass diese Stadt als eine Mutter aller gilt! Darum zerstöret nicht den Ruhm und schwächt nicht das Lob ab, das sie von den Vätern ererbt hat und von altersher besitzt. Denn als einst eine Hungersnot den ganzen Erdkreis bedrohte, haben die Bewohner dieser Stadt [5]) denen von Jerusalem, eben denen, von deren Angelegenheiten diese unsere ganze Rede ausgegangen ist [6]), durch die Hand des Barnabas und Paulus nicht geringe Geldmittel gesandt [7]). Wie wäre es also verzeihlich, wie entschuldbar, wenn im Gegensatz zu unsern Vorfahren, die, wie am Tage liegt, sogar die Fernwohnenden mit eigenen Mitteln ernährt haben und selbst zu jenen hingegangen sind, wir sogar die von anderswoher zu uns Flüchtenden vertreiben und peinlich Rechenschaft [von ihnen] fordern, obgleich wir doch wissen, dass wir zahlloses Böses auf dem Gewissen haben [8])? [Und] wenn Gott so genau unsere Rechnung prüfen wollte, wie wir die der Armen, so würden wir keine Verzeihung und Barmherzigkeit erlangen; „denn mit welchem Gericht ihr richtet,“ heisst es [9]), „werdet auch ihr gerichtet werden.“ — —

Was sinnst du dir selbst Mühen aus? was treibst du Unnötiges? Wenn Gott [dir] befohlen hätte, das Leben [anderer] zu prüfen, Rechenschaft zu fordern, die Sitten genau zu unter-

---

[1]) Auf 2. Thess. 3, 10. || [2]) 2. Thess. 3, 13. || [3]) εὐπρόσωπος. || [4]) μαστιγίαι. || [5]) Die Rede ist also nicht in Konstantinopel, sondern noch in Antiochia gehalten. || [6]) περὶ ὧν ἡμῖν οὗτος ὁ λόγος ἅπας κεκίνηται: 1. Kor. 16, 1—4 wird damit als Text bezeichnet. Vgl. damit o. S. 36, Anm. 5. || [7]) Apg. 11, 27—30. || [8]) ὅτι μυρίων ὑπεύθυνοί ἐσμεν κακῶν. || [9]) Mt. 7, 2; φησί, nämlich Christus.

suchen, würden da nicht viele unwillig werden? — — Nun aber, da er uns von aller derartigen Vielgeschäftigkeit entbunden und versprochen hat, [uns] den vollen Lohn zu geben, mögen die Empfänger böse oder gut sein, nun bereiten wir uns selbst Mühen! „Und woher“, sagt man, „ist dies bekannt, dass wir den Lohn empfangen sollen, mögen wir Guten oder Andersbeschaffenen geben?“ Aus dem Worte, das er selbst[1]) gesprochen hat: „Bittet für die, so euch beleidigen und verfolgen, damit ihr euerm Vater im Himmel ähnlich[2]) werdet, denn er lässt seine Sonne aufgehen über Böse und Gute und lässt regnen über Gerechte und Ungerechte.“ — — Denn wenn wir das Leben prüfen sollten, werden wir uns niemals eines Menschen erbarmen, sondern, von dieser übel angebrachten Geschäftigkeit gehindert, ohne Frucht und jeder Hilfleistung ledig bleiben und uns viele Mühe umsonst und nutzlos aufladen. Deshalb ermahne ich euch, diese übelangebrachte Neugier abzulegen, den Bedürftigen allen zu geben und dies recht reichlich zu thun, damit auch ihr an jenem Tage viel Erbarmen und Gottes Menschenfreundlichkeit erfahrt. Möchte diese uns allen zu teil werden durch die Gnade und Menschenfreundlichkeit unseres Herrn Jesus Christus, mit welchem dem Vater und dem heiligen Geiste sei Herrlichkeit Gewalt und Ehre jetzt und immerdar und in alle Ewigkeit! Amen[3]).

2. Ambrosius, Bischof von Mailand († 397).

a) Seine Erwählung zum Bischof[4]).

(Sokrates, K.-G. IV. 30.)

Zu derselben Zeit[5]) geschah auch ein anderes denkwürdiges Ereignis in Mailand. Nach dem Tode des dortigen Bischofs Auxentius nämlich, der von den Arianern gewählt worden war, entstand wiederum ein Tumult unter den Bewohnern von Mailand, und es war ein lebhafter Streit unter ihnen, da die einen den, die andern jenen zur Wahl zu bringen suchten. Da aber hierüber ein Tumult ausbrach, und der Statthalter der Provinz, welcher die konsularische Würde besass, Namens Ambrosius, fürchtete, es könne der Stadt aus dieser Unruhe ein Unheil erwachsen, so eilte

[1]) Der Heiland; Mt. 5, 44 f. || [2]) Bei Chrysostomus steht nicht υἱοί sondern ὅμοιοι. || [3]) ἧς γένοιτο πάντας ἡμᾶς ἐπιτυχεῖν χάριτι καὶ φιλανθρωπίᾳ τοῦ Κυρίου ἡμῶν Ἰησοῦ Χριστοῦ, μεθ᾽ οὗ τῷ Πατρί, ἅμα τῷ ἁγίῳ Πνεύματι, δόξα, κράτος, τιμὴ νῦν καὶ ἀεὶ καὶ εἰς τοὺς αἰῶνας τῶν αἰώνων. Ἀμήν. || [4]) Weiteres über ihn in Augustins Confessionen, V, 14. S. u. A II 3a. || [5]) 374.

er in die Kirche, um den Tumult zu stillen. Als aber bei seinem Erscheinen das Volk sich beruhigte, und er durch viele heilsame Ermahnungen die unvernünftige Wut der Menge besänftigte, da wurden plötzlich alle Eines Sinnes. Sie riefen, Ambrosius sei würdig des Bistums, und verlangten alle, dass er gewählt werde[1]); denn nur so werde das Volk sich einigen und der Einmütigkeit im Glauben froh werden[2]). Da aber die Einmütigkeit des Volkes den anwesenden Bischöfen aus einer göttlichen Einwirkung hervorzugehen schien, so ergriffen sie ohne Verzug den Ambrosius. Sie tauften ihn, denn er war noch Katechumen[3]), und wollten ihn sogleich zum Bischofsamt weihen. Da aber Ambrosius zwar die Taufe gern empfing, das Amt aber entschieden von sich wies, so berichteten sie dem Kaiser Valentinian das Geschehene. Der Kaiser aber, der sich über die Einmütigkeit des Volkes wunderte und erkannte, dass das Geschehene Gottes Werk sei, erklärte den Bischöfen, sie sollten Gott gehorchen, der die Weihe [des Ambrosius] befehle; denn der Beschluss über ihn sei vielmehr Gottes als der Menschen Werk. Nachdem auf diese Weise Ambrosius sein Amt angetreten hatte[4]), wurden die Mailänder, die vorher uneinig waren, damals durch ihn geeinigt[5]).

b) Hymnus matutinus[6]).	**Morgengesang.**
Aeterne rerum conditor, Noctem diemque qui regis Et temporum das tempora, Ut alleves fastidium,	Der Welten ew'ger Schöpfer du, Der Nacht und Tag du gleich regierst, Der du die Zeit in Zeiten teilst, Dass fern uns bleibt der Ueberdruss:
Praeco diei iam sonat, Noctis profundae pervigil, Nocturna lux viantibus Ac nocte noctem segregans.	Schon wird des Tages Herold laut[7]), Der wachsam auch in tiefer Nacht, Ein nächtlich Licht dem Wanderer, Dass nicht zu nächtlich wird die Nacht[8]).

[1]) χειροτονεῖσθαι. ‖ [2]) στέρξειν. ‖ [3]) Einer, der durch christlichen Unterricht auf die Taufe vorbereitet wird. ‖ [4]) καταστάντος. ‖ [5]) δι' αὐτὸν ἡνώθησαν: eigentlich „um seinetwillen“; in diesem Falle möchte man ἡνώθησαν im Sinne des Mediums übersetzen: sie einigten sich um seinetwillen. Vielleicht ist zu lesen: δι' αὐτοῦ. ‖ [6]) Migne, p. l. XVI, 1409. Die Übersetzung ist vom Herausgeber. „Ambrosius hat den in der morgenländischen (syrischen) Kirche üblichen Gesang rhythmischer Hymnen und Psalmen eingeführt“. Weingarten, Zeittafeln und Überblicke zur Kirchengeschichte[3], 51. ‖ [7]) Der Hahn. ‖ [8]) Ac nocte

Hoc excitatus Lucifer Solvit polum caligine, Hoc omnis errorum chorus Viam nocendi deserit.	Er weckt den lichten Morgenstern, Dass er das Firmament erhellt, Er scheucht vom Unheilsgang zurück Der Wahngebilde ganze Schar.
Hoc nauta vires colligit, Pontique mitescunt freta; Hoc ipsa petra ecclesiae Canente culpam diluit.	Er gibt dem Schiffer neue Kraft, Die Meeresflut besänftigt er; Bei seinem Schrei in Thränen wusch Der Kirche Fels ab seine Schuld.
Surgamus ergo strenue, Gallus jacentes excitat Et somnolentos increpat, Gallus negantes arguit.	Wohlan denn, frisch vom Lager auf! Der Hahn erweckt die Liegenden, Er schilt die Schlafestrunkenen, Er überführt Verleugnende.
Gallo canente spes redit, Aegris salus refunditur; Mucro latroni conditur, Lapsis fides revertitur.	Die Hoffnung ruft sein Krähen wach, Den Kranken bringt er wieder Heil; Der Räuber birgt den Dolch, es glaubt Von neuem, wer zu Falle kam.
Jesu, labantes respice Et nos videndo corrige: Si respicis, lapsus cadunt[1]) Fletuque culpa solvitur.	O Jesu, sieh auf Strauchelnde, Durch deinen Blick bekehre sie. Es weicht die Sünde deinem Blick, In Thränen löst sich ihre Schuld.
Tu lux refulge sensibus Mentisque somnum discute, Te nostra vox primum sonet, Et vota solvamus tibi[2]).	Als Licht den Sinnen scheine du Und treibe fort des Geistes Schlaf; Du seist des Mundes erster Laut, Was wir gelobt Dir, werd' erfüllt!

noctem segregans. Oder einfach: „das eine Nacht von der andern scheidet"? Nur erwartete man eher: Die Nacht vom Tage.

[1]) Bei Bässler, Abriss der Kirchengeschichte[3] (Anhang), S. 77, findet sich die Lesart: lapsi stabunt. Dann würde die Zeile zu übersetzen sein: „Gefallne richtet auf dein Blick." ‖ [2]) Bässler a. a. O.: et ore psallamus tibi = „dir töne unser Lobgesang". — Dem Sinne nach erscheint keine dieser Änderungen notwendig; ebenso wenig die Lesart labentes für labantes in der vorletzten Strophe. Ob die von Bässler bevorzugten Lesarten handschriftlich besser begründet sind, weiss ich nicht.

Anhang:

Hymnus Ambrosianus. — Der Ambrosianische Lobgesang[1].

(Simrock, Lauda Sion, S. 18ff.)

Te deum laudamus,
Te deum confitemur,
Te aeternum patrem
Omnis terra veneratur.

Herr Gott, dich loben wir,
Dich, Herr, bekennen wir,
Dich ewigen Vater
Verehrt von Pol zu Pol die Welt.

Tibi omnes angeli, tibi coeli
Et universae potestates,
Tibi Cherubim et Seraphim
Incessabili voce proclamant:

Dir rufen die Engel, dir die Himmel,
Dir die Gewalten allzumal,
Dir Cherubim und Seraphim
Mit nie verhallender Stimme zu:

Sanctus, sanctus, sanctus
Dominus Deus Sabaoth!
Pleni sunt coeli et terra
Maiestate gloriae tuae.

Heilig, heilig, heilig
Ist unser Herr, Gott Sabaoth[2])!
Himmel und Erde füllt
Die Grösse deiner Herrlichkeit.

Te gloriosus apostolorum chorus,
Te prophetarum laudabilis numerus,
Te martyrum candidatus
Laudat exercitus.

Dich preist der Apostel glorreicher Chor,
Dich der Propheten gottselige Schar,
Dich der Märtyrer
Verklärtes Geleit.

Te per orbem terrarum
Sancta confitetur ecclesia,
Patrem immensae maiestatis,
Venerandum tuum verum unicum filium,
Sanctum quoque paracletum spiritum.

Über den weiten Kreis der Erde
Bekennt die heilige Kirche
Dich, den Vater unermesslicher Herrlichkeit,
Deinen erhabenen wahren eingebornen Sohn
Und den heiligen Geist, unsern Tröster.

---

[1]) Ambrosius hat nach Holtzmann-Zöpffels Lexikon für Theologie und Kirchenwesen den Hymnus wohl nicht erst verfasst, aber viel zu seiner Verbreitung beigetragen. Nach Weingarten a. a. O. gehört er dagegen erst dem 6. Jahrhundert an. ‖ [2]) = Zebaoth (in Luthers Bibel-Übersetzung).

Tu rex gloriae Christus, Tu patris sempiternus es filius, Tu ad liberandum suscepisti hominem Nec horruisti virginis uterum.	Du König der Herrlichkeit, Christus, Bist des Vaters unerschaffner Sohn; Du unternahmst, die Menschen zu erlösen, Und verschmähtest den Schoss der Jungfrau nicht.
Tu devicto mortis aculeo Aperuisti credentibus Regna coelorum.	Du besiegtest den Stachel des Todes Und erschlossest den Gläubigen Die Reiche der Himmel.
Tu ad dextram Dei sedes In gloria patris; Judex crederis esse venturus.	Du sitzest zur Rechten Gottes In des Vaters *Herrlichkeit*; Einst sollst du kommen, die Welt zu richten.
Te ergo quaesumus: Tuis famulis subveni, Quos pretioso sanguine redemisti.	So bitten wir dich: Hilf deinen Erlösten, Die dein kostbares Blut erkaufte.
Aeterna fac cum sanctis tuis Gloria munerari.	Lass sie mit deinen Heiligen Des ewigen Ruhmes[1]) geniessen.
Salvum fac populum tuum, domine, Et benedic haereditati tuae, Et rege eos et extolle illos Usque in aeternum.	Gib deinem Volke Heil, o Herr, Und segne dein Erbteil, Pflege sie und erhebe sie In Ewigkeit.
Per singulos dies benedicimus te Et laudamus nomen tuum In saeculum et in saeculum saeculi.	Wir segnen dich Tag für Tag Und loben deinen Namen In Ewigkeit und in der Ewigkeiten Ewigkeit.
Dignare, domine, die isto Sine peccato nos custodire.	Geruhe, Herr uns diesen Tag Vor allen Sünden zu beschützen.
Miserere nostri, domine, Miserere nostri.	Erbarme dich unser, Herr, Erbarme dich unser.

---

[1]) Besser: Der ewigen Herrlichkeit.

Fiat misericordia tua super nos,	Deine Milde lass ergehen über uns,
Quemadmodum speravimus in te.	Gleichwie wir auf dich vertraut haben.
In te, domine, speravi,	Auf dich hab' ich vertraut, o Herr,
Non confundar in aeternum.	Lass mich nicht zu schanden werden ewiglich.

3. Augustinus

(† als Bischof von Hippis Regius, jetzt Bona, in Africa 430).

a) Aus seinen Bekenntnissen[1]).

α) Biographisches.

Du machst, dass dich zu loben eine Freude ist; denn du hast uns zu [der Gemeinschaft mit] dir geschaffen, und unser Herz ist ruhelos, bis es in dir seine Ruhe findet[2]). I, 1.

Nachdem (daher) von Mailand nach Rom an den Stadtpräfekten geschrieben worden war, damit jener Stadt ein Lehrer der Beredsamkeit verschafft und ihm die Erlaubnis zur Reise mit der Staatspost erteilt würde, so suchte ich selbst durch eben die von manichäischen Windbeuteleien[3]) berauschten Leute, von denen ich durch meinen Weggang loskommen sollte, ohne dass sie und ich es wussten, zu erwirken, dass mich der damalige Präfekt Symmachus auf Grund einer Proberede dahin schickte. So kam ich nach Mailand zum Bischof Ambrosius, der als einer der Besten der Welt bekannt ist, deinen[4]) treuen Verehrer, dessen Aussprüche damals eifrig das Beste deines Getreides, dein erfreuendes Oel und die nüchterne Trunkenheit deines Weines deinem Volke darreichten[5]). Zu ihm aber wurde ich von dir geführt, ohne es zu wissen, um von ihm mit Bewusstsein zu dir geführt zu werden. Väterlich nahm mich dieser Mann Gottes auf und freute sich als ein rechter Bischof liebevoll meiner Uebersiedelung[6]). Und ich V, 13.

[1]) Confessiones. Vgl. Migne, p. l. XXXII, S. 659 ff. ‖ [2]) Quia fecisti nos ad te, et inquietum est cor nostrum, donec requiescat in te. ‖ [3]) manichaeis vanitatibus ebrios. Die Manichäer sind eine vom Perser Mani († um 270) gegründete Religionsgemeinschaft, welche einen uranfänglichen Gegensatz und fortdauernden Kampf zwischen einem Reiche des Lichts und der Finsternis annimmt. ‖ [4]) Gott ist angeredet. ‖ [5]) D. h. die edelste religiöse Nahrung. Bei dem Ausdruck „nüchterne Trunkenheit“ kann an Apg. 2, 13 ff. gedacht werden. ‖ [6]) et peregrinationem meam satis episcopaliter dilexit.

begann ihn zu lieben, anfangs zwar nicht als einen Lehrer der Wahrheit, da ich an deiner Kirche völlig verzweifelte, sondern als einen Menschen, der sich mir gütig erwies. Und eifrig hörte ich seine öffentlichen Vorträge, nicht in der Absicht, in der ich gesollt hätte, sondern gewissermassen um seine Beredsamkeit zu prüfen, ob sie seinem Rufe entspräche oder mächtiger oder schwächer hervorströmte, als sie gepriesen ward; — — — — — und dennoch kam ich (meinem Heile) allmählich und unvermerkt näher.

III, 12. Als aber aus geheimnisvoller Tiefe eine auf den Grund gehende [Selbst-] Betrachtung mein ganzes Elend versammelte und vor das Auge meines Herzens stellte, da brach ein gewaltiger Sturm los, der einen gewaltigen Thränenregen mit sich führte. Und um ihn ganz zu ergiessen mit [allen] seinen Lauten, erhob ich mich von der Seite des Alypius[1]); denn die Einsamkeit empfahl sich mir als das für meine Thränenarbeit Passendere, und ich entfernte mich weiter, als dass mir auch [nur] seine Gegenwart hätte zur Last fallen können. So stand es damals um mich, und er empfand es; ich hatte nämlich wohl, ich weiss nicht was, gesagt, wobei der Klang meiner Stimme schon thränenschwer erschien, und so hatte ich mich erhoben. Jener blieb also, wo wir sassen, über die Massen verwundert. Ich warf mich, ich weiss nicht wie, unter einen Feigenbaum und liess meinen Thränen freien Lauf, und hervor brachen die Fluten meiner Augen, dir ein annehmbares Opfer. Und nicht zwar mit diesen Worten, aber in diesem Sinne redete ich vieles zu dir: Und du Herr, wie so lange? (Ps. 6, 4.) Wie lange, Herr? Zürnst du bis zum Ende? Gedenke nicht unserer alten Sünden!" (Ps., 79, 5, 8.) Denn ich fühlte mich in ihren Banden, ich stiess klägliche Laute aus: „Wie lange? wie lange, morgen und wieder morgen? Warum nicht jetzt? Warum nicht in dieser Stunde das Ende meiner Schmach?"

So sprach ich und weinte in bitterster Betrübnis meines Herzens. Siehe, da hörte ich eine Stimme aus dem Nachbarhaus, die immer und immer wieder die Worte sang, — ob die eines Knaben oder eines Mädchens, weiss ich nicht —: „Nimm, lies; nimm, lies"[2])! Sogleich wechselte mein Gesicht die Farbe, und ich begann angestrengt darüber nachzudenken, ob die Knaben in irgend einer Art ihrer Spiele etwas Derartiges zu singen pflegten;

[1]) Seines Freundes. || [2]) Tolle, lege; tolle, lege.

aber ich konnte mich nicht erinnern, es irgendwo gehört zu haben. So drängte ich denn den Andrang meiner Thränen zurück und stand auf, indem ich es nicht anders verstand, als dass mir von Gott geboten würde, das [heilige] Buch zu öffnen und das Kapitel zu lesen, das ich gerade aufschlagen würde. Ich hatte nämlich von Antonius[1]) gehört, dass er aus einer Lektion des Evangeliums, zu der er gerade gekommen war, eine Mahnung vernommen hatte, als ob zu ihm gesprochen würde, was vorgelesen ward: „Gehe hin, verkaufe alles, was du hast, und gib es den Armen, so wirst du einen Schatz im Himmel haben; und komm und folge mir nach" (Mt. 19, 21); und durch diesen Gottesspruch sei er sogleich zu dir bekehrt worden. Daher kehrte ich erregt zu dem Orte zurück, wo Alypius sass; denn dort hatte ich das Buch des Apostels[2]) hingelegt, als ich aufgestanden war. Ich riss es empor, öffnete es und las still das Kapitel, auf das meine Augen zuerst fielen: „Nicht in Fressen und Saufen, nicht in Kammern und Unzucht, nicht in Hader und Neid, sondern ziehet an den Herrn Jesum Christum und pfleget nicht das Fleisch zu Lüsten" (Röm. 13, 13 f.[3]). Weiter wollte ich nicht lesen: es war auch nicht nötig. Denn sogleich mit dem Ende dieses Satzes schwanden alle Dunkel des Zweifels, als ob das Licht der Gewissheit in mein Herz sich ergossen hätte.

Darauf legte ich den Finger oder irgend ein anderes Zeichen hinein, schloss das Buch und erzählte es mit schon beruhigter Miene dem Alypius. Aber dieser zeigte auf folgende Weise, was, ohne dass ich es wusste, in ihm vorging. Er erbat sich zu sehen, was ich gelesen hätte; ich zeigte es ihm, und er dehnte seine Aufmerksamkeit noch weiter aus, als ich gelesen hatte, und ich wusste nicht, was folgte. Es folgte aber: „Den Schwachen aber im Glauben nehmet auf" (Röm. 14, 1). Dies bezog er auf sich und teilte es mir mit. Aber durch diese Mahnung wurde er gestärkt und schloss sich dem guten Entschluss und Vorsatz, der seinen Sitten durchaus entsprach, in denen er sich schon früher zu seinen Gunsten ganz wesentlich von mir unterschied, ohne jedes unruhige Zaudern an. Nun begeben wir uns zur Mutter[4]);

[1]) Dem bekannten (Vater des) Einsiedler(tums). || [2]) Paulus. || [3]) Nach der Übersetzung Luthers wiedergegeben bis auf die letzte, von ihm falsch aufgefasste Ermahnung. || [4]) Augustins edle Mutter Monica war „dem Sohne ihrer Thränen" (vgl. III, 12) nachgereist.

wir verkünden es ihr, sie freut sich. Wir erzählen, wie es gekommen ist; sie frohlockt und triumphiert; und sie pries dich der du überschwenglich thun kannst über alles, was wir bitten und verstehen (Eph. 3, 20).

β) Denksprüche[1].

I, 12. 1. Niemand handelt wider Willen gut, auch wenn das gut ist, was er thut.

2. Du hast's befohlen, und so ist's, dass jedes zuchtlose Herz sich selbst zur Strafe wird[2].

III, 6. 3. Du warst innerlicher als mein Innerstes und höher als das Höchste in mir.

II, 11. 4. *O du gütiger Allmächtiger*, der du um einen jeden von uns dich so kümmerst, als ob du dich um ihn allein kümmertest, und um alle so wie um die einzelnen!

IV, 9. 5. Selig, wer dich liebt, den Freund in dir und den Feind um deinetwillen! Denn der allein verliert keinen von ihnen, dem sie alle in dem teuer sind, der unverlierbar ist. — Dich verliert niemand, der dich nicht verlässt. Und wer dich verlässt, wohin geht oder flieht er sonst, als von deiner Gnade zu deinem Zorn[3]?

V, 12. 6. Nicht schuf er es[4] und ging von dannen; sondern aus ihm ist es in ihm.

7. Er[5] verschwand uns aus den Augen, dass wir ins Herz einkehren und ihn finden; denn er schied, und siehe, hier ist er. Er wollte nicht lange bei uns weilen und hat uns [doch] nicht verlassen.

X, 11. 8. Nichts ist fern von Gott[6], und nicht ist zu fürchten, dass er am Ende der Zeit [die Stätte] nicht erkenne, von wo er mich auferwecken soll[7].

X, 29. Meine ganze Hoffnung ruht nur in deiner überaus grossen[8] Barmherzigkeit; gib, was du befiehlst, und befiehl, was du willst[9].

[1]) S. auch S. 75, Anm. 2. ‖ [2]) Jussisti enim, et sic est, ut poena sua sibi sit omnis inordinatus animus. Angeredet ist in allen diesen Sätzen Gott. ‖ [3]) a te placido ad te iratum? ‖ [4]) Gott das All. ‖ [5]) Christus. ‖ [6]) Nihil, inquit, longe est Deo. ‖ [7]) Antwort der sterbenden Mutter Augustins, Monica, auf die Frage seiner Freunde, ob ihr nicht bange sei, so fern von ihrer Heimat (in Ostia, der Hafenstadt Roms) begraben zu werden. ‖ [8]) magna valde. ‖ [9]) Da quod jubes et jube quod vis.

b) Aus seinen Lehr- und Streitschriften[1].

α) Gegen den Brief des Manichaeus, c. 4f.[2]).

— — — Um (also) von dieser Weisheit zu schweigen, die 4.
ihr in der katholischen Kirche nicht vorhanden glaubt, so gibt es noch vieles andere, was mich mit vollem Recht in ihrem Schosse festhält. Mich hält die Übereinstimmung der Völker und Stämme; mich hält ihre Autorität, die durch Wunder begründet, durch Hoffnung genährt, durch Liebe vermehrt, durchs Alter befestigt worden ist, mich hält die von dem eigenen Stuhle des Apostels Petrus, den der Herr nach seiner Auferstehung damit betraute, seine Schafe zu weiden, bis zum gegenwärtigen Episkopat reichende Kette von Priestern[3]); mich hält endlich der Name katholisch selbst, den nicht ohne Grund unter so vielen Sekten diese Kirche allein dermassen behauptete, dass, obgleich alle Sektierer katholisch zu heissen wünschten, dennoch keiner von ihnen einem Fremden auf die Frage, wo man zur katholischen Kirche komme, seine Basilika oder sein Haus zu zeigen wagte. —

— — — Ich aber würde dem Evangelium nicht 5.
glauben, wenn mich nicht die Autorität der katholischen Kirche dazu bewegen würde[4]).

β) Handbuch, dem Laurentius gewidmet, c. 30, 107 u. 117[5]).

Kann aber etwa der Teil des menschlichen Geschlechtes, 30.

---

[1]) Sein Streit mit den Donatisten ist im Folgenden nicht berücksichtigt. Vgl. über diese Heft I, S. 91 ff. ‖ [2]) Contra epistolam Manichaei. Migne, Patrologia latina, Band 42, S. 172 ff. Geschrieben ist das Büchlein um 397, 10 Jahre nach der oben berichteten Bekehrung. Der Name des Stifters des Manichäismus heisst sonst Mani oder Manes. Vgl. Heft I, S. 85, A. 5. ‖ [3]) successio sacerdotum. ‖ [4]) Ego vero evangelio non crederem, nisi me catholicae ecclesiae commoveret auctoritas. ‖ [5]) Enchiridion ad Laurentium, ed. Bruder. Leipzig 1870. Verfasst ungefähr 421.

Die Darlegungen Augustins sind gegen die Lehre des Pelagius gerichtet, eines aus Britannien stammenden Mönchs, der mit seinem Schüler Coelestius 411 nach Afrika kam. Dieser fasste nach Marius Mercator: einem jüngeren Zeitgenossen Augustins (vgl. des Genannten um 430 verfasstes Commonitorium adversus haeresim Pelagii et Coelestii, ed. Baluzius, Paris 1684, S. 2 und 3, oder wie sie bei Migne, a. a. O. XLVIII, S. 109 f. Leist, liber subnotationum in verba Juliani), ihre gemeinsame Ansicht in folgende Sätze zusammen:

„(1.) Adam sei sterblich geschaffen, sodass er gestorben wäre, mochte er sündigen oder nicht sündigen;

welchem Gott die Erlösung und das ewige Reich verheissen hat, durch die Verdienste der eigenen Werke wiederhergestellt werden? Das sei ferne! denn was wirkt der Verdorbene Gutes, ausser sofern

---

(2.) Dass Adams Sünde ihm allein geschadet hat, und nicht dem menschlichen Geschlechte. (Quoniam peccatum Adae ipsum solum laesit et non genus humanum.)
(3.) Dass die neugeborenen Kinder in demselben Zustande sind, in dem Adam vor dem Falle war. (Quoniam infantes qui nascuntur in eo statu sunt, in quo Adam fuit ante praevaricationem.)
(4.) Dass ebensowenig infolge des Todes Adams das ganze Menschengeschlecht stirbt, als infolge der Auferstehung Christi das ganze Menschengeschlecht aufersteht.
(5.) Dass auch ungetaufte Kinder das ewige Leben haben.
— — — Ausserdem fügte er hinzu,
(6.) Der Mensch könne ohne Sünde sein und leicht Gottes Gebote halten, weil es auch vor Christi Geburt (adventum) Menschen ohne Sünde gab, und
(7.) dass das Gesetz ebenso zum Himmelreich führt (mittit) wie das Evangelium".

Dazu seien noch folgende Sätze aus dem Briefe des Pelagius an die Demetrias (eine vornehme und reiche Nonne — virginem Christi —; geschrieben um 412; zu finden bei Migne, a. a. O. XXX, S. 15 ff.) angeführt:

Denn da Gott die vernünftige Creatur mit der Bestimmung (munere) des freiwilligen Guten und der Macht des freiwilligen Willens begaben wollte, so pflanzte er dem Menschen die Fähigkeit ein, sich nach beiden Seiten zu wenden (utriusque partis possibilitatem), und bewirkte so, dass, was er wollte, wirklich sein eigen sei. — — So ist auch der Umstand, dass wir auch Böses thun können, etwas Gutes. (c. 3.)

Es ist in unsern Herzen — dass ich so sage — eine gewisse natürliche Heiligkeit; diese übt, gleichsam in der Burg des Herzens die Aufsicht führend, ein gleichmässiges Urteil über Gutes und Böses (quae par velut in arce animi praesidens exercet mali bonique iudicium. — c. 4.).

Keine andere Ursache aber macht es uns schwer, gut zu handeln, als die lange Gewohnheit der Laster, die uns von Kindheit an krank gemacht und in so vielen Jahren allmählich verdorben hat und uns nun so in ihrer Gewalt und ihrem Banne hält (quae nos infecit a parvo paulatimque per multos corrupit annos et ita postea obligatos sibi et addictos tenet . . .), dass sie gewissermassen die Kraft der Natur zu haben scheint. —

Wenn auch vor dem Gesetze, wie wir gesagt haben, und lange vor der Ankunft unseres Herrn, des Heilandes, manche gerecht und heilig gelebt haben, wie uns berichtet wird: wie viel mehr müssen wir glauben, dass nach der Erleuchtung [die von] seiner Ankunft [ausgegangen ist] wir dies vermögen, die wir durch Christi Gnade unterrichtet (instructi) und zu besseren Menschen wiedergeboren, die wir durch sein Blut entsühnt und gereinigt und durch sein Beispiel zur vollkommenen Gerechtigkeit angespornt sind und deshalb besser als die sein müssen, die vor dem Gesetze, besser auch als

er von seiner Verderbnis erlöst ist? Etwa durch die freie Entschliessung des Willens? Auch das sei ferne! Denn durch den schlechten Gebrauch des freien Willens hat der Mensch sowohl sich als ihn verdorben [1]). Denn wie der Selbstmörder doch gewiss

---

die, die unter dem Gesetze gewesen sind, wie der Apostel sagt (Röm. 6 14): „Die Sünde wird auch jetzt nicht mehr herrschen, denn ihr seid nicht unter dem Gesetz, sondern unter der Gnade". (c. 8.)

Der Pelagianismus wurde seit 412 von mehreren afrikanischen Synoden, 431 auf der ökumenischen Synode zu Ephesus verworfen. Einen „halben Pelagianismus" (Semipelagianismus) vertrat besonders Johannes Cassianus, der Begründer des Klosterlebens in der Provence († in Massilia um 432). Er sagt im 13. Buche seiner Collationes (ed. Petschenig, Wien 1886): „Immer steht uns unzertrennlich der göttliche Schutz zur Seite, und so gross ist die Liebe des Schöpfers gegen sein Geschöpf, dass er es mit seiner Vorsehung nicht nur begleitet, sondern auch ihm beständig zuvorkommt. — Wenn er in uns einen Anfang von gutem Willen sieht, erleuchtet er diesen sogleich, stärkt ihn und spornt ihn zu seinem Heile an (incitat ad salutem), indem er ihm Wachstum verleiht, mag er ihn nun selbst gepflanzt haben oder durch unsere Bemühung aufgetaucht (nostro conatu emersisse) sehen. (c. 8.) — Damit es aber zu noch vollkommenerer Klarheit komme, dass auch aus der guten Ausrüstung der Natur (per naturae bonum), die [uns] durch die Wohlthat des Schöpfers gegeben ist, zuweilen die Anfänge guter Willensregungen hervorgehen, . . . bezeugt es der Apostel in den Worten: Wollen habe ich wohl, aber die Vollendung des Guten finde ich nicht. (Röm. 7, 18.) (c. 9.) — Daher müssen wir uns hüten, dass wir nicht dermassen alle Verdienste der Heiligen auf Gott zurückführen, dass wir nur das, was böse und verkehrt ist, der menschlichen Natur zuschreiben. — Es kann also nicht bezweifelt werden, dass zwar in einer jeden Seele von Natur die Samenkörner der Tugenden liegen, durch die Wohlthat des Schöpfers hineingesäet, dass sie aber nur, wenn sie durch Gottes Wirksamkeit belebt werden, zum Wachstum der Vollendung kommen können." (c. 12.) — Auch der Semipelagianismus wurde auf der kleinen gallischen Gelegenheitssynode (sie wurde auf päpstliche Veranlassung bei Gelegenheit einer Kirchweihe abgehalten) von Oranges (Arausio) 529 verworfen, ohne dass jedoch Augustins Prädestinationslehre (s. u. S. 62) bestätigt wurde. Ihr 20. Kanon lautete: „Vieles Gute wirkt Gott im Menschen, was der Mensch nicht wirkt, nichts Gutes aber wirkt der Mensch, was nicht Gott gibt, dass der Mensch es wirke". (Mansi, a. a. O. VIII, 716). || [1]) „Der Mensch" ist hier Adam als Repräsentant des ganzen Geschlechts. C. 26 wird Röm. 5, 12 citiert mit der bekannten Übersetzung der Schlussworte: in quo omnes peccaverunt (in welchem sie alle gesündigt haben). Um allerdings dies „in quo" auf „den einen Menschen", d. h. Adam, zurückbeziehen zu können, muss man die dazwischen liegenden Worte (et per peccatum mors; et ita in omnes homines pertransivit) als Parenthese auffassen. Übrigens ist „die Auslegung = in quo dem Augustin überliefert gewesen". (Harnack,

kraft seines Lebens sich tötet, aber kraft seines Selbstmordes nicht [mehr] lebt, noch sich selbst wiedererwecken kann, wenn er sich getötet hat: so ist, obgleich mit freiem Willen gesündigt wurde, mit dem Siege der Sünde auch der Verlust des freien Willens eingetreten. Denn von wem jemand besiegt ist, dem ist er auch als Sklave zugesprochen. Wenigstens ist dies die Ansicht des Apostels Pertus[1]). Wenn diese wahr ist, worin sonst, ich bitte, kann dann die Freiheit eines erklärten Sklaven bestehen, als dass es ihm Freude macht zu sündigen? Denn frei dient der, welcher den Willen seines Herrn gern thut. Und somit ist [nur] zum Sündigen frei, wer der Sklave der Sünde ist. Daher wird er zum Rechtthun nicht frei sein, bevor er, von der Sünde erlöst, ein Sklave der Gerechtigkeit zu sein beginnt. Sie ist zugleich wahre Freiheit wegen der Freude an der guten That und fromme Knechtschaft wegen des Gehorsams gegen das Gebot[2]). Aber jene Freiheit zum Guthandeln, woher soll sie dem zum Sklaven erklärten und verkauften Menschen kommen, wenn ihn nicht der loskauft, dem jenes Wort angehört: „Wenn euch der Sohn frei macht, so seid ihr recht frei“[3])? Bevor dies in dem Menschen zu geschehen beginnt, wie könnte sich da jemand seines freien Willens auf Grund eines guten Werkes rühmen, der noch nicht zum Guthandeln frei ist? Er müsste sich denn rühmen, aufgeblasen von dem eitlen Hochmut, den der Apostel mit den Worten in die Schranken weist: Aus Gnaden seid ihr selig geworden durch den Glauben[4]).

107. — — Es ist also notwendig einzusehen, dass auch des Menschen eigene gute Verdienste[5]) Gottes Gaben sind. Wenn nun diesen das ewige Leben gewährt wird, was wird da anderes gewährt als Gnade für Gnade? — — — — — — — — — —

Dogmengeschichte III[3], 200, A. 3.) In demselben Kapitel findet sich auch der Ausdruck originale peccatum (Erbsünde). C. 27 ist sodann von der „verdammten Masse des ganzen Menschengeschlechts (totius humani generis massa damnata)“ die Rede. Vgl. unten S. 61f. (De civ. dei XIII, 14).

[1]) 2. Petri 2, 19. || [2]) Ipsa est vera libertas propter recti facti laetitiam, simul et pia servitus propter praecepti obedientiam. Ipsa bezieht sich wohl auf iustitia zurück; allerdings wird damit das Bild verlassen, in welchem sie als Herrin des Menschen erschien. || [3]) Joh. 8, 36. || [4]) Eph. 2, 8. || [5]) Bona merita kann dem Zusammenhange gemäss nicht übersetzt werden „die verdienten Güter“, obgleich der Ausdruck „die guten Verdienste“ uns pleonastisch erscheint.

— — — Denn der Glaube erlangt, was das Gesetz 117.
verlangt[1]). Denn ohne die Gabe Gottes, d. h. ohne den heiligen Geist, durch welchen die Liebe in unsere Herzen ausgegossen wird[2]), kann das Gesetz wohl befehlen, aber nicht helfen[3]), und [den Menschen] überdies noch zum Uebertreter machen, der sich nicht mit Unkenntnis entschuldigen kann. Denn es herrscht die fleischliche Begierde, wo die Liebe Gottes nicht ist[4]).

γ) Vom Gottesstaat, XII, 2. 7. XIII, 14. XIV, 28[5]).

Während nämlich Gott das höchste Wesen ist, d. h. auf die XII,
höchste Weise ist[6]) und deshalb unveränderlich ist, hat er den Dingen, die er aus nichts schuf, gegeben zu sein, aber nicht auf die höchste Weise zu sein, wie er selbst ist; und den einen gab er, in höherem, den andern, in geringerem Grade zu sein; und so hat er die Naturen der Wesen nach Stufen geordnet.

Niemand suche daher eine bewirkende Ursache des bösen XII,
Willens; denn sie ist keine wirkende, sondern eine mangelnde, weil auch jener kein Thun, sondern ein Mangel ist. Denn von dem abfallen, was in vollkommener Weise ist, zu dem, was in geringerem Masse ist, das heisst anfangen, einen bösen Willen zu haben[7]).

Denn Gott schuf den Menschen gut[8]), der Urheber der XIII,
Wesen[9]), keineswegs der Fehler; aber von freien Stücken verdorben[10]) und gerecht verdammt, erzeugte er Verdorbene und Verdammte. Denn wir alle waren in jenem Einen, da wir alle jener Eine waren[11]). — — Und dadurch ist von dem schlechten Gebrauch des freien Willens die Kette dieses Unheils[12]) ausgegangen, die das menschliche Geschlecht, nachdem der Ursprung verderbt, gleichsam die Wurzel entartet war, in einer Aufeinanderfolge unheilvoller Zustände bis zu dem Verderben des zweiten Todes brachte, der kein Ende hat, ausgenommen nur diejenigen, die wir durch Gottes Gnade erlöst werden[13]).

---

[1]) Fides namque impetrat, quod lex imperat. || [2]) Röm. 5, 5. || [3]) iubere lex poterit, non iuvare. || [4]) Regnat enim carnalis cupiditas, ubi non est Dei caritas. || [5]) De civitate Dei. Migne, a. a. O. XLI. || [6]) Cum enim deus summa essentia sit, h. e. summe sit . . Summe ist natürlich im absoluten Sinne gemeint: „vollkommen". || [7]) Das Wortspiel: caussa efficiens und deficiens, effectio und defectio, lässt sich im Deutschen nicht wiedergeben. || [8]) rectum. || [9]) naturarum. || [10]) depravatus. || [11]) quando omnes fuimus ille unus. || [12]) series huius calamitatis. || [13]) S. u. S. 62 (δ).

V, 28. Es haben also zwei Arten der Liebe zwei Staaten geschaffen: den irdischen nämlich die Liebe des eigenen Selbst bis zur Verachtung Gottes, den himmlischen dagegen die Liebe Gottes bis zur Verachtung des eigenen Selbst.

— — — — Jenen regiert die Herrschsucht in seinen Fürsten oder in den Nationen, die sie unterjocht[1]); in diesem dient man sich gegenseitig in Liebe, sowohl die Vorgesetzten durch ihre Fürsorge, als die Untergebenen durch ihren Gehorsam.

— — — Und deshalb haben in jenem seine Weisen nach Menschenart gelebt und entweder nach Gütern für ihren Leib oder ihren Geist oder für beide getrachtet; oder „sie, die Gott erkennen konnten, haben ihn nicht als Gott geehrt, noch ihm gedankt, sondern sind in ihren Gedanken eitel geworden, und ihr unverständiges Herz ist verfinstert; während sie sagten, sie seien weise", d. h. indem sie, vom Hochmut beherrscht, ihrer eigenen Weisheit sich rühmten, „sind sie zu Thoren geworden und haben verwandelt die Herrlichkeit des unvergänglichen Gottes in ein Bild gleich dem des vergänglichen Menschen, der Vögel, der vierfüssigen und der kriechenden Tiere"[2]).

— — — In diesem dagegen gibt es keine Weisheit des Menschen ausser der Frömmigkeit[3]), die den wahren Gott in der rechten Weise verehrt, die den Lohn in Gemeinschaft der Heiligen, nicht allein der Menschen, sondern auch der Engel, erwartet, dass Gott sei alles in allen[4]).

δ) Von der Vorerwählung der Heiligen, c. 10[5]).

Wenn erörtert und gefragt wird, woher ein jeder würdig sei[6]), so gibt es manche, die sagen: durch den menschlichen Willen; wir aber sagen: durch die göttliche Gnade oder Vorerwählung.

— — Die Gnade aber ist die Wirkung der Vorerwählung selbst[7]). — — Er[8]) selbst bewirkt, dass jene thun, was er vorgeschrieben hat; nicht jene bewirken, dass er thut, was er verheissen hat[9]).

---

[1]) D. h.: Die Herrschsucht nimmt nicht bloss von einzelnen Personen, sondern von ganzen erobernden Völkern Besitz. || [2]) Röm. 1, 21 ff. || [3]) In hac autem nulla est hominis sapientia nisi pietas, qua recte colitur verus Deus. || [4]) 1. Kor. 15, 28. || [5]) De praedestinatione sanctorum (Migne, a. a. O. XLIV, 974 f.), geschrieben 428 oder 429. Für praedestinatio steht c. 6 electio gratiae (Gnadenwahl). || [6]) nämlich des Heils (salutis religionis huius). || [7]) gratia vero est ipsius praedestinationis effectus. || [8]) Gott. || [9]) Die Erwählung

III. Kirchliche Zustände und Einrichtungen.

1. Glaubensnormen.

a) Die heilige Schrift[1]).

α) Der Schriftkanon nach Athanasius.

Athanasius, 39. Festbrief, c. 2. 3. 5.

Es sind . . die Bücher des A. T. der Zahl nach insgesamt 2.
22, — soviel nämlich soll es, wie ich hörte, auch Buchstaben bei den Hebräern geben, — der Reihe und dem Namen nach verhält es sich mit jedem so:

[1.] Genesis, [2.] Exodus, [3.] Leviticum, sodann [4.] Numeri, und weiter [5.] das Deuteronomium. Hierauf folgen [6.] Josua, der Sohn Nuns, [7.] Richter, sodann [8.] Ruth; hierauf [9. u. 10.] 4 Bücher der Königreiche; von diesen wird das 1. und 2. als ein Buch gezählt[3]), das 3. und 4. desgleichen als eins; dann [11.] Chronik 1. und 2., ebenso als 1 Buch gezählt; dann [12.] Esra 1. und 2.[4]) als eins; weiter [13.] das Buch der Psalmen, sodann [14.] Sprüche, [15.] Prediger und [16.] Hoheslied; dazu kommt noch [17.] Hiob; sodann [18.] Propheten, die 12[5]) als 1 Buch gezählt; [19.] Jesaias, [20.] Jeremias und mit ihm Baruch, Klagelieder und Brief[6]), danach [21.] Ezechiel, [22.] Daniel.

Soweit gehen die Bücher des A. T.

Unverzüglich sollen aber dann auch[7]) die [Schriften] des N. T. 3.
genannt werden; es sind nämlich folgende: 4 Evangelien, [1.] Nach Matthäus, [2.] nach Markus, [3.] nach Lukas, [4.] nach Johannes; sodann [5.] die Apostelgeschichte und [6.] 7 sogenannte katholische[8])

---

geschieht „in Christo vor Grundlegung der Welt" (vgl. c. 18). Die Unwiderstehlichkeit der göttlichen Gnade ist z. B. in der Schrift de correptione et gratia, c. 14, (Von Zucht und Gnade; Migne, a. a. O. XLIV, 942) so ausgesprochen: „Dem, wenn er einen selig machen will, kein menschliches Belieben Widerstand leistet" (= leisten kann, wie die folgende Seite der angeführten Schrift deutlich lehrt).

[1]) Vgl. Heft I, S. 76ff. || [2]) Abgedruckt bei Preuschen, Analecta, S. 144—146. Vgl. auch Hilgenfeld, Historisch-krit. Einl. in das N. T., S. 124. Nach Hilgenfeld ist diese epistola festalis i. J. 365, nach Holtzmann, Einl. in das NT[3], S. 139, und Preuschen i. J. 367 geschrieben. | [3]) Unsere 2 Bücher Samuelis. || [4]) Esra und Nehemia. || [5]) sog. kleinen Propheten. || [6]) Des Jeremia, in unseren Bibel Baruch, c. 6. || [7]) πάλιν. || [8]) Allgemeine, d. h. nicht an die Adresse einer bestimmten Gemeinde oder Person gerichtete.

Briefe der Apostel, wie folgt: einer des Jakobus, 2 des Petrus, 3 des Johannes und einer des Judas; [7.] vom Apostel Paulus giebt es 14 Briefe, in folgender Ordnung aufgezeichnet[1]): zuerst der an die Römer, dann 2 an die Korinther, dann ferner der an die Galater, danach der an die Epheser, dann die an die Philipper, an die Kolosser, 2 an die Thessalonicher, der an die Hebräer und sogleich darauf 2 an Timotheus, einer an Titus und zuletzt einer an Philemon; und dann noch [8.] die Offenbarung des Johannes[2]).

5. Behufs grösserer Genauigkeit füge ich aber auch das hinzu, indem ich es pflichtschuldig schreibe, dass es auch noch andere Bücher ausserhalb [des Kreises] der genannten gibt, die zwar nicht kanonisch[3]), aber von den Vätern dazu bestimmt sind, denen vorgelesen zu werden, die neu [zur Gemeinde] kommen und in dem Wort der Frömmigkeit unterrichtet werden wollen[4]):

[1.] die Weisheit Salomonis, [2.] die Weisheit Sirachs, [3.] Esther, [4.] Judith, [5.] Tobias, [6.] die sogenannte Lehre der Apostel[5]) und [7.] der Hirt[6]).

Und doch, Geliebte, erwähnen wir sowohl jene kanonischen, als diese Vorlesebücher, keineswegs aber die Apokryphen; sondern die sind eine Erfindung der Ketzer[7]), die sie schreiben, wann es ihnen beliebt, und ihnen Zeit[bestimmung]en beliebig hinzufügen[8]), damit sie sie als alt ausgeben [können] und einen Vorwand haben, mit ihnen die Einfältigen[9]) zu betrügen.

---

1) γραφόμενοι. Es handelt sich nicht um die zeitliche Reihenfolge, in der sie verfasst, sondern um die räumliche Ordnung, in der sie im Kanon aufgezeichnet sind. ‖ 2) Das Verzeichnis der kanonischen Bücher bei Athanasius ist sachlich fast dasselbe wie das im 60. Kanon der Synode zu Laodicea zwischen 345 und 381 aufgestellte. Nur bleiben hier die bei Athanasius noch aufgezählten „Lese-Bücher" (o. Z. 13) unerwähnt; ferner ist zu Γένεσις hinzugefügt κόσμου (Entstehung der Welt), zu Ἔξοδος noch ἐξ Αἰγύπτου (Auszug aus Ägypten), Esther steht im Kanon hinter Ruth, hinter „Psalmen" ist deren Zahl (150) angegeben, zu den Sprüchen der Name Salomos gesetzt, statt des „Briefes" [des Jeremias] sind „Briefe" genannt (wobei vielleicht schon die erste Hälfte des Buches Baruch als Brief aufgefasst ist), endlich fehlt die Apokalypse. ‖ 3) οὐ κανονιζόμενα. ‖ 4) βουλομένοις κατηχεῖσθαι τὸν τῆς εὐσεβείας λόγον: den Katechumenen. ‖ 5) Vgl. Heft I, S. 13. ‖ 6) Des Hermas, geschrieben nach 140. ‖ 7) αἱρετικῶν ἐπίνοια. ‖ 8) χαριζομένων δὲ καὶ προστιθέντων. ‖ 9) τοὺς ἀκεραίους, die einfachen, ungelehrten Leute.

β) Zwei Formen des Bibelkanons um 400.

a) 47. Kanon des 3. Konzils v. Karth. 397.

Ebenso wurde beschlossen, dass ausser den kanonischen Schriften nichts in der Kirche unter dem Namen göttlicher Schriften [vor-]gelesen werde. Kanonische Schriften sind aber folgende:

1. Genesis [2]).
2. Exodus.
3. Leviticus.
4. Numeri.
5. Deuteronomium.
6. Josua, der Sohn Nuns.
7. Richter.
8. Ruth.
9. 4 Bücher der Königreiche [3]).
10. 2 Bücher der Chronik [4]).
11. Hiob.
12. Der Davidische Psalter.
13. 5 Bücher Salomos [5]).

b) 85. (84.) Apostolischer Kanon [1]).

Es seien euch allen, Klerikern und Laien, verehrungswürdige und heilige Bücher vom A. T.:

Die 5 Bücher Mosis:

Genesis, Exodus, Leviticus, Numeri, Deuteronomium;

1 Buch Josuas, des Sohnes Nuns, [eins der Richter,] Ruth eins, 4 der Königreiche, 2 der Ergänzungen der Chronik [4]), [2 Esra [6])] Esther eins, 3 der Makkabäer, Hiob eins, Psalter 1, 3 von Salomo:

Sprüche, Prediger, Hohes Lied [5]);

eins der 12 Propheten; eins von Jesaias, eins von Jeremias, eins von Ezechiel, eins von Daniel.

Ausserdem [7]) sei auch noch hinzubemerkt, dass eure

[1]) Diese und die meisten im Folgenden angeführten Kanones finden sich bei Lauchert, Die Kanones der wichtigsten altkirchl. Konzilien nebst den Apostolischen Kanones. Freiburg i. B. und Leipzig 1896. (Sammlung ausgewählter kirchen- und dogmengeschichtlicher Quellenschriften, herausgegeben von Krüger, 12. Heft.) Die Apost. Kanones sind nach Funk zu Anfang des 5. Jahrh. in Syrien entstanden. (Lauchert, S. XV.) || [2]) Die Ziffern sind nach Lauchert beigefügt. || [3]) S. o. S. 63, Anm. 6. || [4]) Der alte Name ist Paralipomena (Παραλειπόμενα). Durch ihn „soll wohl angedeutet werden, dass die Chronik eine Ergänzung der älteren kanonischen Geschichtsbücher sei, welche das von jenem Ausgelassene nachtrage". (Cornill, Einl. in d. A. T.[2], S. 271.) Im 85. Apostol. Kanon steht neben Παραλειπομένων noch der andere Name τοῦ βιβλίου τῶν ἡμερῶν. || [5]) Ausser den 3 bekannten kanonischen Büchern, die auch die Apost. Kanones nennen, noch die Weisheit Salomonis und möglicherweise die auch unter unsern Apokryphen noch nicht befindlichen Psalmen Salomos aus dem ersten vorchristlichen Jahrhundert. || [6]) Vgl. S. 63, A. 7. || [7]) ἔξωθεν (eigentlich: von ausserhalb, nämlich des Kanons) δὲ προσιστορείσθω ὑμῖν.

3. Konzil v. Karth. 397.

14. 12 Bücher der [„kleinen“] Propheten.
15. Jesaia.
16. Jeremia.
17. Ezechiel.
18. Daniel.
19. Tobias.
20. Judith.
21. Esther.
22. 2 Bücher Esra [1]).
23. 2 Bücher der Makkabäer.

Vom N. T. aber:

24. 4 Bücher der Evangelien.
25. 1 Buch der Apostelgeschichte.
26. 13 Briefe des Apostel Paulus u. von demselben ein Brief an die Hebräer [3]);
27. 2 des Petrus, 3 des Johannes, einer des Judas, einer des Jakobus, ein Buch der Offenbarung des Johannes [4]).

Es ergeben sich also 27

Apost. Kan. 85.

Jünglinge die Weisheit des vielerfahrenen Sirach lernen sollen [2]).

Unsere [Bücher] aber, d. h. die des N. T. [sind]:

4 Evangelien — — : des Matthäus, Markus, Lukas und Johannes;

14 Briefe des Paulus;
2 Briefe des Petrus, 3 des Johannes, einer des Jakobus, einer des Judas, 2 Briefe des Clemens und die Verordnungen, die euch Bischöfen durch mich, Clemens, in 8 Büchern verkündet worden sind [5]), die nicht allen mitgeteilt werden

[1]) Vgl. S. 63, A. 7. ‖ [2]) S. S. 64. ‖ [3]) In dieser eigentümlichen Form der Hinzufügung des Briefes an die Hebräer (statt dass einfach 14 Paulusbriefe gezählt würden) verrät sich noch die alte Unsicherheit über die Herkunft des Hebr. Auf dem Konzil zu Karthago von 419, dem ein römischer Legat beiwohnte, wurde die Zahl 14 für die Briefe des Paulus ohne Umschweife eingesetzt. (Mansi III, 725, abgedruckt bei Hilgenfeld, Einl. in d. N. T., S. 137.) ‖ [4]) Die Zusammenfassung der „katholischen“ Briefe und der Apokalypse unter eine Ziffer fällt auf. Sie ist aber notwendig, da im folgenden Satze ausdrücklich die Zahl der biblischen Bücher auf 27 angegeben wird. — Spuren des Schwankens in der kirchlichen Anerkennung verschiedener der unter Nr. 27 zusammengefassten Schriften, sowie des Hebr. finden sich bei Hieronymus († 420 als Gründer eines Mönchsklosters in Bethlehem. Er hat auf Wunsch des Bischofs Damasus von Rom eine neue Bibelübersetzung auf Grund der alten Itala hergestellt, die Vulgata). Im 129. Brief (An Dardanus) sagt er: „Wenn ihn [den Hebr.] die Gewohnheit der Lateiner [des Abendlandes] nicht unter die kanonischen Schriften aufnimmt und die Kirchen der Griechen [des Morgenlandes] mit derselben Freiheit die Apokalypse des Johannes

Bücher, sodass betreffs der Bestätigung dieses Kanons die überseeischen Kirchen [1]) befragt werden sollen. Es soll auch gestattet sein, die Leidensgeschichten der Märtyrer vorzulesen, wenn ihre jährlichen Gedenktage gefeiert werden.

sollen wegen der in ihnen enthaltenen Geheimlehren; und die Thaten von uns Aposteln [2]).

---

nicht aufnehmen, so nehmen wir dennoch beide auf, indem wir keineswegs, der Gewohnheit dieser Zeit, sondern dem Ansehen der alten Schriftsteller folgen". In der Vorrede zum Kommentar zum Brief an Philemon spricht er von Leuten, die behaupten, „*entweder sei der Brief nicht von Paulus*, oder auch, wenn er dem Paulus angehöre, enthalte er nichts, was uns erbauen könne, und sei von einigen Alten verworfen worden, da er nur zum Zwecke der Empfehlung [des Onesimus an Philemon], nicht der Belehrung, geschrieben sei" (dum commentandi tantum scribatur officio, non docendi). Im Buche „Von berühmten Männern" (De viris illustribus) heisst es c. 1: Petrus schrieb zwei Briefe, die katholisch genannt werden, deren zweiter ihm von den meisten wegen der Verschiedenheit des Stils von dem [des] ersten abgesprochen wird; c. 2: Jakobus schrieb Einen Brief, der zu den katholischen gehört, der gleichfalls von einem Andern unter seinem Namen herausgegeben ist, wie man behauptet, mag er auch allmählich in der [der Zeit des Hieronymus, also: „meiner Zeit"] vorhergehenden Zeit Ansehen erlangt haben; c. 4: Judas, der Bruder des Jakobus, hinterliess einen, allerdings kleinen, Brief, der zu den 7 katholischen gehört. Und weil er dem apokryphischen Buche Henoch darin ein Zeugnis entnimmt, wird er von den meisten verworfen. Doch hat er durch Alter und Gebrauch sich nun Ansehen erworben und wird unter die heil. Schriften gerechnet; c. 9: Johannes schrieb aber auch Einen Brief — —, der von allen kirchlichen und gelehrten Männern anerkannt wird (probatur). Die zwei andern aber — — sind, wie man behauptet, vom Presbyter Johannes, dessen anderes Grabmal bei Ephesus gezeigt wird (alterum sepulcrum ist wohl hinzugefügt, um es von dem des Apostels Johannes zu unterscheiden. „Presbyter" ist hier im engeren Sinne zu verstehen = „einer, der noch mit den Aposteln und sonstigen Herrenschülern verkehrt und Mitteilungen von ihnen empfangen hat"). Die lateinischen Texte bei Hilgenfeld, a. a. O. S. 128f. || [5]) Die Apostolischen Konstitutionen. || [1]) In der Textform, die Preuschen, Analecta, S. 163, darbietet, wird noch bestimmter gesagt, dass dies [diese Festsetzung des Bibelkanons] „auch unserm Bruder und Mitbischof (consacerdoti) Bonifacius [von Rom] oder anderen Bischöfen jener [Reichs-]Teile behufs Bestätigung dieses Kanons" [nämlich des oben mitgeteilten Konzilkanons] zur Kenntnis gebracht werden soll. || [2]) Die Apostelgeschichte. Der angebliche Clemens (Romanus; vgl. Heft I, S. 1, A. 1 u. S. 35ff.) rechnet sich hier also zu den Aposteln.

γ) Abschluss des Kanons im Abendlande[1]).

Das Dekret des Gelasius[2]).

§ 1. Am Anfang natürlich die 5 Bücher Mosis.[3])
Genesis 1 Buch.
Exodus 1 Buch.
Leviticus 1 Buch.
Numeri 1 Buch.
Deuteronomium 1 Buch.
Josua, Sohn Nuns, 1 Buch.
Richter 1 Buch.
Ruth 1 Buch.
Könige 4 Bücher.
Chronik 2 Bücher.
150 Psalmen 1 Buch.
Salomonis 3 Bücher:
Sprüche 1 Buch.
Prediger 1 Buch.
Hohes Lied 1 Buch.
(Weisheit 1 Buch
Ecclesiasticus 1 Buch[4]).

§ 2. Desgleichen die Propheten, 16 an der Zahl.
Jesaias 1 Buch.
Jeremias 1 Buch[5]).
Ezechiel[6]).
Daniel 1 Buch.
Hosea 1 Buch.
Amos 1 Buch.
Micha 1 Buch.
Joel 1 Buch.
Obadja 1 Buch.
Jona 1 Buch.
Nahum 1 Buch.
Habakuk 1 Buch.
Zephania 1 Buch.
Haggai 1 Buch.
Sacharja 1 Buch.
Maleachi 1 Buch.

§ 3. Desgleichen die Reihenfolge[7]) der Geschichten.
Hiob 1 Buch.

---

[1]) Im Morgenlande fehlt eine so bestimmte, offizielle, endgiltige Festsetzung des Bibelkanons. „Eine päpstliche Autorität, wie sie im Abendlande den Prozess zum handgreiflichen Abschlusse gebracht hat, gab es nicht". Holtzmann, Einl. in d. N. T.[3], 150. ‖ [2]) Abgedruckt u. a. bei Credner, Zur Gesch. des Kanons, S. 193 ff; anders Preuschen, Analecta, 147 ff. — „Direkt durch die römischen Bischöfe wurde der Kanon abgeschlossen in dem sog. Decretum Gelasianum de libris recipiendis et non recipiendis, d. h. in einem schon von Damasus (366—384) herrührenden, auf einer römischen Synode 382 festgestellten, dann unter Gelasius (492—496) und Hormisdas (514—523) veränderten und erweiterten Verzeichnis". Holtzmann, a. a. O., S. 153. ‖ [3]) Hormisdas: „Die Ordnung betr. das A. T., welche die heilige und katholische römische Kirche annimmt und ehrt, ist diese". ‖ [4]) Im Texte des Hormisdas fehlt das Eingeklammerte. — Ecclesiasticus = Jesus Sirach, Ecclesiastes = Pred. Sal. ‖ [5]) Hormisdas fügt „seine Klagelieder" hinzu. ‖ [6]) Bei Hormisdas auch hier der Zusatz: „1 Buch". ‖ [7]) „Ordo" Zusatz bei Hormisdas. Das Wort könnte auch „Klasse, Abteilung" bedeuten.

Tobias 1 Buch.
Esther 1 Buch.
Judith 1 Buch.
Esra 2 Bücher.
Makkabäer 2 Bücher[1]).

§ 4. Desgleichen die Orduung der Schriften des N. Test., welche die heil. römische Kirche annimmt und heilig hält[2]).

Die 4 Bücher der Evangelien, nämlich
nach Matthäus 1 Buch.
nach Markus 1 Buch.
nach Lukas 1 Buch.
nach Johannes 1 Buch.

Desgleichen
die Apostelgeschichte 1 Buch.

§ 5. Die 13 Briefe des Apostels Paulus[3]).

§ 6. Apokalypse 1 Buch.

Apostolische Briefe, 7 an der Zahl:
Des Apostels Petrus 2 an der Zahl.
Des Apostels Jakobus 1 an der Zahl.
Des Apostels Johannes 3.
Des Judas Zelotes[4]).

δ) Der Begriff der Apokryphen[5]).

Isidor von Sevilla, Etymologien 6,2[6]).

Apokryphen, d. h. verborgen[7]), sind sie[8]) (aber) genannt, weil sie Zweifel erregen. Denn ihr Ursprung ist dunkel und

[1]) Bei Hormisdas ist die Reihenfolge der Bücher hinter Tobias: Esra, Esther, Judith, Makk. ‖ [2]) veneratur. ‖ [3]) Im Texte des Hormisdas werden 14 gezählt, also der Hebr. mit gerechnet. Hier werden die Briefe auch einzeln aufgeführt, und zwar in folgender Reihe: An die Römer 1 Brief, an die Kor. 2 Br., an die Epheser 1 B., an die Thess. 2 B., an die Gal. 1 B. (nach einer and. Handschrift: Röm., Kor., Gal., Thess., Eph.), an die Phil. 1 B., an die Kol. 1 B., an Timotheus 2 B., an Titus 1 B., an die Hebr. 1 B. ‖ [4]) Zelotes = der Eiferer. Im N. T. (Luc. 6, 15 und Apg. 1, 13) hat unter den 12 Jüngern Simon diesen Beinamen, nicht Judas. ‖ [5]) Vgl. S. 64. ‖ [6]) Etymologiae sive Origines, „eine Encyklopädie alles Wissenswerten". Isidor † als Bischof von Sevilla 636. (Holtzmann-Zöpffel, Lexikon etc.) Die obige Stelle ist abgedruckt bei Holtzmann, Einl. in das N. T.[3], 148. ‖ [7]) secreta. ‖ [8]) Die dort genannten Bücher.

den Vätern unbekannt, von denen das Ansehen der echten Schriften in zuverlässigster und bekanntester Aufeinanderfolge bis auf uns gekommen ist. Wenn in diesen Apokryphen auch einige Wahrheit sich findet, so steht ihnen doch kein kanonisches Ansehen zu wegen vieles Falschen, das, wie die Urteilsfähigen mit Recht sagen, denen nicht zuzutrauen ist, denen es zugeschrieben wird[1]). Denn viele werden sowohl unter Propheten-Namen, als auch neuere unter Apostel-Namen von den Ketzern aufgebracht, die alle unter dem Namen Apokryphen nach sorgfältiger Prüfung des kanonischen Ansehens entkleidet worden sind.

b) Die Tradition.

α) Aus dem Commonitorium des Vincentius von Lerinum[2]), c. 2 u. 23.

2. Indem ich (also) oft mit grossem Eifer und höchster Aufmerksamkeit bei möglichst vielen durch Heiligkeit und Gelehrsamkeit hervorragenden Männern Auskunft darüber suchte, wie ich auf sichere und gleichsam allgemein[giltig]e und regelrechte Weise die Wahrheit des katholischen Glaubens von der Falschheit ketzerischer Verkehrtheit unterscheiden könnte, erhielt ich immer von fast allen folgende Antwort: wenn ich oder ein anderer die Betrügereien auftretender Ketzer erkennen, ihre Schlingen vermeiden und in gesundem Glauben gesund und unversehrt bleiben wollte, so müsste er auf doppelte Weise mit Gottes Hilfe seinen Glauben verschanzen; erstens nämlich durch die Autorität des göttlichen Gesetzes; zweitens sodann durch die Überlieferung der katholischen Kirche[3]).

Hier könnte vielleicht einer fragen: „Da der Schriftkanon vollkommen ist und in allen Stücken hinreichend und mehr als hinreichend genügt, wozu braucht ihm da noch die Autorität der kirchlichen Einsicht hinzugefügt zu werden?“ Deshalb, weil die

---

[1]) Oder: sie [die Apokryphen] zugeschrieben werden. || [2]) Commonitorium pro catholicae fidei antiquitate et universitate. Herausgegeben von Jülicher in Krügers Sammlung ausgewählter kirchen- und dogmengeschichtlicher Quellenschriften (10. Heft), Freiburg i. B. und Leipzig 1895. Die oben angeführten Stellen sind nach anderer Zählung c. 1. 3. 28. 29. und 31. Vincentius war Presbyter im Kloster auf der Insel Lerinum (jetzt St. Honorat) bei Nizza, † spätestens um 450. Das Commonitorium (= Erinnerungsmittel) ist 434 geschrieben, vgl. c. 29 (47). || [3]) primum scilicet divinae legis (d. h. der heil. Schrift) autoritate; tum deinde ecclesiae catholicae traditione.

heilige Schrift gerade infolge der ihr eigenen Erhabenheit nicht alle in ein und demselben Sinne verstehen, sondern (weil) der eine und der andere ihre Aussprüche immer wieder anders auslegt, sodass es fast scheint, als könnten ebenso viele Meinungen, als es Menschen giebt, aus ihr entnommen werden[1]). — —

Und deshalb ist es sehr notwendig, — — dass die Linie der prophetischen und apostolischen Auslegung[2]) nach der Norm des kirchlichen und katholischen Sinnes gezogen wird.

Ebenso ist in der katholischen Kirche selbst eifrig dafür Sorge zu tragen, das wir das festhalten, was überall, was immer, was von allen geglaubt worden ist[3]). Denn dies ist wahrhaft und eigentlich katholisch. Das zeigt schon die Bedeutung und der *Sinn des Namens an, der alles insgesamt umfasst*[4]). Aber dies geschieht nur dann, wenn wir der Gesamtheit, dem Altertum, der Übereinstimmung[5]) folgen. Wir werden aber der Gesamtheit dann folgen, wenn wir den Einen Glauben als wahr anerkennen, den die ganze Kirche in aller Welt bekennt; dem Altertum aber dann, wenn wir von den Anschauungen in keiner Weise abweichen, die offenbar unsere heiligen Vorfahren und Väter in Ehren gehalten haben[6]); ebenso auch der Übereinstimmung, wenn wir im Altertum selbst uns an die Bestimmungen und Aussprüche aller oder wenigstens fast aller[7]) Priester und Lehrer zugleich halten.

Aber vielleicht sagt Einer: „Soll es also in der Kirche Christi 23.
keinen Fortschritt der Religion geben“? Gewiss soll es einen geben, und einen sehr grossen. — — Aber doch so, dass er ein wahrer Fortschritt des Glaubens sei, nicht eine Veränderung, sofern es ja zum Fortschritt gehört, dass eine jede Sache in sich

---

[1]) ut paene, quot homines sunt, tot illinc sententiae erui posse videantur. Vgl. Wetsteins Distichon:

Hic liber est, in quo sua quaerit dogmata quisque,
Invenit et pariter dogmata quisque sua.

[2]) D. h. der Auslegung der Schriften der Propheten und Apostel. || [3]) In ipsa item catholica ecclesia magnopere curandum est, ut id teneamus, quod ubique, quod semper, quod ab omnibus creditum est. || [4]) quae omnia fere universaliter comprehendit. || [5]) universitatem, antiquitatem, consensionem. || [6]) celebrasse. || [7]) aut certe paene omnium! Ein auf dem Konzil zu Ephesus 431 aufgestellter Kanon von (19) Kirchenlehrern findet sich Kap. 29 (42).

selbst wächst[1]), zur Veränderung aber, dass etwas aus dem einen in etwas anderes verwandelt wird. — — —

Es soll die Religion der Seelen die Art der Körper nachahmen, die, ob sie auch im Laufe der Jahre ihre Glieder[2]) entfalten und entwickeln, dennoch dieselben bleiben, die sie waren. Es ist ein grosser Unterschied zwischen der Blüte der Kindheit und der Reife des Greisenalters; aber dennoch werden dieselben zu Greisen, die Jünglinge gewesen waren. — — — Wenn nun die menschliche Gestalt im Verlaufe der Zeit[3]) in ein ihr fremdartiges Gebilde verwandelt würde, oder wenn wenigstens zu der Zahl der Glieder etwas hinzugefügt oder von ihr weggenommen würde, so müsste der ganze Körper entweder zu Grunde gehen oder verunstaltet oder wenigstens geschwächt werden. So ziemt es sich auch, dass die Lehre[4]) der christlichen Religion diesen Gesetzen des Fortschritts folge, dass sie nämlich mit den Jahren sich befestige, mit der Zeit sich erweitere, mit dem Alter verfeinere und doch unverdorben und ungeschwächt bleibe und in allen Maßen ihrer Teile und an allen Gliedern, so zu sagen, und Sinnen, die ihr eigen sind, völlig und vollkommen sei[5]). — — —

Denn wird erst einmal ein Teil der katholischen Lehre[4]) aufgegeben, so wird auch noch einer und wieder einer und allmählich einer nach dem andern, [und zwar] jetzt, wie wenn es in der Ordnung und erlaubt wäre, aufgegeben werden. — —

β) Aus Justinians 131. Novelle[6]).

Wir verordnen (also), dass Gesetzeskraft haben[7]) die heiligen kirchlichen Kanones, die von den heiligen 4 Synoden erlassen oder bestätigt worden sind, d. i. von der zu Nicäa . . und der zu Konstantinopel . . und der ersten zu Ephesus, auf der Nestorius verdammt wurde[8]), und der zu Chalcedon, auf der Eutyches mit Nestorius verflucht wurde[9]). Denn auch die Dogmen der vorer-

[1]) amplificetur. ‖ [2]) numeros. ‖ [3]) deinceps. ‖ [4]) dogma. ‖ [5]) Vgl. Kap. 23 (32): Kurz, was hat sie (die Kirche) jemals anderes mit den Dekreten der Konzilien bezweckt, als dass eben dasjenige, was vorher einfach geglaubt wurde, nachher noch sorgfältiger geglaubt würde; was vorher lässiger gepredigt wurde, nachher eindringlicher gepredigt würde; was vorher sorglos gepflegt wurde, nachher eifriger ausgebildet würde? ‖ [6]) Imp. Justiniani PP. A. novellae quae vocantur sive constitutiones quae extra codicem supersunt ed. C. E. Zachariae a Lingenthal, Leipzig, 1881, II, 267. Der oströmische Kaiser Justinian regierte 527—565. ‖ [7]) τάξιν νόμων ἐπέχειν. ‖ [8]) 431. ‖ [9]) ἀνεθεματίσθη.

wähnten heil. Synoden nehmen wir auf[1]) wie die heil. Schriften und befolgen ihre Kanones als Gesetze.

2. Gegenstände des Glaubens und der Verehrung[2]).

a) Heilige.

α) Aus Theodorets von Cyrus „Pflege hellenischer Gefühle", Rede 8: „Über die Verehrung der Märtyrer"[3]).

Wenn ihr[4]) also soviele Tote Götter nennt, warum zürnt ihr uns da, die wir die Märtyrer nicht zu Göttern machen, sondern ehren als Gottes Zeugen und liebevolle Diener? Warum meint ihr, dass der befleckt werde, der zu den Gräbern der Toten hingeht[5])? — —

Philosophen und Redner sind der Vergessenheit verfallen, auch von Königen[6]) und Feldherrn kennen die meisten nicht einmal die Namen, die Namen der Märtyrer aber wissen alle besser als die Namen derer, die ihnen die Liebsten waren; auch den Kindern beeifern sie sich deren Namen beizulegen, indem sie ihnen dadurch Sicherheit und Schutz zu verschaffen suchen[7]). Und was rede ich

---

[1]) Statt δεχόμενα lese ich δεχόμεθα. ‖ [2]) S. o. über die Christologie und Trinitätslehre S. 7ff; über Sünde und Erlösung S. 57ff; über die Abendmahlslehre s. u. III, 3, b, β. In Bezug auf die Christologie sei hier gleich noch erwähnt, dass auf der Synode zu Frankfurt [a. M.] 794 die Lehre der Bischöfe Elipandus von Toledo und Felix von Urgellis (in Spanien), „die fälschlich in dem Sohne Gottes eine Adoption behaupteten", als „gottlose und ruchlose Ketzerei" von französischen und italienischen Bischöfen verworfen wurde. Vgl. Monumenta Germaniae historica, legum sectio, II, S. 73. — Dass der heil. Geist nicht bloss vom Vater, sondern auch vom Sohne ausgehe, war im Abendlande mehrfach betont worden; so von Augustinus, von Leo dem Grossen in einem Briefe d. J. 447. (Migne, patr. lat. 54, S. 681.) „Schon 589 bekannte der Gothen-König Rekkared das sog. Constantinopolitanum mit dem filioque" (Loofs, DG[3], 203) auf der Synode zu Toledo, deren 3. Kanon lautet: „Wer nicht an den heil. Geist glaubt oder nicht glaubt, dass er von Vater und Sohn ausgeht und ihn nicht als gleich ewig und wesensgleich (coaequalem) mit Vater und Sohn bezeichnet, der sei verflucht." Dieser Zusatz „et filio" („filioque") gehört zu dem, was die abendländische Kirche von der orientalischen unterschied. ‖ [3]) Theodoret, Bischof von Kyros am Euphrat, † um 457. Ἑλληνικῶν θεραπευτικὴ παθημάτων ἤτοι εὐαγγελικῆς ἀληθείας ἐξ ἑλληνικῆς φιλοσοφίας ἐπίγνωσις. VIII: Περὶ τῆς τῶν μαρτύρων τιμῆς. Migne, patr. graec. t. 83, S. 1017; 1033. ‖ [4]) Angeredet sind die Heiden (die Bewunderer der griechischen Mythen). ‖ [5]) A. a. O. S. 1017. ‖ [6]) Vielleicht auch: Kaiser. ‖ [7]) μηχανώμενοι.

von Philosophen, Königen und Feldherrn? Auch das Andenken an ihre sogenannten Götter haben sie aus dem Geiste der Menschen ausgelöscht. Denn ihre Heiligtümer sind so völlig zerstört, dass weder das Bild der [Götter-]Gestalten geblieben ist, noch die Menschen der Gegenwart[1]) die Form der Altäre kennen; die Stoffe von diesen aber sind den Heiligtümern der Märtyrer geweiht. Denn seine Toten hat der Herr an die Stelle unserer Götter gesetzt[2]); diese hat er für nichtig erklärt, jenen aber ihre Ehre zuerteilt. An Stelle der Pándien[3]), der Diásien[4]), der Dionysien und eurer übrigen Feste werden die Feste des Petrus, Paulus, Thomas, Sergius, Marcellus, Leontius, (Panteleemon), Antonius, Mauricius und der anderen Märtyrer gefeiert[5]).

β) Johannes von Damaskus, Genaue Darlegung des orthodoxen Glaubens, IV, 15[6]).

Wenn aber auch König der Könige, Herr der Herren[7]) und Gott der Götter[8]) der Schöpfer und Herr des Alls genannt wird, so doch auch die Heiligen Götter, Herren und Könige. Ihr Gott, Herr und König ist und heisst Gott. „Denn ich bin“, spricht er zu Moses, „der Gott Abrahams und der Gott Isaaks und der Gott Jakobs“[9]). Und zum Gott Pharaos hat Gott Moses gemacht[10]). Götter aber, Könige und Herren nenne ich sie nicht ihrer Natur nach, sondern, weil sie über ihre Leidenschaften Könige und Herrscher sind und die Ähnlichkeit des göttlichen Bildes, nach der sie auch geschaffen sind, unentstellt bewahrt haben — denn König wird auch des Königs Bild genannt —, und weil sie mit Gott ihrem Willen nach geeinigt sind, ihn als Bewohner in sich aufgenommen haben und durch Gemeinschaft mit ihm[11]) aus Gnaden geworden sind, was er von Natur ist. Wie also sollte man die nicht ehren, welche Diener, Freunde und

---

[1]) οἱ νῦν ἄνθρωποι. ‖ [2]) Τοὺς γὰρ οἰκείους νεκροὺς ὁ δεσπότης ἀντεισῆξε τοῖς ὑμετέροις θεοῖς. „Das Heidentum, das im Reich keine Stätte mehr fand, barg sich in der Kirche.“ (K. Müller, KG. I, 200.) ‖ [3]) Ein Fest des Zeus in Athen. ‖ [4]) Desgleichen. ‖ [5]) A. a. O. S. 1033. ‖ [6]) Ἔκδοσις ἀκριβὴς τῆς ὀρθοδόξου πίστεως. Migne, patr. graec. t. XCIV, 1164ff. — Joh. Chrysorrhoas, geb. in Damaskus, daher Damascenus genannt, angesehener Dogmatiker (Glaubenslehrer) der morgenländischen Kirche, † 754 in einem Kloster bei Jerusalem. ‖ [7]) 1. Tim. 6, 15. ‖ [8]) Ps. 50, 1. Luther übersetzt dort: Gott der Herr, der Mächtige. ‖ [9]) Exod. 3, 6. ‖ [10]) Ex. 7, 1. ‖ [11]) τῇ τούτου μεθέξει.

Söhne Gottes heissen? Denn die Ehre, die den wohlgesinnten unter den Mitknechten erwiesen wird, birgt in sich die Erweisung der Liebe zum gemeinsamen Herrn. — — —

Im Gesetze hiess jeder, der einen Toten berührte, unrein[1]; aber diese sind keine Toten. Denn seit er, der das Leben selbst ist, der Urheber des Lebens[2], unter die Toten gerechnet worden ist, nennen wir die, welche in Hoffnung der Auferstehung und im Glauben an ihn entschlafen sind, nicht tot. Denn wie kann ein toter Körper Wunder thun? Wie also werden durch sie Dämonen ausgetrieben, Krankheiten gebannt, Kranke geheilt, erlangen Blinde das Gesicht wieder, werden Aussätzige rein, werden Anfechtungen und Kümmernisse überwunden, und kommt jede gute Gabe vom Vater der Lichter[3] durch sie zu denen herab, die in zweifelfreiem Glauben bitten? Wie sehr würdest du dich bemühen, einen Fürsprecher[4] zu finden, der dich bei einem sterblichen König einführte und für dich bei ihm sich verwendete? Sollte man also die Fürsprecher des ganzen Geschlechtes, die bei Gott für uns bitten, nicht ehren? Ja, gewiss soll man sie ehren, indem man Gott Tempel auf ihren Namen errichtet, Fruchtspenden darbringt, ihr Gedächtnis ehrt. — — — Säulen wollen wir ihnen aufrichten und sichtbare Bilder und wollen selbst lebendige Bildsäulen und Bilder von ihnen werden durch die Nachahmung ihrer Tugenden!

b) Engel.

α) 35. Kanon von Laodicea[5].

Die Christen sollen nicht die Kirche Gottes verlassen und hingehen und die Engel anrufen[6] und verbotene Versammlungen veranstalten. Wenn nun einer dabei betroffen wird, dass er sich mit diesem geheimen Götzendienst befasst, so sei er verflucht. Denn er hat unsern Herrn Jesus Christus, den Sohn Gottes, verlassen, und hat sich dem Götzendienste zugewandt.

β) Didymus, Über die Dreieinigkeit II, 7[7].

Deshalb sind Gott neben den Kirchen auch Bethäuser, die eure Namen tragen, o teures Paar der Erzengel, nicht nur

---

[1]) Num. 19, 11. ‖ [2]) ἡ αὐτοζωή, ὁ τῆς ζωῆς αἴτιος. ‖ [3]) Jac. 1, 17. ‖ [4]) προστάτην. ‖ [5]) Bei Lauchert, Die Kanones der wichtigsten altkirchlichen Concilien, S. 76. — Ueber die Zeit der Synode s. S. 64, A. 4. ‖ [6]) ὀνομάζειν. ‖ 7) De trinitate, ed. Mingarelli, S. 200f. Didymus, Leiter der Katechetenschule zu Alexandria, † um 395.

in den Städten, sondern auch privatim auf Gassen, in Häusern und auf Feldern erbaut worden, mit Gold, Silber oder auch Elfenbein verziert; und die Menschen gehen auch nach den ihrer Heimat ferneren Orten, welche die Kapellen wie Bürgschaften für die Erhörung dem Blicke darbieten[1]), und scheuen sich nicht, wo nötig, auch das weite Meer zu durchkreuzen, — — um eine grössere Geneigtheit betreffs ihrer Bitte von euch zu erlangen und eure Teilnahme, die ihr eure Ehre darein setzt, [darauf hinzuwirken], dass man Gutes von Gott erlange[2]).

c) Maria die Gottesmutter.

α) Sokr. K.-G. VII, 32. 34.

32. Mit ihm[3]) war der Presbyter Anastasius befreundet, der mit ihm zugleich aus Antiochia gekommen war; diesen hielt er in hohen Ehren und bediente sich seines Rates bei seinen Geschäften. Einst sagte nun Anastasius in einer Predigt[4]): „Niemand nenne die Maria Gottesmutter[5]); denn Maria war ein Mensch; es ist aber unmöglich, dass Gott von einem Menschen geboren wird.“ Als sie dies hörten, wurden viele Geistliche und Laien in gleicher Weise erregt. — — — Als nun, wie gesagt, eine Aufregung in der Kirche entstand, so beeilte sich Nestorius, das Wort des Anastasius zu bekräftigen, — denn er wollte den von ihm geschätzten Mann nicht als einen Lästerer beschuldigen lassen, — und predigte beständig über diesen Punkt, stritt noch rechthaberisch darüber und verdrängte überall die Bezeichnung Gottesmutter.

Aber darüber entbrannte ein solcher Streit und Aufruhr, dass sogar eine ökumenische Synode nötig wurde. — —

34. Nicht lange nachher berief ein Erlass des Kaisers die Bischöfe von allen Orten nach Ephesus zusammen[6]). — — — Und Cyrillus von Alexandria unternahm einige Wortplänkeleien, um den

[1]) τὰ ἔχοντα οἷον ὡς πρυτάνια ἐπιτευγμάτων τὰ εὐκτήρια προβεβλημένα. Mingarelli erklärt: Wie in Athen im Prytaneum (d. h. Rathaus) Gelder aus dem Staatsschatz oder der tägliche Unterhalt verabreicht wurde, so erlangen sie in jenen Bethäusern, was sie verlangen. || [2]) μετουσίας δὲ τῆς τῶν φιλοτιμουμένων ὑπὲρ τοῦ εὖ ἀγαθῶν παρὰ τοῦ θεοῦ. Vielleicht stand ursprünglich im Texte ὑπὲρ τοῦ εὖ πάσχειν παρὰ τοῦ θεοῦ; ἀγαθῶν könnte dann als Erklärung für τοῦ εὖ πάσχειν darüber geschrieben worden und an Stelle von πάσχειν in den Text eingedrungen sein. || [3]) Dem Patriarchen Nestorius von Konstantinopel († um 440 in der Verbannung). || [4]) ἐπ' ἐκκλησίας . . . διδάσκων. || [5]) Θεοτόκον. || [6]) 431.

Nestorius in Verwirrung zu bringen; denn er war ihm feindlich gesinnt. Da nun viele Jesus Gott nannten[1]), so sprach Nestorius: Ich möchte den, der 2 und 3 Monate alt war, nicht Gott nennen; und deshalb bin ich rein von euerm Blute[2]) und komme von jetzt an nicht mehr zu euch. Hierauf versammelte er sich mit den übrigen Bischöfen, die seiner Meinung beipflichteten. Es spalteten sich also die Anwesenden in 2 getrennte Teile[3]). Die Anhänger des Cyrill hielten nun eine Sitzung und luden den Nestorius vor; er aber folgte [der Ladung] nicht, sondern vertagte die Sache[4]) bis zur Ankunft des [Bischofs] Johannes von Antiochia. Die Anhänger Kyrills aber lasen die Reden[5]) des Nestorius, die er über die Streitfrage gehalten hatte, oftmals vor, verurteilten ihn auf Grund dieser entschieden als Lästerer des Sohnes Gottes und setzten ihn ab. Hierauf hielten die Anhänger des Nestorius unter sich eine andere Sitzung und setzten Kyrill und mit ihm den Bischof Memnon von Ephesus ab. Nicht lange nachher kam aber auch der Bischof Johannes von Antiochia hinzu. Und als er das Geschehene erfuhr, zürnte er dem Cyrillus, weil er die vorhandene Verwirrung dadurch herbeigeführt habe, dass er hitzig die Absetzung des Nestorius bewirkt habe. Kyrill aber mit Juvenalius[6]) wehrte sich gegen Johannes und setzte auch ihn ab. Als nun die Sache in einen solchen Wirrwarr geraten war, nannte Nestorius, da er sah, dass der Hader allgemein geworden war, reumütig die Maria Gottesmutter, indem er sagte: „Es werde [meinetwegen] die Maria auch Gottesmutter genannt, und [damit] habe das Elend ein Ende“[7]). Aber niemand nahm ihn, obgleich er dies reumütig erklärte, auf; deshalb wohnt er bis jetzt abgesetzt und verbannt auf der Oase[8]).

Johannes aber rief nach seiner Rückkehr nach Antiochia viele Bischöfe zusammen und setzte den bereits nach Alexandria zurückgekehrten Kyrill ab; bald darauf [jedoch] liessen sie von ihrer Feindschaft ab, schlossen wieder Freundschaft und gaben einander ihre Bischofsstühle zurück. — —

---

[1]) θεολογούντων τὸν Ἰησοῦν. ‖ [2]) D. h. ich habe keine Mitschuld an dem Strafgericht, das ihr durch Vergötterung des Zeitlich-Menschlichen an Jesus auf euch herabbeschwört. ‖ [3]) τμήματα. ‖ [4]) ὑπερτιθέμενος. ‖ [5]) τὰς προσομιλίας. ‖ [6]) Bischof von Jerusalem. ‖ [7]) Λεγέσθω, φησί, καὶ θεοτόκος ἡ Μαρία, καὶ παυσάσθω τὰ λυπηρά. ‖ [8]) Unbekannt, auf welcher.

β) 1. Kanon des Concilium quinisextum 692)[1].

— — Aber auch die Lehren[2], die von den in der Stadt Ephesus zum ersten Male[3] unter der Regierung unseres Kaisers Theodosius[4], des Sohnes des Arkadius, versammelten 200 gottbegeisterten[5] Bischöfen festgesetzt worden sind, besiegeln wir als eine unzerstörbare Macht der Frömmigkeit, indem wir den Einen Christus, den Sohn Gottes und Fleischgewordenen, verkündigen, und die reine ewige Jungfrau, die ihn ohne Zeugung geboren hat[6], mit Recht[7] und der Wahrheit gemäss als Gottesmutter preisen.

γ) Johannes von Damaskus, Genaue Darlegung des orthodoxen Glaubens III, 12[8].

Gottesmutter aber nennen wir nach Recht und Wahrheit die heil. Jungfrau; denn wie der von ihr Geborene wahrer Gott ist, so ist die wahre Gottesmutter, die den wahren Gott, der durch sie Fleisch wurde, geboren hat.

d) Reliquien.

α) Das Kreuz Christi.

a) Die Kreuzfindung.

Sokr. K.-G. I, 17.

Helena, die Mutter des Kaisers[9], — — kam infolge einer im Traum empfangenen Weisung nach Jerusalem; und da sie das ehemalige Jerusalem nach dem Worte des Propheten[10] verlassen fand wie eine Obsthütte, suchte sie eifrig nach dem Grabe Christi, wo er begraben nnd auferstanden ist; und zwar schwer, aber mit Gottes Hilfe fand sie es. Was aber der Grund der Schwierigkeit war, will ich in Kürze sagen. Die Anhänger Christi nämlich hielten nach der Zeit des Leidens das Grab in Ehren. Die aber, welche von der Sache Christi nichts wissen wollten, verschütteten

---

[1]) „Quinisextum heisst ein, als Ergänzung zum 5. und 6. ökumenischen Konzil angesehenes, Konzil, welches 692 zu Konstantinopel gehalten, aber um verschiedener Niederlagen willen, welche die Griechen dabei den Legaten des Papstes Sergius I beigebracht hatten, von diesem nicht anerkannt wurde". (Holtzmann-Zöpffel, Lexikon etc.) ‖ [2]) διδάγματα. ‖ [3]) 431 —, nicht auf der („Räuber"-)Synode von 449. ‖ [4]) Theodosius II, 408—450. ‖ [5]) θεοφόρων. ‖ [6]) τὴν αὐτὸν ἀσπόρως τεκοῦσαν ἄχραντον ἀειπάρθενον. ‖ [7]) κυρίως. ‖ [8]) A. a. O. S. 1028. ‖ [9]) Konstantin d. Gr. ‖ [10]) Jes. 24, 20 wird nach den LXX die Erde mit einem ὀπωροφυλάκιον verglichen. Es ist aber nicht von Verödung, sondern von Erschütterung die Rede (σεισθήσεται).

die Stelle [1]), bauten einen Tempel der Aphrodite darauf und stellten ein Bild von ihr auf, ohne auf den Ort Rücksicht zu nehmen. Dies war nun schon lange geschehen; der Mutter des Kaisers aber wurde dies bekannt. Sie liess also das Bild entfernen, die Stelle aufgraben und reinigen und fand drei Kreuze in dem Grab, das eine selig zu preisende [2]), an dem Christus gehangen hatte, und die anderen, an denen die mit ihm gekreuzigten beiden Räuber gestorben waren. Mit ihnen wurde aber auch das Brett des Pilatus gefunden, auf dem er niedergeschrieben und mit verschiedenartiger Schrift [3]) verkündigt hatte, dass der gekreuzigte Christus der König der Juden sei. Da aber zweifelhaft war, welches das gesuchte Kreuz sei, ergriff kein geringer Schmerz die Mutter des Kaisers. Bald aber machte der Bischof von Jerusalem, Namens Makarius, dem Schmerz ein Ende und beseitigte kraft des Glaubens den Zweifel. Er bat nämlich Gott um ein Zeichen, und er empfing es.

Das Zeichen war aber derart: ein Weib des Ortes war von einer langwierigen Krankheit befallen worden und schon dem Tode nahe. Der Bischof liess daher jedes der Kreuze zu der Sterbenden bringen, in dem Glauben, das Weib werde genesen, wenn es das kostbare Kreuz berühre. Und er täuschte sich in seiner Hoffnung nicht. Denn als die zwei Kreuze gebracht wurden, die nichts mit dem Herrn zu schaffen hatten, blieb das Weib nichts desto weniger im Sterben; als aber das dritte, das echte, gebracht wurde, genas die Sterbende sofort und gehörte zu den Gesunden. Auf diese Weise also wurde das Kreuzesholz gefunden. Die Mutter des Kaisers aber liess ein kostbares Bethaus an der Stelle des Grabes erbauen und nannte es das neue Jerusalem, das sie gegenüber jenem alten und verlassenen anlegte. Ein Stück des Kreuzes (aber) schloss sie in einen silbernen Kasten und liess es zum Andenken für die, welche es sehen wollten, dort zurück; das andere Stück aber schickte sie an den Kaiser. Dieser nahm es und verbarg es, da er glaubte, dass die Stadt, wo es aufbewahrt würde, vollkommen geborgen sein werde, in seiner eigenen Bildsäule, welche zu Konstantinopel auf dem nach Konstantin benannten Markte auf der dunkelroten, grossen Basis steht. Dies habe ich auf Hörensagen hin geschrieben; fast [!] alle Einwohner von Konstantinopel aber sagen, dass es

---

[1]) οἱ δὲ φεύγοντες τὰ τοῦ Χριστοῦ, χώσαντες τὸν τόπον. || [2]) μακαριστόν. || [3]) In verschiedenen Sprachen.

wahr ist. Die Nägel aber, mit welchen die Hände Christi ans Kreuz geheftet gewesen waren, nahm Konstantin — denn auch sie hatte seine Mutter im Grabe gefunden und ihm geschickt — und liess sie zu Zügeln und einem Helm [1]) verarbeiten. Das ganze Holz (nun) gab der Kaiser zum Bau der Kirchen her, und er schrieb dem Bischof Makarius, er solle die Bauarbeiten beschleunigen. Die Mutter des Kaisers aber liess nach [2]) dem neuen Jerusalem auch in der Höhle zu Bethlehem, wo die leibliche Geburt Christi erfolgt war, eine (andere) nicht geringere Kirche bauen und ebenso auch auf dem Berge der Himmelfahrt.

b) Religiöse Verehrung des Kreuzes.

Joh. von Damaskus, a. a. O. IV, 11 [3]).

Dieses kostbare Holz also als etwas wahrhaftig auch Verehrungswürdiges, an dem sich Christus zum Opfer für uns dargebracht hat, als etwas durch die Berührung mit dem heil. Leib und Blut Geheiligtes, ist religiös zu verehren [4]); [ebenso] die Nägel, die Lanze, die Gewänder und seine heiligen Aufenthaltsorte [5]), als da sind die Krippe, die Höhle, das heilbringende Golgatha, das lebenschaffende Grab, Zion, die Hochburg unter den Kirchen [6]) und dergleichen; wie der Gottesvater [7]) David sagt: „Wir wollen in seine Wohnungen gehen und an dem Orte [8]) anbeten, wo seine Füsse standen [9]).“ Dass er aber das Kreuz meinte, zeigt das Folgende: „Stehe auf, Herr, zu deiner Ruhe [10]).“ Denn dem Kreuze folgt die Auferstehung. Denn wenn uns Haus, Bett und Gewand derer, die wir lieben, teuer ist, wie viel mehr das, was unserm Gott und Heiland gehört, wodurch wir auch gerettet worden sind!

Wir verehren aber auch das Abbild des kostbaren und lebenschaffenden Kreuzes, wenn es auch aus anderem Stoff gemacht ist, denn nicht den Stoff verehren wir — das sei ferne! — sondern die Form [11]), als ein Sinnbild Christi.

---

[1]) χαλινούς τε καὶ περικεφαλαίαν ποιήσας. Offenbar sind die Nägel an diesen Gegenständen bloss mit verwendet. ‖ [2]) Zeitlich zu verstehen. ‖ [3]) Migne, a. a. O. S. 1129 ff. ‖ [4]) προσκυνητέον. ‖ [5]) σκηνώματα. ‖ [6]) ἡ Σιὼν τῶν ἐκκλησιῶν ἀκρόπολις. ‖ [7]) ὁ θεοπάτωρ heisst David als Stammvater Christi. ‖ [8]) εἰς τὸν τόπον bezeichnet die Gebetsrichtung. ‖ [9]) Ps. 132, 7. ‖ [10]) V. 8. ἀνάστηθι bezieht Joh. Dam. auf die ἀνάστασις. ‖ [11]) τύπον, dasselbe Wort, das wir vorher mit „Abbild“ übersetzt haben.

β) Die Reliquien der Apostel.
Sokr. K.-G. I, 40.

Den Leichnam des Kaisers[1]) aber legten seine Verwandten in einen goldnen Sarg und brachten ihn nach Konstantinopel. — — Als hierauf Konstantius[2]) aus dem Osten erschienen war, wurde er mit kaiserlichen Ehren bestattet und in der nach den Aposteln benannten Kirche beigesetzt, die er gerade zu dem Zwecke gebaut hatte, damit die Kaiser und Priester von den Reliquien[3]) der Apostel nicht entfernt wären.

γ) Märtyrer-Reliquien.
a) Johannes von Damaskus, a. a. O. IV, 15[4]).

Als heilbringende Quellen gab uns der Herr Christus die Reliquien der Heiligen, die auf vielfältige Weise ihre Wohlthaten ausströmen, wohlriechende Salbe ergiessen. Und niemand sei ungläubig. Denn wenn aus einem scharfkantigen und harten Felsen Wasser in der Wüste quoll, weil Gott es wollte[5]), und aus einem Eselskinnbacken für den dürstenden Simson[6]), ist es da unglaublich, dass aus Märtyrer-Reliquien wohlriechende Salbe hervorquillt? Keineswegs, wenigstens für die nicht, welche die Macht Gottes kennen und die Ehre, welche die Heiligen von ihm empfangen.

b) 7. Kanon des 2. Konzils von Nicäa (787).

— — Soviele heilige Tempel nun geweiht worden sind, ohne heilige Märtyrer-Reliquien zu besitzen[7]), in denen sollen, so verordnen wir, Reliquien deponiert werden[8]), und zwar unter dem gebräuchlichen Gebet. Und wenn von jetzt an ein Bischof dabei betroffen wird, dass er einen Tempel ohne heilige Reliquien weiht, der soll abgesetzt werden, weil er die kirchlichen Satzungen[9]) übertreten hat.

e) Bilder.

α) 36. Kanon von Elvira (306)[10]).

Es wurde beschlossen, dass keine Bilder in den Kirchen

[1]) Konstantin d. Gr. ‖ [2]) Sein Sohn. ‖ [3]) τῶν ἀποστολικῶν λειψάνων. ‖ [4]) Migne, a. a. O. 1165. ‖ [5]) Ex. 17, 6. ‖ [6]) Richt. 15, 14—19. — Lechi ist zugleich Ortsname und das hebräische Wort für Kinnbacken. V. 19 ist in der That zu übersetzen „im Kinnbacken“, nicht mit Luther: „in Lehi“. ‖ [7]) Ohne zu besitzen = ἐκτός. ‖ [8]) ὁρίζομεν ἐν αὐτοῖς κατάθεσιν γενέσθαι λειψάνων. ‖ [9]) τὰς ἐκκλησιαστικὰς παραδόσεις. ‖ [10]) Mansi II, 11.

sein sollen, damit nicht, was verehrt und angebetet wird, an den Wänden abgemalt werde.

β) Aus einem Briefe Gregors des Grossen[1]) an Bischof Serenus von Massilia[2]).

— — Ausserdem teile ich mit, dass unlängst zu unserer Kenntnis gekommen ist, dass Eure Brüderlichkeit[3]), als sie gewisse Anbeter von Bildern erblickte, diese Bilder in den Kirchen zerbrach und zu Boden warf. Nun haben wir zwar gelobt, dass Ihr dafür geeifert habt, dass kein Menschenwerk[4]) angebetet werden könne, aber wir erachten, zerbrechen hättet Ihr diese Bilder nicht sollen. Das Gemälde findet nämlich deshalb in den Kirchen Verwendung, damit die, welche die Buchstaben nicht kennen, wenigstens an den Wänden sehen und [so] lesen, was sie in Büchern nicht lesen können. Deine Brüderlichkeit hätte also einerseits jene [Bilder] erhalten, andererseits von ihrer Anbetung das Volk abhalten sollen[5]), damit einerseits die Schriftunkundigen eine Quelle hätten, aus der sie ihre Geschichtskenntnis schöpfen, andererseits das Volk sich keineswegs mit Bilderanbetung versündige.

[1]) Bischof von Rom, † 604. || [2]) Migne, p. l. t. LXXVII, 1027f. (Briefe, 9. Buch, Nr. 105.) || [3]) fraternitas vestra. || [4]) manufactum. || [5]) Idcirco enim pictura in ecclesiis adhibetur, ut hi, qui literas nesciunt, saltem in parietibus videndo legant quae legere in codicibus non valent. Tua ergo fraternitas et illas servare et ab earum adoratu populum prohibere debuit. Denselben Gedanken führt Gregor in einem anderen Briefe an denselben aus (Buch 11, No. 13, Migne a. a. O. S. 1128ff. Hier kommt auch der vollständige Ausdruck „Heiligenbilder" (sanctorum imagines) vor. Über sie wird hier gesagt: „Etwas anderes ist es nämlich, ein Bild anbeten, etwas anderes, durch die Geschichte, die das Bild darstellt (per picturae historiam), zu lernen (addiscere), was anzubeten ist. Denn was den Lesenden die Schrift, das leistet den Ungebildeten (idiotis) das Bild durch die Anschauung, weil an ihm auch die Unwissenden sehen, welchem Beispiel sie folgen sollen (quid sequi debeant), in ihm die lesen, welche die Buchstaben nicht kennen. Deshalb vertritt auch namentlich für die Heiden das Bild die Lectüre (Unde et praecipue gentibus pro lectione pictura est)". Auch beruft sich Gregor darauf, dass „das Altertum nicht ohne Grund es zugelassen hat, an verehrungswürdigen Stätten die Geschichten der Heiligen abzubilden" (quia in locis venerabilibus sanctorum depingi historias non sine ratione vetustas admisit).

γ) Verbot der Bilderverehrung durch Kaiser Leo III. den Isaurier (716—741).

α) Aus der Chronographie des Theophanes[1]).

In diesem Jahre[2]) begann der gottlose Kaiser Leo, gegen S. 621.
die heiligen und verehrungswürdigen Bilder ein Gebot der Beseitigung zu erlassen. Und als dies der Papst[3]) Gregor von Rom hörte, so verhinderte er die [Zahlung der] Steuern aus Italien und Rom, nachdem er an Leo eine autoritative Erklärung[4]) [des Inhalts] geschrieben hatte, der Kaiser habe betreffs des des Glaubens nichts zu befehlen[5]) und die alten Dogmen der Kirche, die von den heiligen Vätern festgesetzt seien, nicht zu ändern. — —

Dieser[6]) deutete den gegen ihn entbrannten göttlichen Zorn 622.
zu seinen Gunsten[7]) und erregte einen noch schamloseren Krieg gegen die heiligen und verehrungswürdigen Bilder. — — Das 623.
Volk in der kaiserlichen [Haupt-] Stadt war über die neuen Lehren sehr traurig, wollte ihm selbst entgegentreten und tötete einige kaiserliche Leute, die das Bild des Herrn an der grossen Ehernen Pforte beseitigten, sodass viele aus ihm um ihrer Frömmigkeit willen mit Abschlagung von Gliedern, Geisselhieben, Verbannung und Geldstrafen bestraft wurden, besonders aber die durch vornehme Geburt und Bildung[8]) Ausgezeichneten. — —

Nicht nur in Bezug auf die immer festgehaltene Verehrung 625.
der verehrungswürdigen Bilder verfiel der Gottlose in Irrtum[9]), sondern auch in Bezug auf die Fürsprache der heiligsten Gottesmutter und aller Heiligen; auch ihre Reliquien verabscheute der Verruchte, wie seine arabischen Lehrer[10]). Von dieser Zeit an also

---

[1]) Corpus scriptorum historiae Byzantinae. Ex rec. J. Classeni, Bonn 1839, I, 621 ff. Der Abt Theophanes, ein eifriger Bilderdiener, wurde von Kaiser Leo dem Armenier seines Standpunktes wegen 815 oder 816 nach der Insel Samothrake verbannt, wo er bald darauf starb. || [2]) Nach Theophanes im 1. Jahre des Bischofs Gregor II von Rom, der 715—731 sein Amt bekleidete. In der Ausgabe Classens steht am Rande der lateinischen Übersetzung das Jahr 717. In Wirklichkeit war es 726. || [3]) ὁ πάπας. || [4]) ἐπιστολὴν δογματικὴν = epistolam decretalem. || [5]) μὴ δεῖν βασιλέα περὶ πίστεως λόγον ποιεῖσθαι. || [6]) Kaiser Leo. || [7]) Vulkanische Verheerungen auf den Inseln des Ägeischen Meeres, in Kleinasien und Macedonien fasste er als Strafen für den Bilderdienst auf. || [8]) λόγῳ. || [9]) ἐσφάλλετο. || [10]) Theophanes führt also die Anschauungen Leos auf muhamedanischen Einfluss zurück.

setzte er schamlos dem seligen Patriarchen Germanus von Konstantinopel zu[1]) und tadelte alle Kaiser, Bischöfe und christlichen
626. Völker, als ob sie bei der Verehrung der heiligen und verehrungswürdigen Bilder Götzendienst getrieben hätten[2]). — —
629. Am 7. Januar aber[3]) — — berief der gottlose Leo einen Staatsrat gegen die heiligen und verehrungswürdigen Bilder[4]). — —
630. Gregor aber, der heilige Kirchenfürst[5]) von Rom, verwarf, wie schon bemerkt, den Anastasius zugleich mit seinen Erlassen[6]), tadelte Leo brieflich wegen seiner Gottlosigkeit und bewog Rom mit ganz Italien zum Abfall von seiner Herrschaft. Darüber wurde nun der Tyrann rasend und verschärfte die gegen die heiligen Bilder gerichtete Verfolgung noch, und viele Kleriker, Mönche und fromme Laien gerieten in grosse Gefahr wegen der rechten Glaubensweise und empfingen die Märtyrerkrone[7]).

b) Eigene Erklärungen des Kaisers in einem Schreiben an Gregor II. (Angeführt in Gregors 1. Brief an Leo)[8]).

Die Bilder nehmen die Stelle der Götzenbilder ein. — Die, welche sie verehren, sind Götzendiener. — Man darf nichts anbeten[9]), was von Händen gemacht ist, auch kein Bildnis und[10]) Gleichnis, wie Gott gesagt hat, weder im Himmel, noch auf Erden[11]). — Ueberzeuge mich davon, wer uns überliefert hat, zu verehren und anzubeten, was von Händen gemacht ist, und ich will zugestehen, dass es Gottes Gesetz ist[12]).

---

[1]) προσετρίβετο. || [2]) ὡς εἰδωλολατρήσαντας. || [3]) Nach Classens Ausg. 721, nach der richtigen Annahme 730. || [4]) Λέων ὁ δυσσεβὴς σελέντιον κατὰ τῶν ἁγίων καὶ σεπτῶν εἰκόνων ἐκρότησεν. — — || [5]) πρόεδρος. || [6]) Anastasius war als willfähriges Werkzeug an die Stelle des Germanus gesetzt worden. || [7]) τὸν μαρτυρικὸν ἀναδησάμενοι στέφανον. || [8]) Mansi a. a. O. XII, 959. Abgedruckt bei Gieseler, KG[4], II, 1, S. 2f. (A. 3.) || [9]) προσκυνεῖν. || [10]) Statt καθ' ὁμοίωμα ist vielleicht zu lesen καὶ ὁμ. || [11]) Ex. 20, 4. || [12]) Natürlich nur, wenn der, welcher als Quelle dieser Überlieferung nachgewiesen ist, religiöse Autorität besitzt. — Sein Nachfolger Konstantinus Kopronymos (741—775) liess 754 durch eine allgemeine Synode zu Konstantinopel, deren Entscheidungen jedoch im Orient und in Rom keine Anerkennung fanden, die Bilderverehrung gleichfalls verwerfen. In ihrem „Beschluss“ (ὅρος) heisst es u. a.: „Einstimmig beschliessen wir, dass aus der Kirche der Christen zu entfernen und [ihr] fremdartig und [von ihr] verabscheut sei jedes Bild, das aus irgendwelchem Stoff und mit übel angebrachter farbenklecksender Kunst der Maler (χρωματουργικῆς τῶν ζωγράφων κακοτεχνίας) gemacht ist“. (Mansi XIII, 328, abgedruckt bei Gieseler KG[4], II, 1, Anm. 11.)

δ) Beschluss des 2. Konzils von Nicaea (787)[1].

— — So bestimmen wir mit aller Genauigkeit und Sorgfalt, dass ebenso wie die Gestalt des teueren und lebenschaffenden Kreuzes die verehrungswürdigen und heiligen Bilder, sowohl die aus Farben und Stein, als die aus anderm geeignetem Stoff, in den heiligen Kirchen Gottes, an heiligen Gefässen und Gewändern, an Wänden und Thüren[2], an Häusern und Wegen, angebracht werden sollen, sowohl das Bild[3] unseres Herrn, Gottes und Heilands Jesu Christi, als das unserer unbefleckten Herrin, der heiligen Gottesmutter, die der teueren Engel und allerlei heiliger und frommer Männer. Denn je beständiger sie in bildlicher Darstellung gesehen werden, desto mehr werden auch die, welche sie anschauen, *dazu angeregt, ihrer Urbilder zu gedenken*, sie zu lieben und ihnen Gruss und ehrerbietige Huldigung zu erweisen, nicht aber den nach unserm Glauben eigentlichen Gottesdienst, der allein dem göttlichen Wesen gebührt[4], sondern, wie der Gestalt des teueren und lebenschaffenden Kreuzes, den heiligen Evangelien und den übrigen geweihten Gegenständen, so auch ihnen zu Ehren Räucherwerk und Lichter darzubringen, wie es auch bei den Alten fromme Sitte war. Denn die dem Bild erwiesene Ehre geht auf das Urbild über.

3. Festzeiten und Kultusformen.

a) Festzeiten.

α) Osterzeit[5].

𝔞) Vor Ostern.

א) Die Quadragesima[6].

49.—52. Kanon von Ladociea (zwischen 345—381).

In der Quadragesima[7] soll man das Abendmahl nur am Sabbat 49.
und am Tage des Herrn feiern[7].

Man soll nicht den 5. Tag in der letzten Woche der 50.

[1]) Mansi, a. a. O. XIII, 377. Die Synode, die 7. ökumenische, ist vom Kaiser Konstantin VI. und seiner Mutter, die für ihn die Vormundschaft führte, der Kaiserin Irene, berufen. (Ebendas. S. 376.) || [2]) Oder auf Tafeln? (σανίσιν). || [3]) τῆς . . . εἰκόνος. Man erwartet den Acc. || [4]) ἀσπασμὸν (die lateinische Übersetzung bei Mansi ist osculum) καὶ τιμητικὴν προσκύνησιν ἀπονέμειν, οὐ μὴν τὴν κατὰ πίστιν ἡμῶν ἀληθινὴν λατρείαν ἣ πρέπει μόνῃ τῇ θείᾳ φύσει. Immerhin wird ihnen religiöse Verehrung zugesprochen. || [5]) Vgl. Heft I, S. 46 ff. || [6]) Die 40 Tage vor Ostern oder die Fastenzeit. || [7]) ὅτι οὐ δεῖ ἐν τεσσαρακοστῇ ἄρτον προσφέρειν, εἰ μὴ ἐν σαββάτῳ καὶ κυριακῇ μόνον.

Quadragesima[1]) [von dieser] loslösen[2]) und die ganze Quadragesima gering achten, sondern man soll während der ganzen Quadragesima fasten, indem man trockene Kost geniesst.

51. Man soll in der Quadragesima keinen Märtyrer-Geburtstag begehen, sondern das Gedächtnis der heiligen Märtyrer an den Sabbaten und Sonntagen[3]) feiern.

52. Man soll in der Quadragesima keine Hochzeiten oder Geburtsfeste feiern.

ב) Die grosse oder Karwoche.

Chrysostomus, Homilien auf die grosse Woche und auf Ps. 145[4]).

Nicht wir allein aber ehren diese Woche, sondern auch die Kaiser unseres Reiches haben sie in ungewöhnlicher Weise geehrt, indem sie allen, welche die öffentlichen Angelegenheiten der Städte verwalten, Ferien gegeben haben, damit sie im Genusse der so gewonnenen Musse diese Tage ganz der Pflege des geistlichen Lebens[5]) widmen. Deshalb haben sie auch die Pforten der Gerichtsgebäude geschlossen. Es ruhe, so sagen sie, jeder Streit, jede Art von Zwist und Strafe, es sollen kurze Zeit die Hände der Henker feiern. Für alle[6]) sind die Thaten des Herrn geschehen; es geschehe also auch von uns, den Knechten, etwas Gutes! Und nicht allein mit dieser Ehrung und Auszeichnung[7]) haben sie sie[8]) ausgezeichnet, sondern noch mit einer anderen, nicht geringeren. Es werden kaiserliche Schreiben ausgesandt, des Inhalts, dass die, welche das Gefängnis bewohnen, ihrer Fesseln entledigt werden sollen. Denn wie unser Herr, als er in der Unterwelt war, alle, die vom Tode gefangen gehalten wurden, befreite, so befreien auch seine Knechte, indem sie thun, was in ihrer Macht steht und die Güte des Herrn nachahmen, [andere] von den sichtbaren Fesseln, da sie von den unsichtbaren[9]) nicht [befreien] können.

b) Nach Ostern.

66. Kanon des Concilium quinisextum (692[10]).

Von dem heiligen Auferstehungstage[11]) unseres Gottes Christus

---

[1]) Also unsern Gründonnerstag. ‖ [2]) λύειν. ‖ [3]) κυριακαῖς. ‖ [4]) Migne, p. gr. LV, 519 f. Abgedruckt bei Nicolaus Nilles, Kalendarium manuale utriusque ecclesiae II, 213. Grosse Woche heisst die letzte Woche vor Ostern nach Chrysostomus (a. a. O. bei Nilles, S. 211), weil in ihr grosse Thaten vom Herrn für uns geschehen sind; Karwoche vom deutschen Worte chara = Trauer. — ‖ [5]) τῇ πνευματικῇ θεραπείᾳ. ‖ [6]) κοινά. ‖ [7]) σπουδῇ καὶ τιμῇ. ‖ [8]) Die grosse Woche. ‖ [9]) αἰσθητῶν — — νοητῶν. ‖ [10]) S. o. S. 78, A. 1. ‖ [11]) ἀναστασίμου ἡμέρας.

bis zu dem nächsten[1]) Sonntag sollen die Gläubigen die ganze Woche unablässig in den heiligen Kirchen zubringen, in Psalmen und Lobgesängen und geistlichen Liedern[2]) in Christo sich freuen, feiern, auf die Vorlesung der heil. Schriften ihre Aufmerksamkeit richten und die heiligen Mysterien[3]) geniessen, denn so werden wir mit Christus Auferstehende und Erhöhte sein. Keineswegs also werde in den in Rede stehenden Tagen ein Pferderennen oder eine andere öffentliche Schaustellung veranstaltet.

β Zusammenstellung der um 800 (in der fränkischen Kirche) gefeierten Feste.

36. *Kanon des Konzils zu Mainz von 813*[4]).

Wir verordnen, festliche Tage im Jahre zu feiern; d. h. wir haben festgesetzt, den Ostersonntag[5]) mit aller Ehre und Nüchternheit zu begehen und in gleicher[6]) Weise es mit jener ganzen Woche zu halten[7]); den Tag der Auffahrt des Herrn als vollen Feiertag zu behandeln[8]); ebenso Pfingsten in gleicher Weise wie (zu) Ostern; am Geburtstag der Apostel Petrus und Paulus[9]) 1 Tag, die Geburt des heil. Johannes des Täufers, die Auffahrt der heil. Maria, den dem heil. Michael gewidmeten Tag[10]), den Geburtstag des heil. Remigius, des heil. Martinus[11]), des heil. Andreas [zu feiern]; am Geburtsfeste des Herrn 4 Tage, die Beschneidung des Herrn[12]), die Erscheinung des Herrn, die Reinigung der heil. Maria. Auch jene Feste der Märtyrer und Bekenner haben wir je in der Parochie zu begehen verordnet, in der ihre heiligen Leiber ruhen. Desgleichen auch die Kirchweih[13]).

---

[1]) καινῆς. ‖ [2]) Vgl. Kol. 3, 16. ‖ [3]) Das heil. Abendmahl als Geheimfeier betrachtet. ‖ [4]) Bei Caspari, Die geschichtliche Grundlage des gegenwärtigen evangelischen Gemeindewesens, S. 4, A. 14. Vgl. auch Poenitentiale Pseudo-Bedae, c. 47. ‖ [5]) diem dominicum Paschae. ‖ [6]) simili modo. ‖ [7]) mit der Karwoche. ‖ [8]) pleniter celebrare. ‖ [9]) Hier ist offenbar an den Todestag der beiden Apostel als den Tag ihrer Geburt für das himmlische Leben gedacht, während bei Johannes dem Täufer der Tag der leiblichen Geburt gemeint ist. ‖ [10]) dedicationem S. Michaelis. ‖ [11]) 2 spezifisch gallische Feiertage. ‖ [12]) octavas domini, d. h. den am 8. Tage nach seiner Geburt zu feiernden Tag der Beschneidung, unsern Neujahrstag. ‖ [13]) dedicationem templi.

b) Sakramente[1].

α) Taufe.

45.—48. Kanon von Laodicea.

45. Nach der 2. Fastenwoche soll man niemand mehr zur Taufe annehmen[2].

46. Die Täuflinge[3] sollen den Glauben auswendig lernen und am 5. Tage der Woche ihn dem Bischof oder den Presbytern aufsagen[4].

47. Die, welche die Taufe als Kranke[5] empfangen, sollen auch nachher, wenn sie wieder aufgestanden sind, den Glauben lernen und erkennen, dass sie einer göttlichen Gabe gewürdigt worden sind.

48. Die Täuflinge sollen nach der Taufe[6] mit himmlischer Salbe gesalbt werden und Teilhaber des Reiches Christi sein.

β) Abendmahl.

a) Lehre von der Verwandlung[7] und vom Messopfer.

א) Gregor der Grosse, Dialoge IV, c. 58[8].

Wir müssen also die gegenwärtige Welt, schon weil wir sehen, dass sie bereits [so gut wie] dahingeschwunden ist, von ganzem Herzen verachten und Gott tägliche Thränenopfer, tägliche Opfer[9] seines Leibes und Blutes darbringen. Denn dies Opfer[10] rettet die Seele in eigenartiger Weise vom ewigen Verderben, indem es jenen Tod des Eingeborenen auf geheimnisvolle Weise für uns wiederholt[11], der, obgleich er von den Toten auferstehend nicht mehr stirbt und der Tod nicht mehr über ihn herrschen wird (Röm. 6, 9), dennoch, während er an sich selbst unsterblich und unvergänglich lebt, für uns in diesem Mysterium der heiligen Opferung von neuem geopfert wird. Sein Leib nämlich wird dabei genommen, sein Leib zum Heile des Volkes geteilt, sein Blut nicht in die Hände der Ungläubigen, sondern in den Mund der Gläubigen gegossen. Lasst

---

[1]) S. Heft I, 39 ff. || [2]) Ὅτι οὐ δεῖ μετὰ δύο ἑβδομάδας τῆς τεσσααρακοστῆς δέχεσθαι εἰς τὸ φώτισμα, d. h. man soll dann niemand mehr unter die Katechumenen aufnehmen, die nach Beendigung der Fastenzeit, am Ostersonnabend (in der Ostervigilie) getauft werden. || [3]) τοὺς φωτιζομένους. || [4]) ἐκμανθάνειν — ἀπαγγέλλειν. Unter der πίστις ist das Taufbekenntnis (Nicaenum?) gemeint. Strittig ist, ob unter dem 5. Tag der Gründonnerstag oder jeder Donnerstag der Zeit des Katechumenen-Unterrichts zu verstehen ist. (Diese wie die zweite Anmerkung dieser Seite nach einer gütigen Mitteilung des Herrn Prof. D. Loofs in Halle a. S.). || [5]) ἐν νόσῳ. || [6]) μετὰ τὸ βάπτισμα. || [7]) Vgl. Heft I, S. 33. || [8]) Migne p. l. LXXVII, 425 f. || [9]) hostias. || [10]) victima. || [11]) quae illam nobis mortem Unigeniti per mysterium reparat. Per mysterium kann aber auch übersetzt werden: „durch das Sakrament“.

uns daher bedenken, was dies Opfer für uns zu bedeuten hat, das zur Vergebung unserer Sünden[1]) das Leiden des eingeborenen Sohnes immer nachbildet[2]). Denn wer von den Gläubigen könnte bezweifeln, dass eben in der Stunde der Opferung auf das Wort des Priesters die Himmel sich öffnen, dass bei jenem Mysterium Jesu Christi die Chöre der Engel gegenwärtig sind, das Höchste mit dem Niedrigsten sich vereinigt, das Irdische mit dem Himmlischen sich verbindet und aus Sichtbarem und Unsichtbarem eins wird[3])?

ב) Johannes von Damaskus, Genaue Darlegung des orthodoxen Glaubens IV, 13[4]).

Der Leib ist wahrhaftig mit der Gottheit vereint, der Leib [der] aus der heiligen Jungfrau [stammt], nicht so, dass der aufgefahrene[5]) Leib vom Himmel herabkommt, sondern so, dass Brot und Wein selbst in Leib und Blut Gottes verwandelt werden[6]). Wenn du aber nach der Art fragst, wie es geschieht, dann genügt es dir zu hören, dass es durch den heil. Geist geschieht, wie auch aus der heil. Gottesmutter durch den heil. Geist der Herr für sich und in sich Fleisch annahm. — — Nicht übel[7]) ist es aber auch zu sagen, dass, wie auf natürliche Weise durch das Essen das Brot, und der Wein und das Wasser durch das Trinken in Leib und Blut des Essenden und Trinkenden sich verwandeln und nicht ein anderer Leib neben seinem früheren Leibe werden, so auch das dargebrachte Brot[8]) und Wein und Wasser[9]) durch die Anrufung und das Dazukommen des heil. Geistes auf übernatürliche Weise in den Leib und das Blut Christi verwandelt werden, und nicht zwei sind, sondern eins und dasselbe[10]).

b) Art der Feier.

א) Kyrill von Jerusalem, 23. Katechese, c. 2.—9. 11. 19—23[11]).

Ihr saht also den Diakon, der dem Bischof[12]) und den rings 2.
um den Altar stehenden Presbytern Gottes [Wasser] zum Waschen gibt. Er gab es ihnen aber keineswegs um des körper-

[1]) pro absolutione nostra. || [2]) imitatur — ein Ausdruck, der den Gedanken nicht scharf genug ausdrückt. || [3]) Summa imis sociari, terrena coelestibus iuugi unumque ex visibilibus atque invisibilibus fieri. || [4]) Migne, a. a. O. S. 1144 f. || [5]) ἀναληφθέν || [6]) μεταποιοῦνται. || [7]) οὐ χεῖρον wohl = non adeo male. || [8]) ὁ τῆς προθέσεως ἄρτος. || [9]) S. u. S. 93. || [10]) Nicht zwei Leiber und zwei „Blute“, sondern dasselbe. || [11]) Migne, patr. graec. XXXIII, 1109 ff.; Bischof Cyrillus † 386. || [11]) τῷ ἱερεῖ.

lichen Schmutzes willen: das sei ferne! Denn mit Schmutz am Körper wären wir von vorn herein[1]) nicht in die Kirche eingetreten. Sondern die Waschung ist ein Sinnbild dafür, dass ihr von allen Sünden und Gesetzwidrigkeiten euch rein halten sollt. —

3. Sodann ruft der Diakon: nehmet einander[2]) und lasst uns einander küssen! — — Dieser Kuss ist (also) ein Zeichen, dass die Seelen mit einander verschmolzen werden[3]) und jede Erinnerung an das [erlittene] Böse ablegen. — — Ist also der Kuss nicht [Zeichen der] Versöhnung und darum heilig, wie irgendwo der selige Paulus ausrief: „Grüsset einander mit dem heil. Kuss der Liebe“[4])?

4. Sodann ruft der Bischof: „Aufwärts die Herzen[5])!“ — — Dann antwortet ihr: „Wir haben sie bei dem Herrn[6])!“ — —

5. Darauf sagt der Bischof: „Lasst uns dem Herrn danken!“

6. Darauf sprecht ihr: „Das ist würdig und gerecht!“ — — Hierauf gedenken wir des Himmels, der Erde und des Meeres; der Sonne und des Mondes; der Gestirne und aller Kreatur, der vernünftigen und der unvernünftigen, der sichtbaren und der unsichtbaren; der Engel, Erzengel, Kräfte, Herrschaften, Gewalten, Throne[7]) und der Cherubim mit den vielen Gesichtern[8]); indem wir kräftig das Wort Davids sprechen: „Preiset den Herrn mit mir[9])!“ Wir gedenken auch der Seraphim, die Jesaias im heil. Geiste schaute, die rings um den Thron Gottes stehen, mit zwei Flügeln ihr Angesicht verhüllen, mit zweien die Füsse, und mit zweien fliegen und sprechen: Heilig, heilig, heilig ist der Herr Zebaoth[10])! Denn deshalb sprechen wir diese Lobpreisung Gottes[11]), die wir von den Seraphim überkommen haben, damit wir in Gemeinschaft des Lobgesangs mit den überweltlichen Heerscharen treten.

7. Dann, nachdem wir uns durch diese geistlichen Lobgesänge geheiligt haben, bitten wir den gütigen Gott, den heil. Geist auf das Bereitgestellte[12]) zu senden, damit er das Brot zum Leibe Christi und den Wein zum Blute Christi mache. Denn was immer der heil. Geist berührt hat, das ist geheiligt und verwandelt.

---

[1]) τὴν ἀρχήν. ‖ [2]) ἀπολάβετε. ‖ [3]) ἀνακραθῆναι. ‖ [4]) Röm. 16, 16. [1. Petr. 5, 14.] ἀγάπη = Bruderliebe. ‖ [5]) Ἄνω τὰς καρδίας, sursum corda! ‖ [6]) Ἔχομεν πρὸς τὸν κύριον, eigentlich: auf den Herrn gerichtet. ‖ [7]) Röm. 8, 38. Kol. 1, 16 (Engelgattungen). ‖ [8]) Ez. 1, 5 ff. ‖ [9]) Ps. 34, 4. Μεγαλύνετε, magnificate .. ‖ [10]) Jes. 6, 1—3. ‖ [11]) θεολογίαν. ‖ [12]) τὰ προκείμενα: Brot und Wein.

Sodann, nachdem das geistliche Opfer, der unblutige Gottes- 8.
dienst[1]), vollendet ist, bitten wir Gott bei diesem Sühnopfer um den allgemeinen Frieden der Gemeinden, um den guten Bestand[2]) der Welt, für die Kaiser, für Soldaten und Bundesgenossen, für die Kranken, für die Gedrückten[3]), kurz wir alle bitten für alle der Hilfe Bedürftigen und bringen dieses Opfer dar.

Sodann gedenken wir auch der schon Entschlafenen, 9.
zuerst der Patriarchen, Propheten, Apostel, Märtyrer, dass Gott auf ihre Bitte und ihre Fürsprache hin unser Gebet annehme. Ferner [bitten wir] auch für die schon entschlafenen heil. Väter[4]), die Bischöfe und überhaupt für alle, die unter uns schon entschlafen sind; denn wir glauben, dass es den Seelen, für welche das Gebet dargebracht wird, den grössten Segen bringen wird, wenn das heil. und [frommen] Schauer erregende Opfer bereitsteht.

Hierauf sprechen wir ferner jenes Gebet, das der Erlöser 11.
seinen eigenen Jüngern überliefert hat, indem wir mit reinem Gewissen Gott Vater nennen und sprechen: Vater unser, der du bist im Himmel. — —

Danach spricht der Bischof: „Das Heilige den Heiligen!" — 19.

Dann sprecht ihr: „Einer ist heilig, einer der Herr, Jesus Christus." Denn in der That ist er allein heilig, von Natur heilig; wir aber sind auch heilig, aber nicht von Natur, sondern durch Teilnahme [an seiner Heiligkeit], durch [fromme] Übung und Gebet.

Darauf hört ihr den Sänger, der euch mit göttlichem Liede 20.
zur Teilnahme an den heiligen Mysterien auffordert und spricht: „Schmecket und sehet, dass der Herr freundlich ist[5])."

Wenn du nun hinzutrittst, so komme nicht mit ausgebreiteten 21.
Handflächen[6]) oder gespreizten Fingern[7]) heran, sondern mache die Linke [gleichsam] zu einem Thron für die Rechte, die ja einen König empfangen soll, und mit ausgehöhlter Hand nimm den Leib Christi[8]), indem du dabei das Amen sprichst. Nachdem du vorsichtig deine Augen durch die

---

[1]) τὴν πνευματικὴν θυσίαν, τὴν ἀναίμακτον λατρείαν. || [2]) εὐσταθείας. || [3]) καταπονουμένων. || [4]) Kirchenväter. || [5]) Ps. 34, 9. || [6]) τεταμένοις τοῖς τῶν χειρῶν καρποῖς. || [7]) μηδὲ διῃρημένοις τοῖς δακτύλοις. || [8]) Johannes Damascenus, a. a. O. IV, 13 (Migne, S. 1149), sagt: Lasst uns mit glühender Sehnsucht hinzutreten und mit kreuzweise gehaltenen Händen (σταυροειδῶς τὰς παλάμας τυπώσαντες) den Leib des Gekreuzigten empfangen.

Berührung mit dem heiligen Leibe geheiligt hast, nimm ihn zu dir und gib dabei Acht, dass du nichts von ihm verloren gehen lässt. Denn was du verlierst, damit büssest du offenbar [etwas] ein wie von einem eigenen Gliede. Denn sage mir: wenn einer dir Körnchen Goldes gäbe, würdest du [sie] nicht mit grösster Vorsicht festhalten und dich hüten, etwas davon zu verlieren und Schaden zu erleiden? Wirst du also nicht noch viel sorgfältiger zusehen, dass dir von dem, was köstlicher als Gold und kostbare Steine ist, kein Brocken wegkommt?

22. Dann, nachdem du am Leibe Christi Anteil empfangen hast[1]), tritt auch zum Becher des Blutes heran. Strecke die Hände nicht aus, sondern beuge dich vorwärts, sprich in der Art der Anbetung und Verehrung das Amen und *heilige dich* so, indem du auch vom Blute Christi erhältst. Während aber noch die Feuchtigkeit an deinen Lippen haftet, berühre sie mit den Händen und weihe [damit] Augen, Stirn und die übrigen Sinneswerkzeuge. Dann warte das Gebet ab und danke Gott, der dich so grosser Mysterien gewürdigt hat. Haltet diese Überlieferungen unversehrt und bewahret euch unanstössig. Von der Kommunion reisst euch nicht los; nicht um der Befleckung der Sünden willen beraubt euch dieser heiligen und geistlichen Mysterien. Der Gott des Friedens aber heilige euch durch und durch, und euer ganzer Leib, die Seele und der Geist möge bei der Ankunft unseres Herrn Jesus Christus bewahrt werden[2]), dem die Ehre, Preis und Gewalt sei mit dem Vater (und dem Sohne) und dem heiligen Geist, jetzt und immerdar und in alle Ewigkeit! Amen.

b) Apostolische Konstitutionen VIII, 12f.[3]).

Darauf[4]) kommuniziere der Bischof, dann die Presbyter, die Diakonen, die Subdiakonen, die Lektoren, die Sänger, die Asketen, und unter den Frauen die Diakonissen, die Jungfrauen und die Witwen, dann die Kinder und dann das ganze Volk der Reihe nach[5]) in Scheu und Ehrfurcht, ohne Lärm. Und der Bischof

[1]) μετὰ τὸ κοινωνῆσαί σε τοῦ σώματος Χριστοῦ. ‖ [2]) Vgl. 1. Thess. 5, 23. ‖ [3]) Constitutiones apostolorum, ed. de Lagarde, S. 259 f. ‖ [4]) Nach dem Lobgesang, dessen Anfang bei Kyrill, Kat. XXIII, 19 (oben S. 91) angegeben ist, und der mit „Hosianna in der Höhe“ schliesst. ‖ [5]) κατὰ τάξιν.

reiche das Opfer[1]) mit den Worten: Leib Christi, und der Empfangende spreche: Amen; der Diakon halte den Kelch und spreche bei der Darreichung: Blut Christi, Kelch des Lebens, und der Trinkende sage: Amen. Während alle Übrigen kommunizieren, werde der 33. Psalm[2]) gesprochen. Und wenn alle[3]) kommuniziert haben, sollen die Diakonen das Übriggebliebene nehmen und in die Sakristei[4]) bringen.

Und wenn der geendet hat, der den Psalm recitierte, spreche der Diakon: „Nachdem wir des teuern Leibes und des teuern Blutes Christi teilhaftig geworden sind, lasst uns dem danken, der uns gewürdigt hat, an seinen heiligen Mysterien teilzunehmen, und ihn bitten, dass sie uns nicht zum Gerichte, sondern zum Heile gereichen, zum Segen für Seele und Leib, zur Bewahrung unserer Frömmigkeit, zur Vergebung der Sünden, zum Leben der künftigen Welt. Lasst uns aufstehen! In der Gnade Christi lasst uns dem Einen ungezeugten Gott und seinem Christus uns befehlen!"

ℷ) 6. und 24. Kanon des 3. Konzils zu Karthago (397).

Desgleichen beschloss man, dass den Leibern der Ver- 6.
storbenen die Eucharistie nicht dargereicht werde; denn der Herr hat gesagt: „Nehmet und esset"! Leichname aber können weder nehmen noch essen. Ferner ist zu verhüten, dass die Schwachheit der Brüder nicht glaube, auch Tote könnten getauft werden, indem sie wahrnimmt, dass ihnen auch die Eucharistie nicht gegeben wird. Dass in dem Sakrament des Leibes und 24.
Blutes des Herrn[5]) nichts weiter dargebracht werde, als was der Herr selbst überliefert hat, nämlich Brot und Wein mit Wasser gemischt, und nichts weiter an Erstlingsgaben[6]) dargebracht werde, als [was] von Trauben und Getreide [stammt].

c) Wirkungen.

א) Auf Lebende.

Gregor der Grosse, Dialoge IV, 57.

Auch das haben wir gehört, dass einer bei den Feinden in Gefangenschaft geraten und in Fesseln gehalten worden war, für den seine Gattin an bestimmten Tagen das Opfer darzubringen

[1]) τὴν προσφοράν. || [2]) Unser Ps. 34. || [3]) πάντες . . καὶ πᾶσαι. || [4]) τὰ παστοφόρια. || [5]) in sacramentis corporis et sanguinis domini. || [6]) in primitiis.

pflegte[1]). Dieser war lange nachher zu seiner Frau zurückgekehrt und erzählte, an welchen Tagen seine Fesseln gelöst wurden, und seine Frau erkannte, dass dies jene Tage gewesen waren, an denen sie für ihn das Opfer darbrachte. — —

[Ein Schiffer erzählte:] Mit den Fluten kämpfend und ermattend wurde ich plötzlich von einem auf meinem Geiste lastenden Gewichte beschwert[2]), sodass ich weder zu wachen glaubte, noch vom Schlafe überwältigt war; und siehe, während ich mich ebendort mitten auf dem Meere befand, erschien einer, der mir Brot zur Erquickung brachte. Sobald ich dies ass, gewann ich wieder Kräfte, und nicht lange danach war ein vorüberfahrendes Schiff da, das mich dieser Gefahr [, die mir] auf den Wogen [drohte,] entnahm und ans Land brachte. Als dies der Bischof hörte, forschte er nach dem Tage und fand, dass es der Tag gewesen war, an dem ein Presbyter auf der Insel Usticula[3]) dem Allmächtigen Gotte die Hostie des heiligen Opfers für ihn darbrachte.

Johannes von Damaskus, a. a. O. (IV, 13[4]).

Es dient also denen, die es im Glauben würdig geniessen, zur Vergebung der Sünden, zum ewigen Leben und zum Bewahrungsmittel für Seele und Leib[5]); denen aber, die es in Unglauben unwürdig geniessen, zur Züchtigung und Strafe, wie auch der Tod des Herrn für die Glaubenden Leben und Unvergänglichkeit zum Genuss der ewigen Seligkeit geworden ist, den Ungläubigen aber und den Mördern des Herrn[6]) zur ewigen Züchtigung und Strafe.

ב) Auf Verstorbene.

Voraussetzung: Die Lehre vom Fegfeuer.

Augustin, Vom Gottesstaat XXI, 13[7]).

— — Zeitliche Strafen erleiden manche nur in diesem Leben, andere nach dem Tode, andere sowohl jetzt als nachher, aber vor jenem hochernsten jüngsten Gericht. Nicht alle aber verfallen den ewigen, auf jenes Gericht folgenden Strafen, die nach

[1]) Eine Messe abhalten liess. || [2]) subito mentis pondere sum gravatus. || [3]) Ustica (oder Usticula) eine Insel im Tyrrhenischen Meer gegenüber Palermo. || [4]) Migne, a. a. O. 1148. || [5]) An einer späteren Stelle desselben Kap. bezeichnet es Joh. als die Bestimmung des Abendmahlsgenusses, dass wir „durch die Anteilnahme am göttlichen Feuer feurig und vergottet werden“ (ἵνα . . πυρωθῶμεν καὶ θεωθῶμεν). Vgl. ausserdem o. S. 93. || [6]) τοῖς κυριοκτόνοις. || [7]) De civitate dei. Migne, p. l. t. XLI, 728.

dem Tode zeitliche erleiden. Denn wir haben schon oben gesagt, dass manchen, was [ihnen] in dieser Welt nicht vergeben wird, in der zukünftigen vergeben wird[1]), damit sie nämlich nicht mit der ewigen Qual der zukünftigen Welt bestraft werden.

Gregor der Grosse, Dialoge IV, 39.

Im Evangelium spricht der Herr: „Wandelt, dieweil ihr das Licht habt[2]).“ Auch durch den Propheten sagt er: „Zur angenehmen Zeit habe ich dich erhört und habe dir am Tage des Heils geholfen[3]).“ Dies legt der Apostel Paulus so aus: „Siehe, jetzt ist die angenehme Zeit, siehe, jetzt ist der Tag des Heils[4])“. Auch Salomo sagt: „Alles, was deine Hand thun kann, das thue eifrig; denn weder Werk, noch Vernunft, noch Wissenschaft, noch Weisheit wird in der Unterwelt sein, wohin du eilst[5]).“ Auch David sagt: „Denn in Ewigkeit währet seine Gnade[6]).“ Aus diesen Aussprüchen ergiebt sich allerdings, dass jeder so, wie er von hier scheidet, sich im Gerichte darstellt. Es ist aber dennoch zu glauben, dass es für gewisse leichte Verschuldungen vor dem Gerichte ein Reinigungsfeuer[7]) gibt, deshalb, weil die Wahrheit[8]) spricht, dass, wenn einer eine Lästerung gegen den heiligen Geist ausgesprochen hat, es ihm weder in dieser Welt, noch in der künftigen vergeben werden wird[9]). In diesem Ausspruch wird zu verstehen gegeben, dass manche Sünden in dieser Welt, manche aber in der künftigen nachgelassen werden können. Denn was von dem einen verneint wird, das wird offenbar nach folgerichtigem Denken in Bezug auf manche Dinge zugegeben. — — — Wenn Paulus sagt, dass Christus das Fundament ist, und hinzufügt: „So jemand auf diesen Grund baut Gold, Silber, edle Steine, Holz, Heu, Stoppel, so wird das Feuer erproben, wie eines jeden Werk ist; wird jemandes Werk bleiben, das er darauf gebaut hat, so wird er Lohn empfangen; wird [aber] jemandes Werk brennen, so wird er Schaden leiden; er selbst aber wird selig werden, so jedoch wie durchs Feuer [hindurch[10])]“, so kann dies zwar vom Feuer der Trübsal, das in diesem Leben uns bereitet ist, verstanden werden, doch wenn man es vom Feuer der künftigen Reinigung versteht, so ist sorgfältig zu bedenken, dass er [Paulus] gesagt hat,

[1]) Mt. 12, 32. ‖ [2]) Joh. 12, 35. ‖ [3]) Jes. 49, 8. ‖ [4]) 2. Kor. 6, 2. ‖ [5]) Pred. 9, 10. ‖ [6]) Ps. 117, 2. ‖ [7]) purgatorius ignis. ‖ [8]) Christus. ‖ [9]) Mt. 12, 32. ‖ [10]) 1. Kor. 3, 12—15.

der könne durchs Feuer [hindurch] gerettet werden, — nicht, der auf diesen Grund Eisen, Erz oder Blei baut, d. h. grössere und deshalb schwerere und dann nicht mehr lösbare[1]) Sünden, sondern Holz, Heu, Stoppel, d. h. sehr kleine und leichte Sünden, die das Feuer leicht verzehrt. Doch muss man dies wissen, dass dort selbst von den kleinsten [Sünden] keiner irgend welche Reinigung erlangen wird, der nicht, solange er noch in diesem Leben steht, durch gute Thaten im Voraus verdient, sie dort zu erlangen.

Die Wirkung selbst.

Gregor der Grosse, Dialoge IV, 55.

Wenn die Verschuldungen nach dem Tode nicht unlöslich sind, so pflegt den Seelen auch nach dem Tode die heilige Opferung der heilbringenden Hostie viel zu nützen; sodass manchmal die Seelen der Verstorbenen selbst sie zu erbitten scheinen. Denn der oben genannte Bischof Felix[2]) versichert, von einem Presbyter von ehrenwertem Wandel, der bis vor zwei Jahren lebte, in der Diöcese der Stadt Centumcellä[3]) wohnte und Vorsteher der Kirche des seligen Johannes war, die in einem Orte Namens Taurania liegt, erfahren zu haben, dass eben dieser Presbyter in eben diesem Orte, in dem warme Quellen starke Dämpfe hervorbringen, so oft es das Bedürfnis seines Körpers erforderte, zu baden pflegte. Als er eines Tages dort[4]) eintrat, traf er einen unbekannten Mann, bereit, ihm zu dienen, ihm die Schuhe von den Füssen auszuziehen, die Kleider abzunehmen, dem aus dem Warmbad Heraustretenden die Leintücher zu reichen und [überhaupt] jeden Dienst mit grosser Dienstfertigkeit[5]) zu leisten. Als das öfters geschah, sprach dieser Presbyter eines Tags, als er zum Bade ging, in Gedanken zu sich selbst: Ich darf dem Manne, der mir so hin-

[1]) = die nicht mehr vergeben werden können. — Die Lehre Gregors d. Gr. über die Hauptsünden (principalia vitia) ist folgende: „Die Wurzel des gesamten Bösen ist der Hochmut (superbia) . . .; ihre ersten Schösslinge aber, nämlich die 7 Hauptsünden, geben aus dieser giftigen Wurzel hervor, nämlich: eitler Ruhm, Neid, Zorn, Traurigkeit, Geiz, Gefrässigkeit, Ueppigkeit. (Mor. 31, 45, 87. Migne, p. l. LXXVI, 621; angeführt bei Loofs, DG.[3] 259, A.) Tertullian hatte von 7 Todsünden geredet (septem maculis capitalium delictorum; adv. Marc. 4, 9; bei Loofs, a. a. O. 134, A.): „Götzendienst, Lästerung, Mord, Ehebruch, Unzucht, falsches Zeugnis, Betrug.“ Beide Begriffe flossen in den unbestimmteren der graviora peccata zusammen. || [2]) Bischof von Portus bei Rom. Vgl. c. 51. || [3]) Jetzt Cività vecchia. || [4]) ins Bad. || [5]) famulatu.

gebend beim Baden dient, nicht undankbar erscheinen, sondern ich muss ihm etwas für seine Dienstleistung [mit]bringen. Darauf brachte er zwei Scheiben Opferbrot mit. Sobald er an den Ort kam, fand er den Menschen und nahm, wie gewöhnlich, seine Dienste in allen Stücken an. Er badete also, und als er schon angekleidet fortgehen wollte, bot er, was er mitgebracht hatte, dem dienstfertigen Manne anstatt des Segens an, mit der Bitte, freundlich aufzunehmen, was ihm dankbare Liebe darböte. Aber jener antwortete ihm traurig und niedergeschlagen: „Warum gibst du das mir, Vater? Dieses Brot ist heilig, das kann ich nicht essen. Ich, den du [vor dir] siehst, war nämlich einst der Herr dieses Ortes, aber um meiner Verschuldungen willen bin ich nach dem Tode [wieder] hierher gewiesen worden. Wenn du mir aber [etwas Gutes] erweisen willst, so opfere dies Brot für mich dem allmächtigen Gotte, um für meine Sünden dich ins Mittel zu legen. Und wenn du zum Baden hierherkommst und mich (gar)nicht mehr findest, so erkenne daraus, dass du erhört worden bist.“ Bei diesen Worten verschwand er, und der, welcher ein Mensch zu sein schien, zeigte durch sein Verschwinden, dass er ein Geist war. Unser Presbyter aber kasteite sich eine ganze Woche lang in Thränen für ihn, brachte täglich das heilbringende Opfer dar, und als er wieder zum Bade kam, fand er ihn nicht mehr. Hieraus ersieht man, wieviel den Seelen die Darbringung des heiligen Opfers nützt, da dies selbst die Geister der Toten von den Lebenden erbitten und Zeichen angeben, aus denen man sieht, dass sie dadurch Absolution erlangt haben.

c) Gebet und Gesang.

α) Gebete.

a) Das Gloria in excelsis und Laudamus[1]).

Apostolische Konstitutionen VII, 47[2]).

Ehre sei Gott in der Höhe und Friede auf Erden, an den Menschen Wohlgefallen[3])! Wir loben dich, wir erheben dich, wir preisen dich, wir danken dir, wir lobsingen dir, wir beten dich an durch den grossen Hohenpriester, dich, den wahren[4]) Gott, den

[1]) „Ehre sei Gott in der Höhe“ und „Wir loben Dich“. Das Gebet leitete zur Schriftlesung über. Andere Gebete (beim Abendmahl) s. o. S. 90 ff. ‖ [2]) Lagarde, a. a. O. S. 229. ‖ [3]) ἐν ἀνθρώποις εὐδοκία. Vgl. Luc. 2, 14; „der englische Lobgesang“. ‖ [4]) ὄντα.

Ungezeugten, Einen, Unnahbaren, Einzigen, um deiner grossen Herrlichkeit willen, Herr, du himmlischer König, Gott, allmächtiger Vater, Herr, du eingeborener Sohn, Jesus Christus, und heiliger Geist. Herr Gott, du Lamm Gottes, du Sohn des Vaters, der du hinwegnimmst die Sünden der Welt[1]), erbarme dich unser[2]); der du hinwegnimmst die Sünden der Welt, nimm unsere Bitte an; der du sitzest zur Rechten des Vaters, erbarme dich unser, denn du bist allein heilig, du allein der Herr Jesus Christus zur Ehre Gottes des Vaters. Amen.

b) Gebet für die Katechumenen[3]).
Chrysostomus, 2. Homilie über 2. Kor. 5[4]).

Der Diakonus: Lasst uns für die Katechumenen inbrünstig[5]) beten. Lasst uns stehen, wie es sich gebührt[6]). Lasst uns beten!

Möge der allbarmherzige und gnädige Gott ihre Gebete erhören; möge er die Ohren ihrer Herzen aufthun, dass sie hören, was kein Auge gesehen und kein Ohr gehört und was in keines Menschen Herz gekommen[7]), und sie das Wort der Wahrheit lehren! Möge er die [Ehr-]Furcht vor ihm in sie aussäen und den Glauben an ihn in ihren Seelen befestigen! Möge er ihnen das Evangelium der Gerechtigkeit offenbaren! Möge er ihnen schenken einen gottinnigen Sinn, einen nüchteren Geist[8]) und einen tugendhaften Wandel, damit sie allewege das Seine denken, auf das Seine ihren Sinn richten, um das Seine besorgt sind, mit seinem Gesetze Tag und Nacht sich beschäftigen[9])!

Lasst uns noch inbrünstiger für sie [Gott] anrufen, damit er sie von jedem bösen und unerlaubten Werk, von jeder teuflischen Sünde und jeder Anfechtung des Widersachers[10]) erlöse; dass er sie zur rechten[11]) Zeit des Bades der Wiedergeburt, der Vergebung der Sünden, des Kleides der Unvergänglichkeit würdige; dass er ihren Eingang und Ausgang, ihr ganzes Leben, ihre Häuser und ihr Hausgesinde segne; dass er ihre Kinder gedeihen lasse und segne, ihnen Wachstum und Weisheit gebe; dass er ihnen alles, was ihnen bevorsteht, zum Heile lenke.

---

[1]) Joh. 1, 29. ‖ [2]) ἐλέησον ἡμᾶς. ‖ [3]) Die, welche den auf die Taufe vorbereitenden Unterricht empfangen. Es sind in den ersten Jahrhunderten der Kirche Erwachsene. ‖ [4]) Abgedruckt bei W. Caspari, Die gesch. Grundlage des gegenwärt. evang. Gemeindelebens, S. 139. ‖ [5]) ἐκτενῶς. ‖ [6]) καλῶς. ‖ [7]) 1. Kor. 2, 9. ‖ [8]) σώφρονα λογισμόν. ‖ [9]) Jos. 1, 8. Ps. 1, 2. ‖ [10]) πάσης περιστάσεως τοῦ 'Αντικειμένου. ‖ [11]) εὐθέτῳ.

β) Hymnen[1]).

α) In exequiis defunctorum. Beim Leichenbegängnis[2]).

(Von Aurelius Prudentius Clemens, um 400.)

Jam moesta quiesce querela,
Lacrimas suspendite matres;
Nullus sua pignora plangat,
Mors haec reparatio vitae est.

Nun lasset die Klage verstummen,
Nun wehret, ihr Mütter, den Thränen,
Das Leben entblühet dem Tode,
Warum sich denn härmen und sehnen?

Quidnam sibi saxa cavata,
Quid pulchra volunt monumenta,
Res quod nisi creditur illis
Non mortua, sed data somno.

Denn was künden uns diese Gewölbe
Und das herrliche Mal, das ihr richtet,
Als dass sie nur Schlummernde decken,
Die keine Verwesung vernichtet.

Nam quod requiescere corpus
Vacuum sine mente videmus,
Spatium breve restat, ut alti
Repetat collegia sensus.

Die nun, von der Seele verlassen,
Hier rastet, die sterbliche Hülle,
Eine kurze Frist, so vermählt sie
Sich dem Geist in erneuerter Fülle.

Venient cito saecula, cum iam
Socius calor ossa revisat,
Animataque sanguine vivo
Habitacula pristina gestet.

Nicht lang, so gesellt dem Gebeine
Die belebende Wärme sich wieder,
Und dem Geist zur Wohnung bereitet
Durchdringen mit Blut sich die Glieder.

Quae pigra cadavera pridem
Tumulis putrefacta iacebant,
Volucres rapientur in auras
Animas comitata priores.

Die so lange, verwesende Leichen,
Hier lagen im Moder der Grüfte,
Nun schwingen sie, Vögeln vergleichbar,
Sich dem Geiste vermählt in die Lüfte.

[1]) Einen Hymnus des Ambrosius s. o. S. 49. ‖ [2]) Simrock, Lauda Sion, 312ff. Andere Übersetzungen dieser und der folgenden Hymnen bei Bässler, Auswahl altchristlicher Lieder vom 2. bis 15. Jahrh. — Prudentius, geb. 348 in Spanien, vornehmer Reichsbeamter. Sein Todesjahr (nach 405) ist ungewiss.

Sic semina sicca virescunt Jam mortua iamque sepulta, Quae reddita cespite ab imo Veteres meditantur aristas.	So keimen die Körner des Samens, Begraben, so schien's, in der Erden; Doch dringen sie bald aus dem Grunde, Schwernickende Halme zu werden.
Nunc suscipe, terra, fovendum Gremioque hunc concipe molli: Hominis tibi membra sequestro Generosa et fragmina credo.	Nimm, Erde, den schlummernden Pflegling Und birg ihn im traulichen Schosse, Die herrlichen Glieder des Menschen, Geschaffen zu schönerem Lose.
Animae fuit haec domus olim Factoris ab ore creatae; Fervens habitavit in istis Sapientia principe Christo.	Dies war einst der Seele Behausung, Die vom Munde des Schöpfers geflossen; Hier hat sich, von Christus entzündet, Das Feuer der Weisheit ergossen.
Tu depositum tege corpus: Non immemor ille requiret Sua munera fictor et auctor Propriique aenigmata vultus.	Bewahre nun, Erde, den Leichnam, Einst fordert die göttliche Milde, Sein Werk einst heischet der Meister, Das er schuf nach dem eigenen Bilde.
Veniant modo tempora iusta Quum spem Deus impleat omnem, Reddas patefacta necesse est Qualem tibi trado figuram.	Gott wird die Verheissungen tilgen, Wenn der Tag der Erfüllung erschienen [1]), Dann muss dein Schoss sich erschliessen, Zu entlassen den Leib, den geliehnen.

[1]) Bässler genauer: Wann die Zeit, die bestimmte, gekommen.

b) Hymnus in die Pentecostes.	Pfingslied[1]).
Veni creator spiritus, Mentes tuorum visita, Imple superna gratia Quae tu creasti pectora.	Komm,heil'gerGeist,derallesschuf, Herab auf deiner Gläub'gen Ruf, Füll' uns mit hoher Gnade Schein Die Herzen, die du schufst allein.
Qui paraclitus diceris, Donum Dei altissimi, Fons vivus, ignis, caritas Et spiritalis unctio,	Der du der Tröster wirst genannt, Ein Gut vom höchsten Gott gesandt, Lebend'gerQuell,Licht,Liebe heisst Und Salbung für des Menschen Geist,
Tu septiformis munere, Dextrae Dei tu digitus, Tu rite promissum patris, Sermone ditans guttura,	Der du die sieben Gaben schenkst, Die Welt als Gottes Finger lenkst, Den uns des Vaters Wort verhiess, Der stumme Zungen reden liess,
Accende lumen sensibus, Infunde amorem cordibus, Infirma nostri corporis Virtute firmans perpetim.	Dein Licht erleucht' uns Sinn und Mut, Entzünde deiner Liebe Glut, Und wenn des Leibes Schwäche wankt, Seist du es, dem er Kraft verdankt.
Hostem repellas longius, Pacemque dones protinus, Ductore sic te praevio Vitemus omne noxium.	Des Feindes List vereitle du Und gieb dem Herzen Friedensruh', Dass, wenn du uns ein Führer bist, Wir meiden, was vom Übel ist.
Per te sciamus da patrem, Noscamus atque filium; Te utriusque spiritum Credamus omni tempore.	Den Vater auf dem Himmelsthron Erkennen lehr' uns und den Sohn Und lass uns glauben ewiglich, Der beider Geist du bist, an dich!

[1]) Simrock, a. a. O. 204f. „Vielleicht von Gregor d. Gr.“ († 604). Caspari, a. a. O. S. 34. Simrock gibt Karl den Grossen als Verf. an, Bässler nennt überhaupt keinen bestimmten Verf.

c) De passione Domini.

Pange, lingua, gloriosi
Proelium certaminis
Et super crucis tropaeo
Dic triumphum nobilem,
Qualiter redemptor orbis
Immolatus vicerit.

De parentis protoplasti
Fraude factor condolens,
Quando pomi noxialis
Morsu in mortem corruit,
Ipse lignum tunc notavit,
Damna ligni ut solveret.

Hoc opus nostrae salutis
Ordo depoposcerat,
Multiformis proditoris
Ars ut artem falleret
Et medelam ferret inde,
Hostis unde laeserat.

Quando venit ergo sacri
Plenitudo temporis,
Missus est ab arce patris
Natus orbis conditor
Atque ventre virginali
Caro factus prodiit.

Vagit infans inter arcta
Conditus praesepia,
Membra pannis involuta
Virgo mater alligat
Et pedes manusque crura
Stricta cingit fascia.

Von des Herrn Leiden[1]).

Kündet, Lippen all', den hehren
Kampf, der uns den Sieg errang,
Das erhabne Kreuzeszeichen
Feiert im Triumphgesang,
Meldet, wie des Welterlösers
Opfertod den Tod bezwang!

Ob des ersten Elternpaares
Fall bekümmert, das den Tod
An des Baumes Frucht gegessen,
Die ihm sein Geheiss verbot,
Wählte selber uns zum Heile
Gott den Baum, den Quell der Not.

Solcher Rat, uns zu erlösen,
War von Ewigkeit erdacht,
Dass durch hohe List zu Falle
Sei des Bösen List gebracht
Und derselbe Baum die Heilung
Spende, der uns wund gemacht.

Als daher der heil'gen Zeiten
Fülle nun sich eingestellt,
Steigt der Sohn vom Sitz des Vaters,
Der mit ihm erschuf die Welt,
Jetzt im jungfräulichen Schosse
Sich dem schwachen Fleisch gesellt.

Weinend liegt das neugeborne
Kind in enger Krippe Raum,
Mit der Windel deckt die Blössen
Ihm die Magd und Mutter kaum,
Eng um Hand und Fuss und Schenkel
Gürtet sie den Wickelsaum.

---

[1]) Simrock, a. a. O. 108 ff. Verf.: Venantius Fortunatus, Bischof von Poitiers, † in den ersten Jahren des 7. Jahrhunderts.

Lustra sex qui iam peracta
Tempus implens corporis
Se volente, natus ad hoc,
Passioni deditus
Agnus in crucis[1]) levatur
Immolandus stipite.

Als er jetzt nach dreissig Jahren
Sah vollbracht die Lebenszeit,
Zu dem selber auserkornen
Leiden willig und bereit,
Ward das Lamm ans Kreuz gehoben
Und dem Opfertod geweiht.

Hic acetum, fel, arundo,
Spina[2]), clavi, lancea
Mite corpus perforatur,
Sanguis unda profluit,
Terra, pontus, astra, mundus
Quo lavantur flumine.

Sieh' hier Geissel, Kelch und Nägel,
Dornen-Krone sieh' und Speer,
Sieh' den Leib durchbohrt, den süssen,
Sieh', ein Blutstrom fliesst daher,
Rein zu waschen aller Sünden
Himmel, Erd' und tiefes Meer.

Crux fidelis, inter omnes
Arbor una nobilis,
Nulla talem silva profert
Fronde, flore, germine:
Dulce lignum, dulce signum[3])
Dulce pondus sustinens.

Kreuz des Heilands, unter allen
Bäumen bist du ehrenreich,
Dir an Laub und Blüt' und Früchten
Ist kein Baum des Waldes gleich,
Süsse Bürde, Baum der Würde,
Trägst du allem Erdenreich.

Flecte ramos, arbor alta,
Tensa laxa viscera
Et rigor lentescat ille
Quem dedit nativitas,
Ut superni membra regis
Miti tendas stipite.

Hehrer Baum, die Äste biege,
Fülle sie mit weichem Saft,
Dass die Starrheit sei gemildert
Deiner angebornen Kraft,
Du des höchsten Königs Glieder
Sanfter dehnst an deinem Schaft.

Sola digna tu fuisti
Ferre pretium saeculi[4])
Atque portum praeparare
Nauta mundo naufrago,
Quem sacer cruor perunxit
Fusus agni corpore.

Du nur warest ihn zu tragen
Wert, dem unser Heil entspross,
Du, an dem der Welt ein Hafen
Sich, der scheiternden, erschloss,
Du, gesalbt vom heil'gen Blute,
Das dem Opferlamm entfloss.

[1]) Im Texte steht cruce. In dem von mir benutzten Exemplar aus der Leipziger Universitätsbibliothek ist aber die Conjectur crucis mit Bleistift angemerkt, die mir so einleuchtet, dass ich sie in den Text eingesetzt habe. || [2]) Bei Bässler, S. 193 „sputa." || [3]) Bei Bässler: dulci clavo. || [4]) Bei Bässler: saecli pretium.

4. Priestertum.

a) Rechtsverhältnisse des Klerus, insbesondere der Bischöfe[1]).

α) Wahl und Weihe.

a) Bedingungen.

א) Kanonisches Alter.

15. Kanon des Concilium Quinisextum (692)[2]).

Ein Subdiakonus werde nicht unter 20 Jahren gewählt; wenn aber einer der in irgend einer priesterlichen Stellung Befindlichen vor dem gesetzmässigen Alter gewählt worden ist, soll er abgesetzt werden.

11. Kanon von Neucäsarea (zwischen 314 und 325).

Ein Presbyter werde nicht unter 30 Jahren gewählt, auch wenn der Mann durchaus würdig ist, sondern es werde noch gewartet; denn der Herr Jesus Christus wurde im 30. Jahre getauft[3]) und begann zu lehren.

15. Kanon von Chalkedon (451).

Als Diakonisse werde kein Weib unter 40 Jahren gewählt, und zwar [nur] nach sorgfältiger Prüfung. Wenn sie aber, nachdem sie die Weihe empfangen hat und eine Zeitlang im Dienste geblieben ist, sich verheiratet, indem sie die Gnade Gottes verachtet, soll eine solche mit ihrem Ehegenossen in den Bann gethan werden.

40. Kanon des Concilium Quinisextum.

Im göttlichen Apostel[4]) steht geschrieben, dass mit 60 Jahren die Witwe in der Kirche erwählt werde.

ב) Kanonische Hindernisse.

78. (77.) „Apostolischer“ Kanon. (Anfang des 5. Jahrh.).

Ein Stummer oder Blinder werde nicht Bischof; nicht weil er ein Gebrechen hat, sondern damit die kirchlichen Interessen nicht Schaden leiden[5]).

---

[1]) Vgl. Heft I, 20ff. ‖ [2]) S. o. S. 78, A. 1. ‖ [3]) ἐφωτίσθη. ‖ [4]) Ausdruck für den 2. Teil des N. T. (neben dem „Evangelium“). Hier ist 1. Tim. 5, 9 gemeint. Über die Aufgaben der Witwen s. Heft I, 24f. ‖ [5]) οὐχ ὡς βεβλαμμένος, ἀλλ' ἵνα μὴ τὰ ἐκκλησιαστικὰ παρεμποδίζοιτο. — Vgl. mit diesem Kanon den vorhergehenden: „Wenn jemand gebrechlich oder am Auge oder Schenkel verletzt, [dabei] aber würdig ist, so mag er Bischof werden; denn nicht ein körperlicher Fehler befleckt ihn [d. h.: kann ihn be-

a) Allmähliches Aufsteigen.

10. Kanon von Sardica (343 oder 344).

Bischof Hosius sprach: Auch das halte ich für nötig, mit aller Genauigkeit und Sorgfalt ins Auge zu fassen[1]), dass, wenn ein Reicher oder ein Anwalt vom Forum gewürdigt wird, Bischof zu werden, er nicht eher [als solcher] eingesetzt wird, bis er auch den Dienst des Vorlesers, des Diakonen und Presbyters geleistet hat, damit er über jede Stufe hinweg, wenn er würdig befunden ist, bis zum Bischofs-Sitze schrittweise aufsteigen[2]) könne. Es wird aber natürlich jede Rangstufe eine nicht allzu geringe Dauer haben, während deren sein Glaube, die Güte seines Charakters[3]), seine Festigkeit und Milde kund werden kann; und so wird er, des *göttlichen* Priestertums[4]) würdig befunden, die höchste Ehre geniessen. Denn es ist nicht geziemend, und weder Vernunft, noch gute Sitte erlaubt es[5]), unbesonnen und leichtfertig dazu zu schreiten, einen Bischof, Presbyter oder Diakonus leichthin einzusetzen.

b) Art des Vollzugs.

1. und 2. Apostolischer Kanon.

1. Ein Bischof werde von 2 oder 3 Bischöfen geweiht.
2. Ein Presbyter werde von 1 Bischof geweiht, desgleichen ein Diakonus und die übrigen Kleriker.

4. Kanon von Nicaea (325).

Am meisten ziemt es sich, dass ein Bischof von allen [Bischöfen] in der Provinz eingesetzt wird; wenn aber dies unthunlich[6]) ist, entweder wegen einer dringenden Notlage oder wegen der weiten Entfernung, dass dann jedenfalls 3 an Ort und Stelle versammelte unter Einverständniss und schriftlicher Zustimmung auch der abwesenden die Weihe vornehmen; dass aber die Bestätigung der Handlung[7]) in jeder Provinz dem Metropoliten zusteht.

---

flecken], sondern eine Verunreinigung der Seele." Ein kanonisches Hindernis bilden also nur die körperlichen Gebrechen, welche die Erfüllung der Pflichten des geistlichen Amtes unmöglich machen.

[1]) ἵνα . . . ἐξετάζοιτο. || [2]) εἰς τὴν ἀψῖδα τῆς ἐπισκοπῆς κατὰ προκοπὴν διαβῆναι. || [3]) ἡ τῶν τρόπων καλοκἀγαθία. || [4]) ἱερωσύνη hier = bischöfliche Würde. || [5]) οὔτε ἡ ἐπιστήμη οὔτε ἡ ἀγαθὴ ἀναστροφὴ ἐπιδέχεται. || [6]) δυσχερές. || [7]) τῶν γινομένων.

19. Kanon von Antiochia (341).

Ein Bischof soll nicht ohne eine Synode und die Gegenwart des Metropoliten der Provinz gewählt werden. Wenn er zugegen ist, so ist es jedenfalls besser, dass ihm alle Mitbischöfe in der Provinz zur Seite stehen, und es ziemt sich, dass der Metropolit sie durch ein Schreiben zusammenruft. Wenn sie alle erscheinen, desto besser; wenn aber dies unthunlich ist, so sollen doch jedenfalls die meisten erscheinen oder schriftlich ihre Zustimmung erklären und so durch persönliche Anwesenheit oder [schriftlich abgegebene] Stimme der Mehrzahl die Ernennung erfolgen. Wenn sie aber auf andere, widergesetzliche Weise geschieht, soll die Wahl ungiltig sein. Wenn die Ernennung aber auf gesetzliche Weise[1]) erfolgt, und einige aus persönlicher Streitsucht[2]) widersprechen, soll die Stimme der Mehrheit gelten.

25. Kanon von Chalkedon.

Da aber einige der Metropoliten, wie wir vernommen haben, die ihnen übergebenen Herden vernachlässigen und die Weihe der Bischöfe aufschieben: so hat die heil. Synode beschlossen, dass die Bischofsweihen innerhalb dreier Monate stattfinden sollen, wenn nicht gerade eine unausweichliche Notwendigkeit die Ausdehnung der Aufschubfrist verursacht. — —

c) Altkirchliches Simonie-Verbot[3]).

30. und 31. (28. und 29.) Apostolischer Kanon.

30. Wenn ein Bischof durch Geld in den Besitz dieser Würde gelangt ist, oder ein Presbyter oder Diakonus, so werde er abgesetzt und der ihn geweiht hat, und werde überhaupt aus der Gemeinschaft ausgestossen, wie Simon der Magier von mir, Petrus.

31. Wenn ein Bischof sich weltlicher Obrigkeiten bedient und mit ihrer Hilfe eine Kirche erlangt hat, werde er abgesetzt und ausgeschlossen, er und alle, die mit ihm gemeinsame Sache machen[4]).

---

[1]) κατὰ τὸν ὡρισμένον κανόνα. || [2]) δι' οἰκείαν φιλονεικίαν. || [3]) D. h. Verbot der Erlangung eines geistlichen Amtes durch weltliche Mittel; vgl. Apg. 8, 18—24. || [4]) οἱ κοινωνοῦντες αὐτῷ πάντες. Auf diesen Kanon beruft sich auch das Konzil von Nicäa 787 (5. Kanon).

β) Amtliche Rechte und Pflichten.

α) Synodal- und Verwaltungsthätigkeit.

Apostolische Kanones 38 (36)—41 (40).

Zweimal des Jahres soll eine Synode[1]) der Bischöfe ge- 38.
halten werden, und [auf dieser] sollen sie sich über die Dogmen der Frömmigkeit besprechen[2]) und die entstehenden kirchlichen Streitigkeiten schlichten; einmal in der 4. Woche der Pfingstzeit, das zweite Mal am 12. Hyperberetaios[3]).

Der Bischof soll die Sorge für alles kirchliche Vermögen 39.
haben und es unter Gottes Augen[4]) verwalten; nicht aber ist ihm erlaubt, etwas davon sich anzueignen oder seinen eigenen Verwandten das, was Gott gehört, zu schenken; sind sie aber arm, *so helfe er ihnen als Armen, nicht* aber verkaufe er um ihretwillen das Eigentum der Kirche.

Die Presbyter und Diakonen sollen ohne Zustimmung des 40.
Bischofs nichts ausführen; denn er ist es, der mit dem Volke des Herrn betraut ist und von dem Rechenschaft über ihre Seelen gefordert werden wird.

Es sei aber das eigene Vermögen des Bischofs offenkundig, wenn anders er auch Eigenes hat, und offenkundig das des Herrn[5]), damit der Bischof freie Verfügung über sein eigenes Vermögen habe, beim Tode, wem und wie er will, [etwas] zu hinterlassen, und nicht unter der Begründung, es sei Kirchengut, das Vermögen des Bischofs verfalle, der bisweilen ein Weib und Kinder[6]) oder Verwandte oder Diener hat. Denn das ist vor Gott und Menschen recht, dass weder die Kirche aus Unkenntnis [der Grösse] des bischöflichen Vermögens Schaden leidet, noch der Bischof oder seine Verwandten infolge eines Anspruchs der Kirche geschädigt werden oder auch die ihm Nahestehenden[7]) in Händel geraten oder sein Tod von Schmähungen begleitet werde.

Wir bestimmen, dass der Bischof die Verfügung über das 41.
Kirchengut hat. Denn wenn ihm die kostbaren Seelen der Menschen anzuvertrauen sind, so müsste er doch vielmehr über das Vermögen gebieten, sodass er nach seiner Vollmacht alles verwaltet, auch den

---

[1]) Provinzialsynoden s. Heft I, 28f. Welt- (oder ökumenische) Synoden s. o. S. 10. 72. || [2]) ἀνακρινέτωσαν ἀλλήλους τὰ δόγματα τῆς εὐσεβείας. || [3]) Dieser makedonische Monat entspricht ungefähr unserm September. || [4]) ὡς θεοῦ ἐφορῶντος. || [5]) τὰ κυριακά, das Kirchenvermögen. || [6]) S. u. A III 4 b γ. || [7]) τοὺς αὐτῷ διαφέροντας.

Dürftigen durch die Presbyter und Diakonen in Gottesfurcht und in aller Gewissenhaftigkeit Gaben spendet, aber auch selbst an dem Nötigen [seinen] Anteil nimmt, wenn er es bedarf, für seine notwendigen Lebensbedürfnisse und die der als Gäste anwesenden Brüder, sodass sie in keiner Weise Mangel leiden; denn das Gesetz Gottes hat verordnet, dass die, welche dem Altar dienen, von dem Altar ernährt werden, da ja auch Soldaten nie auf eigene Kosten gegen die Feinde die Waffen tragen[1]).

b) Einschränkende Vorschriften.

א) Keine Eingriffe in fremde Sprengel!

36. (34.) Apostol. Kanon.

Ein Bischof unterstehe sich nicht, ausserhalb seines Sprengels[2]) eine Weihe vorzunehmen für die Städte und Landschaften, die ihm nicht unterstellt sind. Wird er aber überführt, dass er dies wider den Willen derer, welche jene Städte oder Landschaften unter sich haben, gethan hat, so soll er selbst und die, welche er geweiht hat, abgesetzt werden.

20. Kanon des Concilium quinisextum (692).

Es soll keinem Bischof gestattet sein, in[3]) einer andern Stadt, die ihm nicht zugehört, öffentlich zu lehren. Wenn er aber dabei betroffen wird, dass er dies thut, soll er seines Bistums entsetzt werden und den Dienst des Presbyters thun.

ב) Keine gleichzeitige Aufnahme unter den Klerus zweier Kirchen!

10. Kanon von Chalkedon (451).

Es soll nicht gestattet sein, dass ein Kleriker zugleich in den Kirchen zweier Städte einregistriert werde[4]), in der, in welcher er zuerst gewählt wurde, und in der, zu welcher er seine Zuflucht nahm, natürlich weil sie grösser ist, aus Begierde nach eitler Ehre. Die aber, welche das thun, sollen in ihre eigene Gemeinde, in der sie ursprünglich gewählt worden waren, zurückversetzt werden und nur dort amtieren[5]). Wenn einer aber schon aus einer in die andere Gemeinde aufgenommen worden ist[6]), so soll er mit den Angelegenheiten seiner früheren Gemeinde oder der zu ihr ge-

---

[1]) 1. Kor. 9, 13. 7. ‖ [2]) ὅρων. ‖ [3]) εἰς: eigentlich „in eine andere Stadt hinein" zu lehren und so in ein fremdes Amt einzugreifen. ‖ [4]) καταλέγεσθαι. ‖ [5]) λειτουργεῖν. ‖ [6]) μετετέθη.

hörigen Märtyrer-[Ruhe-]Stätten oder Armen-Häuser oder Fremdenherbergen[1]) nichts [mehr] zu schaffen haben. Die aber, welche sich unterstehen, nach [Erlass] der Verordnung[2]) dieser grossen und ökumenischen Synode etwas von dem jetzt Verbotenen zu thun, sollen, so hat die heil. Synode bestimmt, degradiert werden[3]).

j) In der Regel kein Ortswechsel!

15. Kanon von Nicäa (325).

Wegen der vielen Unordnung und der Parteiungen, die sich [daraus] ergeben, beschlossen alle, die Gewohnheit abzuschaffen, die im Widerspruche mit dem Gesetze[4]) in manchen Gegenden gefunden worden ist, sodass weder ein Bischof noch ein Presbyter noch ein Diakonus von einer Stadt in die andere übersiedeln soll[5]). — — —

1. Kanon von Sardica.

Hosius, der Bischof der Stadt Korduba, sprach: „Nicht sowohl die schlechte Sitte, als vielmehr die höchst schädliche Verderbnis der Verhältnisse[6]) ist von Grund aus auszurotten, damit keinem der Bischöfe erlaubt sei, von einer kleinen Stadt in eine andere überzusiedeln. Denn der eigentliche Grund[7]), um dessentwillen solches betrieben wird, ist klar: denn nie hat ein Bischof gefunden werden können, der von einer grösseren Stadt in eine kleinere Stadt überzusiedeln strebte, woraus sich ergibt, dass solche von einer glühenden Art von Habsucht entbrannt sind und vielmehr der Hoffart dienen, damit sie das Ansehen gewönnen, eine grössere Macht erlangt zu haben. Gefällt es also allen, diese Ungehörigkeit recht streng zu bestrafen? Denn ich meine, dass solche [Menschen] nicht einmal mit den Laien Gemeinschaft haben sollen[8])". Alle Bischöfe sprachen: „Wir alle wollen es[9])."

---

[1]) μαρτυρίων ἢ πτωχείων ἢ ξενοδοχείων. ‖ [2]) ὅρον. ‖ [3]) ἐκπίπτειν τοῦ οἰκείου βαθμοῦ. ‖ [4]) παρὰ τὸν κανόνα. ‖ [5]) „Er (der Bischof) soll in der Gemeinde bleiben, in der ihm von Anfang an von Gott sein Los zugewiesen worden ist (εἰς ἣν ἐκληρώθη ὑπὸ τοῦ θεοῦ ἐξ ἀρχῆς)", sagt der 21. Kanon von Antiochia (341). ‖ [6]) Der zuerst gebrauchte Ausdruck ist ihm noch nicht stark genug. ‖ [7]) ἡ γὰρ τῆς αἰτίας ταύτης πρόφασις. ‖ [8]) μηδὲ λαϊκῶν ἔχειν τοὺς τοιούτους χρῆναι κοινωνίαν. ‖ [9]) Ἀρέσκει πᾶσιν.

14. (13.) Apostolischer Kanon.

Es ist nicht erlaubt, dass ein Bischof seine Parochie[1]) verlässt und sich einer andern zuwendet[2]), auch wenn er von mehreren genötigt wird, es sei denn ein vernünftiger Grund vorhanden, der ihn zwingt, dies zu thun, indem er den dortigen [Christen] mehr Nutzen in Sachen der Frömmigkeit bringen kann; und zwar [soll er] dies nicht von sich aus [thun], sondern auf das Urteil vieler Bischöfe und [ihren] lebhaftesten Zuspruch hin.

γ) Gerichtsbarkeit.

a) Verbot, weltliche Gerichte anzurufen.

9. Kanon des 3. Konzils von Karthago (397).

Desgleichen wurde beschlossen: wenn einer von den Bischöfen, Presbytern und Diakonen oder Klerikern, wenn in der Kirche ein Kriminal-Prozess gegen ihn eingeleitet oder eine Civilklage gegen ihn erhoben worden ist[3]), sich dem geistlichen Gerichte entzieht und sich durch staatliche Gerichte reinigen lassen will, der soll, auch wenn das Urteil zu seinen Gunsten ausgefallen ist, seine Stelle verlieren. Und dies [soll] bei einem Kriminalverfahren [geschehen]; in einer Civilklage aber soll er das verlieren, was er ersiegt hat, wenn er lieber seine Stelle behalten will. Denn wem für die Wahl seiner Richter überall das Ansehen der Kirche zur Verfügung steht, der erklärt sich der Genossenschaft der Kirche unwürdig, wenn er von der ganzen Kirche eine üble Meinung hegt und beim weltlichen Gerichte Hilfe sucht, da [doch] der Apostel vorschreibt, dass selbst die Streitsachen der christlichen Privatleute vor die Gemeinde gebracht und da entschieden werden sollen[4]).

b) Instanzengang.

14. Kanon von Antiochia (341).

Wenn ein Bischof wegen gewisser Anklagen vor Gericht stände und es sich dann zutrüge, dass die Bischöfe in der Provinz[5]) verschiedener Meinung über ihn wären, indem die einen den Angeklagten für unschuldig, die andern für schuldig erklärten, so beschloss die heil. Synode behufs Versöhnung jeglichen Zwiespalts,

---

[1]) παροικίαν. ‖ [2]) ἐπιπηδᾶν. ‖ [3]) publicis iudiciis. ‖ [4]) 1. Kor. 6, 1. ‖ [5]) ἐπαρχίᾳ.

dass der Bischof der Metropolis einige andere aus der benachbarten Provinz zuziehe, welche [den Fall] revidieren[1]) und den Zwiespalt lösen sollen, um mit denen der Provinz die vorliegende Angelegenheit endgiltig zu entscheiden.

3. Kanon von Sardica.

Der Bischof Hosius sagte:

Wenn nun ein Bischof in einer Sache verurteilt worden ist[2]) und meint, dass seine Sache nicht auf schwachen Füssen stehe, sondern gut sei[3]), damit das Gerichtsverfahren nochmals von neuem aufgenommen werden soll: so wollen wir, wenn es eurer Liebe gut scheint, das Andenken des Apostels Petrus[4]) ehren und [beschliessen,] dass von denen, *die das Urteil gefällt* haben, an den Bischof Julius von Rom geschrieben werde[5]), damit, wo nötig, das Verfahren durch die der Provinz benachbarten Bischöfe wieder aufgenommen werde, und er Schiedsrichter aufstelle[6]); wenn es aber nicht [von ihm] empfohlen werden kann, dass die Beschaffenheit der Sache eine Revision erfordere, das einmal gefällte Urteil nicht annulliert, sondern das vorliegende bestätigt werde.

10. Kanon des 3. Konzils von Karthago (397).

Wenn die Richter durch Übereinkunft der Parteien

---

[1]) ἐπικρινοῦντας. Nach Müller, K.-G. I, 220, scheint dieser Beschluss jedoch erfolglos gewesen zu sein. || [2]) Eigentlich: offenbar verurteilt worden ist (δόξῃ καταχρίνεσθαι). || [3]) ἑαυτὸν μὴ σαθρόν, ἀλλὰ καλὸν ἔχειν τὸ πρᾶγμα. || [4]) Vgl. Heft I, S. 3. || [5]) Anakoluthischer Satz: τιμήσωμεν καὶ γραφῆναι παρὰ τούτων τῶν κρινάντων. || [6]) Aus dem 5. Kanon ergibt sich der Sinn dieser Worte noch deutlicher. Es soll dem Ermessen des römischen Bischofs anheimgestellt werden, ob er selbst Presbyter schicken will, die, mit seinem Ansehen bekleidet, mit den Bischöfen zu Gericht sitzen (Legaten), oder ob diese zur Erledigung der Sache genügen. (ἀποσταλῆναι τοὺς μετὰ τῶν ἐπισκόπων κρινοῦντας, ἔχοντας τὴν αὐθεντίαν τούτου παρ' οὗ ἀπεστάλησαν . . . εἰ δὲ ἐξαρκεῖν νομίσῃ πρὸς τὴν τοῦ πράγματος ἐπίγνωσιν καὶ ἀπόφασιν τοῦ ἐπισκόπου (lies: τοὺς ἐπισκόπους), ποιήσει ὅπερ ἂν τῇ ἐμφρονεστάτῃ αὐτοῦ βουλῇ καλῶς ἔχειν δόξῃ. — Dagegen beschloss noch die Synode von Karthago v. J. 418 (17. Kanon), dass einer, der an das überseeische Tribunal appelliert, in Afrika von der Kirchengemeinschaft ausgeschlossen werden soll. „Transmarin" erinnert an unser „ultramontan". Ja, nach Müller, K-G. I, 231, hat „dieser Beschluss einer auch in nicänischen Kreisen gar nicht überall recipirten Parteisynode [der von Sardica] zunächst keinerlei praktische Folgen gehabt".

gewählt sind, auch von einer geringeren Anzahl, als [eigentlich] bestimmt ist, soll eine Appellation nicht gestattet sein.

9. Kanon von Chalkedon (451).

Wenn ein Kleriker mit einem Kleriker einen Streit[1]) hat, so umgehe er nicht seinen eigenen Bischof und laufe zu weltlichen Gerichten; sondern zunächst betreibe er die Sache[2]) vor seinem eigenen Bischof, oder wenigstens werde mit Zustimmung des Bischofs selbst die Rechtssache vor denen verhandelt, welche beide Parteien erwählen. Wenn aber jemand dem zuwiderhandelt, so soll er den gesetzlichen Strafen verfallen. Wenn aber auch ein Kleriker *einen Streit* mit *seinem eigenen* oder *einem andern* Bischof hat, so werde von der Provinzialsynode Recht gesprochen. Wenn aber ein Bischof oder Kleriker gegen den Metropoliten derselben Provinz klagbar wird, so wende er sich entweder an den Obermetropoliten der Diözese[3]) oder an den Bischofs-Stuhl der Kaiserstadt Konstantinopel[4]), und von ihm werde Recht gesprochen.

---

[1]) πρᾶγμα. ‖ [2]) τὴν ὑπόθεσιν γυμναζέτω. ‖ [3]) τὸν ἔξαρχον τῆς διοικήσεως. Die Diözese ist ein grösserer Bezirk als eine Provinz. Nach der Staatsverfassung Konstantins gab es 4 Präfekturen und 12 Diözesen im Reiche. Metropoliten und Obermetropoliten werden auch Erzbischöfe (ἀρχιεπίσκοποι) genannt; so im 2. Kanon des Concilium quinisextum die Bischöfe von Alexandria, Caesarea in Kappadozien, von Karthago (Κυπριανοῦ τοῦ γενομένου ἀρχιεπισκόπου τῆς Ἄφρων χώρας). An derselben Stelle wird der Bischof von Konstantinopel Patriarch genannt (Γενναδίου πατριάρχου γενομένου τῆς θεοφυλάκτου ταύτης καὶ βασιλίδος πόλεως). Doch sind diese Titel nicht auf die Genannten beschränkt. So wird Patriarch und Metropolit im 7. Kanon derselben Synode als gleichbedeutend gebraucht. Nach Holtzmann-Zöpffels Lexikon f. Th. und Kirchenwesen (Artikel „Patriarch") führten den Patriarchentitel „zuerst alle Bischöfe, seit dem 5. Jahrhundert vorzugsweise die Bischöfe von Alexandria, Antiochia, Konstantinopel und Jerusalem. Jedoch erhielten auch der römische Bischof und die Exarchen von Ephesus, Cäsarea und Heraklea diesen Titel. Während die Patriarchen von Alexandria, Antiochia und Jerusalem nur das Recht beanspruchten, die Bischöfe ihrer Diözesen zu Synoden zusammenzuberufen und in höherer Instanz über den Metropoliten Klagesachen zu entscheiden, stritten Konstantinopel nnd Rom um eine die Gesamtkirche beherrschende Stellung." S. u. B. ‖ [4]) ἢ τὸν τῆς βασιλευούσης Κωνσταντινουπόλεως θρόνον.

c) Bischöfliches Schiedsgericht auch für Laien.

א) Edikt des Arkadius, Honorius und Theodosius II von 408. Codex Justinianeus I, 4, 8[1]).

Der Richterspruch des Bischofs sei für alle giltig, die von Priestern verhört sein wollen[2]), und ihrem Urteil soll dieselbe Achtung entgegengebracht werden, die euern Ämtern[3]) gebührt, von denen man nicht appellieren darf. Auch durch die Dienste der Richter werde, damit das bischöfliche Erkenntnis nicht wirkungslos sei, der Entscheidung die Vollstreckung gewährt.

ב) Apost. Constitutionen II, 47.

Eure Gerichte sollen am zweiten Wochentage gehalten werden, damit, wenn euerm Richterspruche widersprochen werden sollte, ihr bis zum Sabbat den Einspruch in Ruhe prüfen, und bis zum Tage des Herrn die, welche mit einander streiten, versöhnen könnt. Es sollen aber bei der Gerichtsverhandlung auch die Diakonen und die Presbyter anwesend sein und als Menschen Gottes ohne Ansehen der Person in Gerechtigkeit richten. Wenn also beide streitenden Parteien erschienen sind, so sollen sie, wie auch das Gesetz sagt[4]), inmitten des Gerichtssaals stehen; ihr aber hört sie an, gebt gewissenhaft eure Stimmen ab und bemüht euch dabei, die beiden Parteien vor dem Spruche des Bischofs zu versöhnen, damit nicht auf Erden ein Gericht über den Fehlenden ergehe; denn auch im Gerichtsverfahren stimmt der Christus Gottes mit ihm[5]) zusammen und hat Anteil an seiner Entscheidung. Wenn aber jemand in entehrender Weise von einem [andern] angeschuldigt würde, nicht sittlich[6]) im Herrn zu wandeln, so höret in gleicher Weise beide Teile, den Kläger und den Angeklagten, aher nicht mit Voreingenommenheit und nicht einseitig, sondern in Gerechtigkeit, indem ihr euch bewusst seid, ein Urteil über ewiges Leben oder [ewigen] Tod abzugeben. Denn billigerweise, sagt Gott[7]), wirst du dem nachjagen, was recht ist. Denn wer gerecht von euch bestraft und ausgeschlossen ist, der ist des ewigen Lebens und der [ewigen] Herrlichkeit verlustig, vor frommen Menschen ehrlos und vor Gott verdammt.

[1]) Ed. Krüger, Berlin 1877. Kaiser Justinianus I (527—565) veranlasste diese Sammlung der Rechtsbestimmungen. || [2]) qui se audiri a sacerdotibus elegerint. || [3]) quam vestris referre necesse est potestatibus. Angeredet ist der praefectus praetorio. || [4]) Deut. 19, 17. || [5]) Dem Bischof. || [6]) καλῶς. || [7]) Deut. 16, 20.

b) Ausbildung einer besonderen klerikalen Lebensweise.

α) Verbot der bürgerlichen Erwerbsthätigkeit und des Staatsdienstes für Geistliche.

a) 19. Kanon von Elvira (306).

Bischöfe, Presbyter und Diakonen sollen ihre Wohnorte nicht Handels halber verlassen, noch in den Provinzen herumreisen und gewinnbringende Märkte aufsuchen; doch mögen sie, um sich ihren Lebensunterhalt zu erwerben, entweder einen Sohn oder Freigelassenen oder Diener[1]) oder Freund oder sonst jemand ausschicken, und wenn sie Handel treiben wollen, mögen sie es innerhalb der Provinz thun.

b) 6. und 8. Kanon des I. Konzils von Karthago (zwischen 345—348).

— — Bischof Gratus sagte: „Es gibt auch Bestimmungen von Aposteln, welche sagen: niemand, der in Gottes (Kriegs-)Dienst steht, mischt sich in weltliche Geschäfte[2]); deshalb sollen sie entweder Kleriker sein ohne Verwaltung von Gütern oder Verwalter ohne das Amt der Kleriker[3]).“ Alle sagten: „Danach wollen wir uns richten!“

Der grosse Bischof von Astigis[4]) sprach: „Was meint Eure Liebe? Sollen Geschäftsführer und Verwalter, auch Vormünder und Fürsorger von Mündeln[5]) ordiniert werden?“ Bischof Gratus sprach: „Wenn sie alles niedergelegt und Rechenschaft abgelegt haben und ihre Lebensthätigkeit in allen Stücken bewährt erfunden ist, mögen sie sogar mit Ehren mit der Würde des Klerus, wenn sie begehrt wird, beschenkt werden[6]); denn wenn er vor der Befreiung von Geschäften oder Ämtern von jemand ohne Bedacht[7])

---

[1]) mercenarium. ‖ [2]) Nemo militans deo ingerit se negotiis saecularibus. Vgl. 2. Tim. 2, 4. ‖ [3]) aut clerici sint sine actionibus domorum aut actores sine officio clericorum. ‖ [4]) Astigis =Ecija oder Alahameda (Alt-Astigis); beide Städte liegen in Andalusien (Spanien). ‖ [5]) procuratores et actores, tutores etiam et curatores pupillorum. ‖ [6]) debeant et cum laude cleri si postulatus fuerit honore munerari. Doch ist — namentlich in Anbetracht des folgenden Nebensatzes, dessen Subjekt der einzelne Ordinierte ist, — auch sehr wohl möglich, dass der Redner mit „si fuerit ordinatus“ aus der Konstruktion fällt, und dann wäre vielleicht zu übersetzen: „so mögen sie, [und zwar] sogar zur [vollen] Ehre des Klerus, wenn sie [für ein Priesteramt] gewünscht werden, mit der [Priester-]Würde beschenkt werden“. ‖ [7]) sine consideratione.

ordiniert wird, so wird die Kirche mit Schande bedeckt[1]." Alle sprachen: „Deine Heiligkeit hat alles recht geordnet, darum ist deine Meinung auch die unsrige[2])!"

c) 7. Kanon von Chalkedon (451).

Wir haben verordnet, dass die, welche einmal in das Verzeichnis des Klerus eingetragen sind oder auch ein Mönchsleben führen[3]), weder in den Kriegsdienst noch in ein weltliches Amt eintreten sollen.

b) Gesetz Justinians v. J. 532.
Codex Justinianeus I, 3, 52 (53).

Wir befehlen, dass künftig weder ein Ratsherr, noch *ein Soldat Bischof* oder *Presbyter* wird[4]).

β) Tracht und Verkehr.

a) Sokrates, K.-G. VI, 22, 1—7.

Über Sisinnius[5]) in Kürze zu handeln scheint mir nicht unan- 1.
gebracht. Er war, wie ich schon oft gesagt habe, ein berühmter 2.
und in der Philosophie höchst gelehrter Mann; — — in seiner Lebens- 3.
weise aber war er nicht einfach; sondern bei grösster Sittenstrenge lebte er doch recht prächtig. Er prunkte in weissem Gewande und badete zweimal des Tags in öffentlichen Bädern. Und als ihn 4.
einst jemand fragte, warum er als Bischof zweimal des Tags bade, antwortete er: „Weil ich zum dritten Male nicht dazu komme[6])." Ein anderes Mal, als er dem Bischof Arsacius[7]) einen Anstands- 5.
besuch machte[8]), wurde er von jemand aus der Umgebung des Arsacius gefragt, weshalb er ein für einen Bischof unpassendes Gewand trage[9]), und wo geschrieben stehe, dass der Geweihte sich weiss kleide. Er aber entgegnete: „Sage du mir erst, wo geschrieben 6.
steht, dass der Bischof ein schwarzes Gewand trägt. — — —
Auch der Heiland erscheint in den Evangelien in weissem Gewand; 7.

---

[1]) infamatur. ‖ [2]) Mit den Bestimmungen des 1. Konzils von Karthago steht auch der 15. Kanon des 3. (von 397) in Einklang. ‖ [3]) τοὺς ἅπαξ ἐν κλήρῳ κατειλεγμένους ἢ καὶ μονάσαντας. ‖ [4]) μήτε βουλευτὴν μήτε ταξεώτην. Das Gesetz soll aber keine rückwirkende Kraft haben. (Ebendas.) ‖ [5]) Bischof von Konstantinopel seit 425. ‖ [6]) Ἐπειδὴ τρίτον οὐ φθάνει. Für φθάνει lies φθάνω. ‖ [7]) † 405. ‖ [8]) κατὰ τιμὴν ὁρῶν. ‖ [9]) Sokrates scheint hier, da kurz vorher von einer späteren Lebenszeit des Sisinnius die Rede war, vergessen zu haben, dass dieser zur Zeit des Arsacius, eines seiner Vorgänger, noch nicht Bischof war.

ja auch Moses und Elias hat er den Aposteln in weissen Kleidern gezeigt[1])." — — —

b) 16. Kanon des 2. Konzils von Nicäa (787).

— — Die Bischöfe oder Kleriker, die sich mit glänzender und auffallender Kleidung schmücken, sollen zurechtgewiesen werden, wenn sie aber dabei beharren, in Strafe verfallen; desgleichen auch die, welche sich mit Salben bestreichen. — — — Denn von alters her ging jeder priesterliche Mann in einfacher und würdiger Kleidung einher. Denn was nicht um der Notdurft, sondern um des Schmuckes willen angelegt wird, hat den Makel[2]) der Prahlerei, wie der grosse Basilius[3]) sagt. Aber auch ein aus seidenem Gewebe bunt hergestelltes Gewand trug man [früher] nicht, noch brachte man andersfarbigen Besatz am Rande der Gewänder an[4]); denn man hörte aus dem Munde voll göttlicher Rede[5]), dass die, welche weiche Kleider tragen, in der Könige Häusern sind.

c) 33. Kanon des Concilium quinisextum (692).

Keiner von allen soll auf der Kanzel[6]), nach der Reihenfolge der in der Liste der Kleriker Stehenden, dem Volke das Wort Gottes verkünden dürfen, wenn ein solcher nicht die priesterliche Tonsur[7]) hat und die Weihe[8]) von seinem eigenen Hirten[9]) gesetzmässig empfangen hat. — — —

b) 54. (53.) Apostolischer Kanon.

Wenn ein Kleriker in einem Wirtshaus[10]) essend betroffen wird, der werde excommuniciert[11]), es sei denn, dass er unterwegs genötigt ist, in einer Herberge[12]) einzukehren.

---

[1]) Vgl. Mt. 17, 2. ‖ [2]) κατηγορίαν, eigentlich: die Anklage. ‖ [3]) † 379 als Bischof von Caesarea in Kappadozien. ‖ [4]) οὐδὲ προσετίθεσαν ἑτερόχροα ἐπιβλήματα ἐν τοῖς ἄκροις τῶν ἱματίων. ‖ [5]) ἐκ τῆς θεοφθόγγου γλώσσης, d. h. aus Christi Munde. Vgl. Mt. 11, 8. ‖ [6]) ἄμβωνος. ‖ [7]) ἱερατικῇ κουρᾷ χρήσηται. Eine Beschreibung der Tonsur gibt der 41. Kanon des 4. Konzils von Toledo (633; vgl. Hatch-Harnack, die Gesellschaftsverfassung pp., S. 169, A. 58): „Alle Kleriker, auch die Lectoren, sollen wie die Leviten und Priester oben das ganze Haupt abscheeren und unten nur einen kreisförmigen Kranz [von Haaren; circuli coronam] übrig lassen." ‖ [8]) τὴν εὐλογίαν. ‖ [9]) Bischof. ‖ [10]) καπηλείῳ. ‖ [11]) ἀφοριζέσθω. ‖ [12]) πανδοχείῳ.

γ) Ansätze zum Priester-Coelibat[1]).

a) Sokrates, K.-G. I, 11, 3ff.

— — Es schien den Bischöfen[2]) gut, ein neues Gesetz in der 3.
Kirche einzuführen, wonach die Geweihten, ich meine die Bischöfe,
Presbyter und Diakonen mit den Gattinnen, die sie noch als Laien
heimgeführt hatten, keinen Umgang[3]) pflegen sollten. Als nun 4.
hierüber beraten werden sollte, trat inmitten der Versammlung
der Bischöfe Paphnutius[4]) auf und rief laut, man solle den
geweihten Männern kein schweres Joch auflegen, indem
er sagte, die Ehe (selbst) stehe bei Gott in Ehren — —,
damit man nicht durch ein Übermass von Strenge vielmehr der
Kirche schade; — — es genüge, dass der, welcher zuvor ein 5.
geistliches Amt[5]) erlangt habe, nach der alten Überlieferung der
Kirche nicht mehr heirate, nicht aber solle sich einer von der
[Frau] trennen, die er einmal schon früher als Laie heim-
geführt habe. Und das sagte er als einer, der nie die Ehe und, 6.
um es gerade heraus zu sagen, nie ein Weib gekannt hatte —
denn von Kindheit auf war er bei Asketen aufgewachsen — und
als einer, der wegen seiner Enthaltsamkeit so berühmt war wie
nur irgend ein anderer. Die ganze Synode der Geweihten wurde 7.
durch die Worte des Paphnutius überzeugt. — — —

b) 2. Kanon des 2. Konzils von Karthago (zwischen 387—390).

Von allen Bischöfen wurde ausgesprochen: „Alle sind der Ansicht, dass ein Bischof, ein Presbyter und Diakonus als Hüter der Keuschheit sich auch von ihren Frauen fernhalten, sodass in allen Stücken und von allen die Keuschheit bewahrt werde, die dem Altare dienen.

c) 27. Apostolischer Kanon.

Wir verordnen, dass von denen, die ehelos in den Klerus eingetreten sind, nur Vorleser[6]) und Sänger, wenn sie wollen, heiraten dürfen.

d) 3. und 4. Kanon des 1. Konzils von Toledo (400).

Desgleichen beschloss die heil. Synode, dass ein treuer Lektor, 3.

[1]) Vgl. Heft I, S. 28. ‖ [2]) Zu Nicaea, 325. ‖ [3]) μὴ συγκαθεύδειν. ‖ [4]) Aus der oberen Thebais (Ägypten). ‖ [5]) κλήρου. ‖ [6]) Vorleser der heil. Schrift. Vgl. Heft I, 24.

wenn er die Witwe eines andern heiratet, nicht aufrückt, sondern immer Lektor bleibt oder höchstens Subdiakonus wird[1]).

4. Wenn aber ein Subdiakonus nach dem Tode seiner Frau sich wieder verheiratet, soll er sowohl von dem Amte, für das er geweiht worden war[2]), entfernt, als unter die Ostiarier[3]) oder Lektoren versetzt werden, so [jedoch] dass er das Evangelium und den Apostel nicht lesen soll[4]), damit nicht der, welcher der Kirche gedient hat, [nach solcher Sünde noch] öffentliche Dienste zu thun scheine; wer aber zum dritten Male heiratet, was weder zu sagen, noch anzuhören ist, der soll nach 2jähriger Enthaltsamkeit, nachdem er durch Busse Versöhnung erlangt hat, fernerhin unter den Laien kommunizieren[5]).

e) 13. und 48. Kanon des Concilium quinisextum (692)[6]).

13. Da wir erfahren haben, dass in der römischen Kirche als Kanon gilt[7]), dass die, welche der Diakonen- oder Presbyterweihe gewürdigt werden wollen, geloben, ihren Frauen nicht mehr beizuwohnen: so wollen wir, der alten Regel der apostolischen genauen Vorschrift[8]) folgend, den gesetzmässigen ehelichen Umgang der heiligen Männer auch künftig zu Rechte bestehen lassen[9]) . . . ., damit wir uns nicht . . herausnehmen, die von Gott geordnete und durch seine Gegenwart gesegnete Ehe[10]) zu beschimpfen, da doch die Stimme des Evangeliums ruft: „Was Gott zusammengefügt hat, das soll der Mensch nicht scheiden[11]).“

48. Die Frau dessen, der zum Vorrange des Bistums aufsteigt, soll sich nach gemeinsamer Übereinkunft von ihrem Manne trennen und nach seiner darauf erfolgten Weihe zum Bistum in ein Kloster eintreten, das fern vom Sitze des Bischofs liegt, und die Fürsorge des Bischofs geniessen. Und wenn sie würdig dazu erscheint, soll sie auch zur Würde der Diakonin befördert werden.

---

[1]) amplius nihil sit, sed semper lector habeatur aut forte subdiaconus. || [2]) in quo ordinatus fuerat. || [3]) Thürhüter. || [4]) Evangelium et apostolus: Bezeichnung des N. T. Die Degradierten sollen nicht die Bibel öffentlich vorlesen, sondern nur andere Lektorendienste thun, insbesondere die heil. Schriften aufbewahren. || [5]) inter laicos . . . communicet. || [6]) S. o. S. 78, A. 1. || [7]) ἐν τάξει κανόνος παραδεδόσθαι. || [8]) τῆς ἀποστολικῆς ἀκριβείας καὶ τάξεως. || [9]) ἐῤῥῶσθαι. || [10]) Es ist wohl an 1. Mos. 2, 22 gedacht (oder an die Gegenwart Christi bei der Hochzeit zu Kana?). || [11]) Mt. 19, 6.

δ) Zusammenleben von Geistlichen.
Augustin, 355. Predigt[1]).

— — Ihr wisst alle oder fast alle, dass wir in dem Hause, welches das des Bischofs[2]) heisst, so leben, dass wir, soviel uns möglich ist, die Heiligen nachahmen, von denen das Buch der Apostelgeschichte redet: „Niemand sagte, dass etwas sein Eigentum sei, sondern es war ihnen alles gemein.“ (Apg. 4,32.) — — c. 1.

Ich kam in diese Stadt, um einen Freund zu sehen, den ich für Gott gewinnen zu können hoffte, dass er mit uns in einem Kloster lebte; als ob ich sicher wäre[3]), weil der Ort einen Bischof hatte. [Aber] ich wurde festgehalten und zum Presbyter gemacht und über diese Stufe gelangte ich zum Episkopat. Ich brachte nichts mit, ich kam zu dieser Kirche nur mit den Kleidern, die ich damals anhatte. Und weil ich dies vorhatte, mit den Brüdern in einem Kloster zu leben, so schenkte mir der greise Valerius seligen Andenkens, der meinen Plan und Willen kennen gelernt hatte, jenen Garten, in dem jetzt das Kloster sich befindet. Ich begann, Brüder von guten Grundsätzen[4]) zu sammeln, meinesgleichen, die nichts hatten, sowie ich nichts hatte, und mir nachfolgten; sodass, wie ich mein Bißchen Armut[5]) verkaufte und es den Armen gab, so auch jene es thaten, die mit mir hatten leben wollen, damit wir von gemeinsamem Gut lebten; unser gemeinsames grosses und überreiches Gut[6]) aber sollte Gott selbst sein. Ich kam auf den Bischofsstuhl; ich sah, dass der Bischof es nötig habe, unablässige Mildthätigkeit[7]) an allen Kommenden oder Durchreisenden zu üben, dass der Bischof, wenn er das nicht thäte, hart[8]) genannt würde. Wenn aber diese Sitte in einem Kloster ausser Acht gelassen würde[9]), so wäre das ungeziemend. Und deshalb wollte ich in diesem Bischofshause bei mir ein Kloster von Geistlichen haben[10]).

Siehe, wie wir leben. Keiner darf in unserer Genossenschaft etwas für sich besitzen; aber vielleicht besitzen manche c. 2.

[1]) De vita et moribus clericorum suorum. Migne, XXXIX, 1569f. || [2]) Im Texte steht als alte Lesart das pleonastische episcopii = des Bischofshauses, in der Note: episcopi. || [3]) Nämlich davor, zum Bischof erwählt zu werden. || [4]) boni propositi. || [5]) tenuem paupertatulam meam. || [6]) praedium. — Hier sind wohl die Einkünfte der Kirche gemeint. || [7]) humanitatem. || [8]) inhumanus. || [9]) omissa. (Vgl. die Note. Die Lesart im Text: permissa gibt keinen Sinn.) || [10]) monasterium clericorum. „Deshalb“: wohl, um doppelt zur Mildthätigkeit und Gastfreundschaft verpflichtet zu sein.

etwas. Keinem ist es erlaubt; wer etwas besitzt, thut etwas Unerlaubtes. Aber ich denke gut von meinen Brüdern und habe immer aus guter Meinung eine Untersuchung in Bezug hierauf [anzustellen] unterlassen, weil mir auch eine derartige Untersuchung soviel wie eine ungünstige Meinung schien. Denn ich wusste und weiss, dass alle, die mit mir leben, unsern Grundsatz, das Gesetz unseres Lebens, kennen.

5. Busswesen.

a) Das Amt des Busspriesters.

Sokr. K.-G. V, 19, 2—4.

2. — — Seit sich die Novatianer von der Kirche getrennt hatten,
weil sie mit denen, die in der Decianischen Verfolgung Anstoss
gegeben hatten, keine Gemeinschaft haben wollten, hatten die
Bischöfe dem geistlichen Stande[1]) den Busspriester[2]) hinzugefügt,
damit die, welche nach der Taufe Anstoss gegeben hatten, vor
3. dem eben genannten Priester ihre Sünden bekennten. Diese Regel
gilt in den anderen Sekten bis jetzt. Nur die Bekenner des
„Homousios“[3]) und die mit ihnen im Glauben übereinstimmenden
4. Novatianer haben den Busspriester verworfen.[4]) Die Novatianer
haben von vorn herein diesen Zuwachs nicht angenommen; die
jetzt in der Kirche herrschende Partei hat ihn zwar lange Zeit
beibehalten, unter dem Bischof Nektarius aber abgeschafft[5]).

b) Vorschriften über die Busse.

α) Öffentliche Busse.

a) 11. Kanon von Nicäa (325).

Betreffs derer, die ohne Not abgefallen sind oder ohne [durch] Vermögenskonfiskation oder Gefahr und dergl. [dazu gedrängt worden zu sein], was unter der Tyrannei des Licinius geschehen ist, beschloss die Synode, auch wenn sie der Milde[6]) unwürdig wären, dennoch Güte gegen sie walten zu lassen. Soviele also echte Reue empfinden, die[se] Gläubigen sollen 3 Jahre unter den Zuhörern zubringen, 7 Jahre knien und 2 Jahre unter Ausschluss vom Abendmahl mit dem Volke an den Gebeten teilnehmen[7]).

---

[1]) Eigentlich: dem kirchlichen [Beamten-]Verzeichnis (τῷ ἐκκλησιαστικῷ κανόνι). || [2]) τὸν πρεσβύτερον τὸν ἐπὶ τῆς μετανοίας. || [3]) Vgl. oben S. 13, A. 1. || [4]) παρῃτήσαντο. || [5]) Nektarius war um 390 Bischof in Konstantinopel. (Vgl. V, 8, 12; V, 18, Ende und 19, Anfang.) — Der Grund der Abschaffung lag in unsittlichen Handlungen eines Diakonen. || [6]) φιλανθρωπίας. || [7]) κοινωνήσουσι τῷ λαῷ τῶν προσευχῶν. Zu diesen Bestimmungen vgl. Heft I, 13.

b) 31. und 32. Kanon des 3. Konzils von Karthago (397).

Den Büssenden sollen entsprechend der Verschiedenheit ihrer Sünden nach dem Urteil des Bischofs die Bussfristen bestimmt werden. 31.

Ein Presbyter soll ohne Befragung des Bischofs keinen Büssenden wieder aufnehmen[1]), es sei denn in dringenden Notfällen bei Abwesenheit des Bischofs. Ist aber das Vergehen eines Büssenden, weil es die ganze Kirche in Aufregung gebracht hat, öffentlich und weithin bekannt, so soll ihm vor dem Chore [der Kirche][2]) die Hand aufgelegt werden. 32.

c) 3. Kanon von Valence (374).

Betreffs der Personen derer aber, die sich nach der Einen und heiligen Taufe[3]) entweder mit den unheiligen Opfern der Dämonen[4]) oder mit gottloser Waschung befleckt haben, hielten wir für nötig, die Form der Strenge beizubehalten, dass diesen nach [den Beschlüssen] der Synode von Nicäa zwar der Zugang zur Genugthuung nicht verweigert würde, damit nicht den Thränen der Unglücklichen[5]) auch die Pforte des Trostes durch Verzweiflung verschlossen werde; sie sollen aber Busse thun bis zum Tage ihres Todes, doch nicht ohne Hoffnung auf Vergebung, die sie von dem vollauf erhoffen sollen, der ihre Fülle[6]) einerseits allein besitzt, andererseits [aber auch] so reich an Erbarmen ist, dass niemand verzweifeln soll; denn Gott hat den Tod nicht gemacht und hat nicht Lust am Verderben der Lebendigen[7]).

β) Private Busse[8]).

a) Bussmittel und deren Ersatz durch andere, auch durch Geld.

ℵ) Aus dem Bussbuch des Vinnianus (um 500)[9]), §§ 6— 12. 17. 35.

Wenn einer sich zu einem Ärgernis erhoben und in seinem Herzen beschlossen hat, seinen Nächsten zu verwunden 6.

[1]) reconciliet. || [2]) ante absidam. || [3]) lavacrum. || [4]) Heidengötter. || [5]) eigentlich: „den unglücklichen Thränen." Der ganze Satz ist etwas schwülstig und unklar. || [6]) largitatem. || [7]) Weish. Sal. 1, 13. || [8]) „Seit ca. 700 . . ist . . der allmählich durch die Praxis aufgekommene Grundsatz anerkannt, dass peccata occulta nur occulta poenitentia erforderten . ., und die so entstandene Privatbusse unterschied sich von der altkirchlichen poenitentia, für welche die [wenn auch eingeschränkte] Öffentlichkeit des poenitere charakteristisch ist, wesentlich auch dadurch, dass sie nicht mehr auf die Sünden sich beschränkte, welche in der alten Kirche als Todsünden galten." Loofs, DG, 259. Vgl. o. S. 96, A. 1. || [9]) „Als Hilfsmittel für die Presbyter bei Auferlegung der

oder zu töten, so soll er, wenn er ein Geistlicher ist, ein halbes Jahr büssen bei zugemessenem Brot und Wasser[1]) und ein ganzes Jahr sich des Weines und Fleisches enthalten, und so wird er zum Altar wieder zugelassen.

7. Wenn er aber ein Laie ist, soll er eine Woche büssen, weil er ein Mensch dieser Welt ist und seine Schuld in dieser Welt leichter, sein Lohn in der zukünftigen geringer.

8. Wenn er aber ein Geistlicher ist und seinen Bruder oder Nächsten verwundet[2]) oder sein Blut vergossen hat — das ist eins[3]) —, um ihn zu töten, so büsse er, aber nicht mit derselben Busse, [sondern] ein ganzes Jahr bei zugemessenem Brot und Wasser und ohne Verwaltung des geistlichen Amtes, und er soll mit Weinen und Thränen für sich beten, dass er Barmherzigkeit von Gott erlange; denn die Schrift sagt: Wer seinen Bruder hasset, der ist ein Totschläger[4]); wie viel mehr, wer ihn verwundet!

9. Wenn er aber ein Laie ist, soll er 40 Tage büssen und eine Geldsumme dem geben, den[5]) er verwundet hat, deren Grösse ein Priester als Schiedsrichter festgesetzt hat oder sonst ein gerechter Mann[6]). Ein Geistlicher aber soll jenem kein Geld[7]) geben, noch jener [ihm].

Busswerke sind . . die Buss- oder Beichtbücher (libri poenitentiales) entstanden, Aufzeichnungen privaten Ursprungs, die für die einzelnen Sünden bestimmte Strafen festsetzen und dadurch eine einheitliche Regelung des Busswesens herbeizuführen suchen". (Müller, K-G. I, 314). — Das älteste unter ihnen ist das poenitentiale Vinniani, das aus der irischen Mönchskirche stammt (Loofs, a. a. O. 260), abgedruckt bei Wasserschleben, Die Bussordnungen der abendländischen Kirche, S. 108 ff.

[1]) cum pane et aqua per mensuram. Das „Büssen" (poenitere) ist also gleichbedeutend mit „fasten" (ieiunare). Vgl. Wasserschleben, a. a. O. S. 29. || [2]) percusserit. Aus den folgenden Bestimmungen ergibt sich, dass es sich um Verwundung, nicht um Tötung handelt. || [3]) unum est. || [4]) 1. Joh. 3, 15. || [5]) quem; andere Lesarten: qui und cui. || [6]) quantum arbitratus fuerit sacerdos aut justus quisquam. || [7]) Wergeld; wer=vir. — § 23 wird für einen Geistlichen, der einen Mord begangen hat, eine 10jährige Zeit der Verbannung und Busse festgesetzt. Nachdem er von dem zuständigen Abt oder Priester ein gutes Zeugnis erhalten hat, soll er wieder in seine Heimat aufgenommen werden, den Freunden des Getöteten Genugthuung leisten (satisfaciat amicis eius quem occiderat) und dessen Vater oder Mutter, wenn sie noch leben, an Pietät und Gehorsam den Sohn ersetzen (vicem pietatis et obedientiae reddat patri aut matri eius, si adhuc in corpore sunt, et dicat: Ecce pro filio vestro quaecunque dixeritis mihi faciam). „Ohne Genugthuung aber soll er in

Wenn aber einer in die Sünde der Hurerei verfallen und ein Geistlicher ist, so soll er seine Krone verloren haben[1]), und wenn dies einmal geschieht und vor den Menschen verborgen ist, vor Gott aber bekannt, soll er 1 ganzes Jahr büssen bei zugemessenem Brot und Wasser und 2 Jahre sich des Weines und Fleisches enthalten, aber das geistliche Amt nicht verlieren. — — 10.

Wenn er aber lange Zeit gewohnheitsmässig gesündigt hat und [wenn] es [auch] nicht zur Kenntnis der Menschen gekommen ist, soll er 3 Jahre bei Brot und Wasser büssen und das geistliche Amt verlieren und in weiteren 3 Jahren sich des Weines und Fleisches enthalten, weil es nichts Geringeres ist, vor Gott zu sündigen, als vor den Menschen. 11.

Wenn aber ein Geistlicher in die grösste Sünde verfallen ist, einen Sohn erzeugt und diesen getötet hat, so ist Hurerei und Mord eine grosse Sünde, aber sie kann durch Busse und Barmherzigkeit gesühnt werden. 3 Jahre soll er büssen bei zugemessenem Brot und Wasser, mit Weinen, Thränen und Gebeten bei Tag und Nacht, und die Barmherzigkeit des Herrn anrufen, ob er etwa Vergebung der Sünden erhalte[2]), 3 Jahre sich des Weines und Fleisches enthalten, ohne den Dienst des geistlichen Amtes und in den 3 letzten Jahren je 40 Tage bei Wasser und Brot fasten und aus seiner Heimat verbannt sein[3]), bis die Zahl von 7 Jahren erfüllt ist und er so auf das Urteil des Bischofs oder Priesters hin in sein Amt wieder eingesetzt wird[4]). 12.

Wenn aber einer seinen Sohn nicht getötet hat, so ist die Sünde geringer, aber die Busse dieselbe. 13.

Wenn ihn aber anhaltend gelüstet und er [sein Gelüst] nicht [ausführen] gekonnt hat, weil ihn das Weib nicht empfing oder er sich schämte, es zu sagen, so hat er schon mit ihr die Ehe gebrochen in seinem Herzen[5]). Im Herzen aber und nicht am Körper ist Eine Sünde, aber die Busse ist nicht die- 17.

Ewigkeit nicht wieder aufgenommen werden." Worin diese Genugthuung bestehen soll, ist unklar, da in § 9 die Zahlung von Wergeld den Geistlichen verboten ist.

[1]) Vielleicht: den besonderen Lohn, welcher der Jungfräulichkeit in Aussicht steht. ‖ [2]) habeat. ‖ [3]) extoris existat in patria sua. ‖ [4]) § 21 wird das Wort: „Ein Gerechter fällt siebenmal und steht wieder auf" (Spr. 24, 16) ausgelegt: „Nach 7 Jahren der Busse kann der Gefallene ein Gerechter heissen"! ‖ [5]) Matth. 5, 28.

selbe[1]); die Busse dafür ist diese: er büsse 40 Tage bei Brot und Wasser!

35. Wenn ein Laie sich von seinen bösen Thaten zum Herrn bekehrt hat und vorher alles Böse gethan hat, d. h. Unzucht getrieben und Blut vergossen, so soll er 3 Jahre büssen und wehrlos sein, nur einen Stab[2]) in der Hand [tragen] und nicht mit seiner Frau leben[3]), aber im ersten Jahre büsse er bei zugemessenem Brot und Wasser und lebe nicht mit seiner Frau. Nach dreijähriger Busse soll er Geld zur Loskaufung seiner Seele geben und eine Frucht der Busse in die Hand[4]) des Priesters und den Dienern Gottes ein Mahl veranstalten, und bei diesem Mahl soll er wieder zu vollen Ehren kommen[5]) und zur Kommunion wieder angenommen werden, wieder zu seiner Frau gehen nach voller und vollendeter Busse und, wenn er will, das Abendmahl empfangen[6]).

ב) Aus dem Bussbuche des Pseudo-Beda (um 800)[7]).
Prolog und Cap. 41.

Prolog. Über die Heilmittel für die Sünden habe ich im Folgenden ganz weniges aus den Werken früherer [Kirchenschriftsteller][8]) ausgezogen. Bei alledem trete ich jedoch nicht mit dem Ansehen eines Sittenrichters auf, sondern erteile vielmehr den Rat eines Mitleidigen, indem ich jeden gelehrten Priester Christi einsichtsvoll[9]) ermahne, dass er bei allem, was er hier getadelt[10]) findet, Geschlecht, Alter, Lage, Stand, Persönlichkeit, gerade auch das Herz des Büssenden sorgsam unterscheide; und hiernach entscheide er über alles einzelne, wie es ihm gut scheint. Denn die einen [sollen büssen], indem sie sich der Speisen enthalten,

---

[1]) Sed in corde et non in corpore unum est peccatum, sed non eadem penitentia est. ‖ [2]) virgam. ‖ [3]) non maneat cum uxore sua. ‖ [4]) in manu. ‖ [5]) consumabitur. ‖ [6]) et si ita libuerit, iungatur altario. Das ist allerdings ziemlich dasselbe wie recipiatur ad communionem; denn communio kann hier doch wohl nur in dem engeren Sinne der Abendmahlsgemeinschaft verstanden werden. Der Unterschied zwischen beiden Sätzen ist vielleicht der, dass rec. ad comm. die Wiederverleihung des Rechtes zur Teilnahme am Abendmahl überhaupt, iung. altario aber den sofort begehrten Abendmahlsgenuss bezeichnet. ‖ [7]) Poenitentiale Pseudo-Bedae bei Wasserschleben a. a. O. S. 248ff. Beda der Ehrwürdige, dem das Buch zugeschrieben wurde, † 735 als Diakonus im Kloster St. Paul zu Jarrow und Lehrer an der Klosterschule. ‖ [8]) ex priorum monumentis. ‖ [9]) sollerter. ‖ [10]) adnotata.

andere, indem sie Almosen geben, manche, indem sie öfters[1]) die Knie beugen oder in Kreuzform stehen[2]) oder etwas dergleichen [thun], was zur Reinigung von den Sünden dient. — —

Ordnung für die Auferlegung der Busse[3]).

Der Priester fragt: Glaubst du an Gott den Vater und den Sohn und den Heiligen Geist? Antwort: Ja[4]).

Frage: Glaubst du, dass diese 3 Personen, wie gesagt: Vater, Sohn und Heiliger Geist, 3 Personen und 1 Gott sind? Antwort: Ja.

Frage: Glaubst du, dass du in diesem Fleisch, in dem du jetzt bist, in demselben am Tage des Gerichts auferstehen und Vergeltung für das Gute oder Böse empfangen sollst, das du gethan hast[5])? Antwort: Ja.

Frage: Willst du denen die Sünden erlassen, die gegen dich gesündigt haben, nach dem Worte des Herrn: Wenn ihr den Menschen ihre Sünden nicht vergebt, so wird auch euer himmlischer Vater euch eure Sünden nicht vergeben[6])? Antwort: Ja[7]).

— — Zuletzt soll der Beichtende sprechen: Zahlreich sind meine Sünden in Worten, in Thaten, in Gedanken.

Noch fragt der Priester: Du hast den Glauben bekannt[8]) und die Sünden bekannt vor Gott und dem Priester, damit dir deine Sünden vergeben werden. Glaubst du dies? Antwort: Ja!

Frage: Hast du den Willen, das gut zu machen[9]), was du gegen die Gebote Gottes gethan hast? Antwort: Ja!

Frage: Willst du auf Grund dessen, was du gebeichtet hast, einen Richterspruch empfangen und ihn wohl beachten, allen Erfindungen des Teufels absagen und an die heilige Dreieinigkeit glauben[10])? Antwort: Ja.

---

[1]) nonnullis genua flectendo, saepius sive in cruce stando: ich streiche das Komma und beziehe saepius auf die beiden vorher und nachher genannten Bussübungen. || [2]) Also mit wagerecht ausgestreckten Armen. || [3]) A. a. O. S. 252. || [4]) Credo. || [5]) in ipsa habes resurgere . . . et recipere sive bonum sive malum quod gessisti? || [6]) Mt. 6, 14. || [7]) Volo. — Nach verschiedenen Gebeten, Psalmverlesungen und 35 einzelnen Beichtfragen, die für den niedrigen Stand der Sittlichkeit in der Entstehungszeit des Buchs charakteristisch und bei denen gleich die für die betr. Sünden aufzuerlegenden Bussen angegeben sind, folgt in der Bussordnung, was oben übersetzt ist. || [8]) Habes fidem confessam. || [9]) ut hoc emendes. || [10]) Unde confessus fuisti, vis iudicium recipere et illud bene custodire et omnibus adiuventionibus diaboli abrenuntiare et sanctam trinitatem credere?

[Darauf] sollst du ihm sagen: Der Herr sei dir Helfer und Beschützer und gewähre dir Verzeihung für deine Sünden, die vergangenen, die gegenwärtigen und die zukünftigen! Dann lege ihm seine Busse auf und richte ihn nach dem Masse seiner Vergehen. Nach auferlegter Busse aber sprich den Psalm: „Gott, in deinem Namen“ [1]) und sprich diese Gebete [2]) über ihn:

„Gott, dessen Gnade [3]) alle bedürfen, erbarme dich deines Dieners N., und dem, welcher, besiegt durch die gefährliche Schwachheit des irdischen [4]) Leibes, gesündigt hat, wir bitten, schenke ihm, da er beichtet, Verzeihung, verschone den Bittenden, damit wir, die wir durch unsere Verschuldungen angeklagt werden, durch deine Erbarmung gerettet werden.“ — —

Vom Preise der Loskaufung [5]).

c. 41. Wenn einer etwa nicht fasten kann und die Mittel hat, um sich loszukaufen, so soll er, wenn er reich ist, für 7 Wochen 20 Solidi geben. Wenn er jedoch die Mittel dazu nicht hat, gebe er 10 Solidi, wenn er aber sehr arm ist, gebe er 3 Solidi [6]). — Aber es achte ein jeder darauf, für wen er es geben soll, ob es zur Loskaufung Gefangener oder auf den heiligen Altar oder für arme Christen verwendet werden soll.

b) Widerspruch gegen die Veräusserlichung der Busse.

ℵ) 26. und 27. Kanon des Konzils von Clyff (747) [7]).

— — Nicht dazu sind sie [die Almosen] ohne Zweifel zu geben, damit jemand irgend welche, auch nur die kleinsten, Sünden umso ungestrafter begehen dürfe, als er selbst oder irgend ein anderer für ihn Almosen gibt, sondern in der oben angegebenen Weise; denn Almosen ist ein Name und Werk der Barmherzigkeit. — —

---

[1]) Ps. 54. (In der Vulgata 53.) ‖ [2]) Es folgen mehrere zur Auswahl. Diese Gebete sind einfach, schön und innig, auch für die Gegenwart noch brauchbar. S. a. a. O. S. 256. ‖ [3]) indulgentia. ‖ [4]) terrenique. Das que gibt keinen Sinn. ‖ [5]) redemtionis. Man könnte getrost übersetzen: des Ablasses. ‖ [6]) Solidus früher = $^{1}/_{50}$ ℔ Gold = ugf. 12,7 Mk., hier vielleicht schon = Schilling. Der Wert eines Schillings betrug in Frankreich nach der Münzreform Karls d. Gr. $3^{1}/_{3}$ Silbermark, in England das Drittel. Verwickelte, schwer vereinbare Tarifbestimmungen in Bezug auf Geldzahlungen, Psalmengesang und Kniebeugungen enthält Kap. 42. ‖ [7]) Concilium Cloveshoviae. Mansi, a. a. O. XII, 403ff.

— — Endlich werde das Almosen nicht (wie die neue Erfindung, nämlich nach dem Belieben ihres eigenen Willens, jetzt eine für sehr viele gefährliche Sitte ist), dargereicht zur Verminderung oder zur Abänderung der in Fasten und anderen Werken der Sühne bestehenden Genugthuung, die [einem] vom Priester Gottes nach kanonischem Rechte für seine Vergehen auferlegt ist, sondern vielmehr zur Beförderung seiner Besserung, damit desto schneller der Zorn der göttlichen Entrüstung besänftigt werde, den er durch seine eigenen Verschuldungen sich zugezogen hat; und er wisse, dass er, je bekannter seine Vergehen sind[1]), desto mehr sich erlaubter Dinge enthalten, und je grösser das Böse ist, das er gethan hat, desto grössere Früchte guter Werke Gott darbieten und nicht die einen guten [Werke] durch irgendwelche andere verlieren oder vermindern soll. — — 26.

— — — Hierüber muss deshalb ausführlicher verhandelt werden, weil neulich ein Reicher im Sinne dieser Welt, der bat, es möchte ihm für eine grosse Unthat, die er begangen hatte, rascher Versöhnung gewährt werden, in seinem Briefe versicherte[2]), jenes Verbrechen sei nach den Verheissungen vieler dermassen gesühnt, dass, wenn er nachher noch 300 Jahre leben könnte, für ihn ein Fasten nach Art der Genugthuungen[3]), nämlich durch Psalmengesang, Fasten und Almosen anderer, vollkommen geleistet sei[4]), ohne[5]) sein eigenes Fasten, und obgleich er selbst . . . wenig[6]) fastete. Wenn also die göttliche Gerechtigkeit so durch andere versöhnt werden kann, warum heisst es dann, dass die Reichen (o über die Thörichten, die solche Verheissungen machen!), die für ihre eigenen Schandthaten mit ihren Schätzen unzählige Fasten anderer kaufen können, schwerer (nach dem Worte der Wahrheit) ins Himmelreich kommen, als ein Kameel durch ein Nadelöhr geht[7])? O möchtet ihr doch allein zu Grunde gehen[8]), ihr, die ihr zur Sünde verleitet und mit Recht Pforten der Hölle 27.

[1]) quanto magis inclyta perpetravit. ‖ [2]) anakoluthischer Satz. Man erwartet statt affirmans ein Verbum finitum. ‖ [3]) ieiuneium satisfactionum modis. ‖ [4]) Statt esset lese ich esse (abhängig von affirmans). ‖ [5]) excepto. ‖ [6]) utcumque vel parum. Utcumque am Rand, utrumque im Text. ‖ [7]) Mt. 19, 24. ‖ [8]) Im Text steht die sinnlose Lesart: Utinam vos soli pietatis per suas sortes peccatorum et nomine portarum inferni merito vocati. Am Rande steht die Conjektur: Utinam vos soli pereatis persuasione

genannt werdet, bevor mehrere durch eure sündige Schmeichelei [1]) verstrickt oder verführt werden zum Verderben des ewigen Zornes Gottes [2])! — —

ב) 38. und 45. Kanon von Châlons sur Marne (813) [3]).

Das Mass der Busse muss aber denen, die ihre Sünden bekennen, entweder durch die Anweisung der alten Kanones oder durch das Ansehen der heil. Schriften oder durch die kirchliche Sitte auferlegt werden, wie oben gesagt ist, unter Zurückweisung und völliger Beseitigung der sog. *Bussbücher*, deren Irrtümer gewiss, deren Verfasser aber ungewiss sind [4]), von denen mit Recht gesagt werden kann: „Sie töteten die Seelen, die nicht sterben, und machten die Seelen lebendig, die nicht lebten" [5]). — —

Denn auch von manchen, die nach Rom oder Tours oder nach andern Orten unter dem Vorwande des Gebetes leichthin *wallfahrten* [6]), wird ein grosser Irrtum begangen [7]). Es gibt Presbyter, Diakonen und andere Kleriker, die ein leichtsinniges Leben führen und glauben, dadurch von ihren Sünden gereinigt zu werden und ihres Amtes [weiter] walten zu sollen [8]), wenn sie die genannten Orte besuchen. Es gibt ebenso Laien, die meinen, ungestraft zu sündigen oder gesündigt zu haben, weil sie diese Orte aufsuchen, um [dort] zu beten. Es gibt manche Mächtige, die, um unter dem Vorwande einer Reise nach Rom oder Tours sich eine Steuer zu verschaffen, sich viel verschaffen [und] viele Arme bedrücken und sich den Anschein geben, das, was sie aus blosser Gier thun, um der Gebete oder des Besuchs heiliger Orte willen zu thun. Es gibt Arme, die das sogar deshalb thun, um mehr Stoff zum Lügen zu haben. Zu diesen gehören die, welche überall herumlungern und vorlügen, sie begäben sich dorthin, oder welche [9]) so wahnwitzig sind, dass sie glauben, sie würden durch den blossen Besuch der heiligen Orte von den Sünden gereinigt, ohne zu beachten, was der selige Hieronymus sagt: *Nicht dass man Jerusalem gesehen, sondern dass man in Jerusalem*

peccatorum. Vielleicht wäre noch richtiger *persuasores* anzunehmen. Diese Annahme liegt meiner Übersetzung zu Grunde.

[1]) errabunda adulatione. ‖ [2]) Natürlich = das der Zorn Gottes über sie verhängt. ‖ [3]) Concilium Cabilonense. Mansi XIV, 101 ff. ‖ [4]) *libellis, quos poenitentiales vocant, quorum sunt certi errores, incerti auctores.* ‖ [5]) Ez. 13, 19. ‖ [6]) inconsulte peragrant. ‖ [7]) plurimum erratur. ‖ [8]) ministerio suo fungi debere, si . . . ‖ [9]) Ich lese vel qui statt vel quia.

ein gutes Leben geführt hat, ist zu loben[1]). In Betreff alles dessen möge die Meinungsäusserung des Herrn Kaisers abgewartet werden, wie es zu bessern ist. Die aber, welche ihre Sünden den Priestern, zu deren Parochien sie gehören, gebeichtet und von ihnen den Rat, [eine bestimmte] Busse zu thun, angenommen haben, deren Frömmigkeit ist, wenn sie unter eifrigem Gebete, reichlichem Almosengeben, Verbesserung ihres Lebens und Veredelung ihrer Sitten die Schwellen der Apostel oder irgendwelcher heiliger Männer zu betreten wünschen, durchaus zu loben.

6. Einrichtungen der Fürsorge und des Schutzes.

a) Anstalten kirchlicher Liebesthätigkeit.

α) Lobrede Gregors von Nazianz auf Basilius den Grossen, c. 63[2])

Etwas Schönes ist die Mildthätigkeit, die Versorgung der Armen[3]) und die Hilfe, die der menschlichen Krankheit geleistet wird. Gehe ein kleines Stück vor die Stadt[4]) hinaus und siehe die neue Stadt, die Vorratskammer der Frömmigkeit, das gemeinsame Schatzhaus der Besitzenden, wo der Überfluss des Reichtums, ja auch schon das, was man selbst nötig hätte[5]), auf seine[6]) Ermahnungen niedergelegt wird, sodass es die Motten abschüttelt und die Diebe nicht erfreut, dem Kampfe, den der Neid führt, und dem Zahne der Zeit entgeht[7]); wo Krankheit mit philosophischem Gleichmut ertragen[8]), Unglück selig gepriesen und das Mitleid erprobt wird. Was bedeuten mir im Vergleich mit diesem Werke das siebenthorige Theben[9]) und das ägyptische, die babylonischen Mauern, das karische[10]) Grabmal des Mausolus, die Pyramiden, die unermessliche Erzstatue des Kolosses[11]) oder die Grösse und Schönheit der nicht mehr vorhandenen Tempel und anderes, was die Menschen bewundern und der Geschichte überliefern, wovon nichts denen, die es aufrichteten, etwas genützt hat, von einem Bißchen Ruhm

---

[1]) Non Hierosolyma(m) vidisse, sed Hierosolymis bene vixisse laudandum est. [2]) Migne, p. gr. XXXVI. 578ff. Gregor aus Nazianz in Kappadozien, einer der „drei grossen Kappadozier" (neben Gregor von Nyssa u. Basilius d.Gr.), † um 390. ‖ [3]) πτωχοτροφία. ‖ [4]) Caesarea in Kappadozien. ‖ [5]) τὰ ἀναγκαῖα. ‖ [6]) Des Bischofs Basilius. ‖ [7]) φθόνου πάλην καὶ καιροῦ φθορὰν διαφεύγοντα. ‖ [8]) φιλοσοφεῖται. ‖ [9]) in Griechenland. ‖ [10]) in Karien in Kleinasien. (Das Mausoleum). ‖ [11]) der 70 Ellen hohe, zu Ehren des Sonnengottes errichtete eherne Koloss auf Rhodus.

abgesehen? Mir ist das Bewundernswerteste der verkürzte Weg des Heils, der leichteste Aufstieg zum Himmel.

Nicht mehr tritt vor unsere Augen das furchtbare und bejammernswerte Bild: Menschen, die vor dem Tode tot sind, an den meisten Gliedern ihres Leibes abgestorben, und die nun aus Städten, Häusern, von Märkten und Gewässern, von denen, die ihnen gerade am teuersten sind[1]), vertrieben werden, mehr am Namen, als an der Gestalt erkennbar[2]); nicht mehr treten sie in Versammlungen und Zusammenkünften auf, paarweise und mit gemeinsamer Wehklage, und werden doch wegen ihrer Krankheit nicht (mehr) bemitleidet, sondern gehasst: Künstler in kläglichen Gesängen, falls sie noch die Stimme behalten haben. Wie sollte ich all' unser Leid aussagen, da doch das Wort für den Jammer nicht ausreicht? Aber jener[3]) vor allen hat uns überredet, als Menschen [andre] Menschen nicht zu verachten, noch durch unsere Unmenschlichkeit gegen jene Christus, das eine Haupt aller, zu beschimpfen, sondern im fremden Unglück für unser eigenes Wohl gut zu sorgen und Gott unsere Barmherzigkeit zu leihen, wie wir selbst Barmherzigkeit bedürfen. Deshalb verschmähte er, der vornehme und von vornehmen Eltern stammende, vom höchsten Ruhme bestrahlte Mann, es nicht, mit seinen Lippen die Krankheit zu ehren, sondern er küsste sie als Brüder, nicht, wie einer meinen könnte, aus eitlem Ehrgeiz — denn wer war so entfernt von dieser Leidenschaft [wie er]? —, sondern weil er in seiner eigenen Lehre diese Forderung stellte, und sowohl mit seinem Wort, als auch, wenn er schwieg, anderen zur Ermahnung diente[4]). Und nicht verhielt sich [bloss] die Stadt so, das Land aber und die entfernteren Gegenden anders, sondern einen gemeinsamen Wettstreit machte er den Vorstehern der Gemeinden[5]) zur Aufgabe, den der Mildthätigkeit und Grossherzigkeit gegen sie. Andere wandten ihr Interesse den Köchen, den reichbesetzten Tafeln, den Kunststücken und Finessen der Köche, den eleganten Wagen und möglichst weichen und wallenden Gewändern zu; Basilius aber den Kranken, den Heilmitteln der Wunden, der Nachfolge Christi, der nicht [bloss] mit dem Wort, sondern mit der That vom Aussatz reinigt.

[1]) Nicht: durch diese, sondern: von ihnen hinweg. || [2]) Weil sie völlig abgezehrt und entstellt sind. || [3]) Basilius. [4]) Καί φθεγγομένη καὶ σιωπῶσα παραίνεσις. || [5]) Im Texte: τοῖς τῷ λαῷ προεστῶσι. In der Note wird die Lesart verschiedener Codices: τῶν λαῶν erwähnt, die zu dem folgenden εἰς αὐτούς besser passt.

β) Edikte Justinians I.

a) Von 528[1]).

— — Wenn jemand Schenkungen bis zu 500 Solidi[2]) in irgendwelcher Angelegenheit gemacht hat, entweder an die heilige Kirche oder an eine Herberge oder ein Krankenhaus oder Waisenhaus oder Armenhaus[3]) oder an die Armen selbst oder an eine Stadt, so sollen diese Schenkungen auch ohne Anfertigung von Akten gelten; wenn aber die Schenkung von höherem Betrag ist, abgesehen natürlich von einer kaiserlichen Schenkung, soll sie nur gelten, wenn sie in die Akten aufgenommen ist. — — —

b) Von 529[4]).

Wir bestimmen, dass Mittel, welche den heiligen Kirchen oder den Herbergen[5]) oder Klöstern oder Armenhäusern oder Kinderpflegestätten[6]) oder Waisenhäusern oder Altersheimen[7]) oder einer anderen derartigen Genossenschaft aus irgend einer . . . Schenkung . . . zufliessen, von den Einschreibegebühren für Geldzuwendungen frei sein sollen[8]). — — —

b) Das Recht der kirchlichen Fürsprache.

α) Ambrosius, Von den Pflichten der Diener [Gottes] II, 21. 29[9]).

Auch das hilft zur Erhöhung der guten Meinung, wenn du 21.
einen Hilflosen den Händen eines Mächtigen entreissest, einen Verurteilten vom Tode befreist, soweit es ohne Störung der Ordnung[10]) geschehen kann, damit wir nicht mehr aus Ruhmsucht, als aus Barmherzigkeit es zu thun und [nicht] schwerere Wunden zu schlagen scheinen, während wir leichtere zu heilen wünschen.

In trefflicher Weise zeigt sich euer Dienst dadurch 29.
in vollem Glanze, wenn das [schon] in Angriff genommene gewaltsame Verfahren eines Mächtigen[11]), das eine Witwe

[1]) Cod. Just. (ed. Krüger), I, 2, 19. ‖ [2]) 1 Solidus damals = 12 M. 69 Pf. ‖ [3]) in xenodochium vel in nosocomium vel in orphanotrophium vel in ptochotrophium. ‖ [4]) A. a. O. I, 2, 22. ‖ [5]) xenones. ‖ [6]) brephotrophia. ‖ [7]) gerontocomia. ‖ [8]) Kaiser Leo I. hatte schon 472 verboten, dass diese Anstalten „und ihre Bischöfe (sacerdotes) oder Kleriker aller Grade oder Mönche oder Armenpfleger oder Herbergsväter (ptochos [oder ptochios] aut xenodochos), die als rechtgläubig gelten, mit ausserordentlichen Staatsleistungen beschwert werden“. Cod. Just. I, 32 (33), § 7. [9]) Angeführt bei Gieseler, KG.[4] I, 2, 169, A. 9. ‖ [10]) sine perturbatione. [11]) suscepta impressio potentis.

oder Waisen nicht ertragen können, mit Hilfe der Kirche gehemmt wird, wenn ihr zeigt, dass bei euch das Gebot des Herrn mehr gilt, als die Gunst des Reichen. — — —

β) Edikt des Arkadius und Honorius von 398.
Cod. Just. I, 4, 6.

Die mit der Todesstrafe belegten und gemäss der Unmenschlichkeit ihrer Verbrechen Verurteilten soll kein Geistlicher oder Mönch, auch kein sogenannter Synodit[1]), gewaltsam sich aneignen und so beschützen und verteidigen dürfen[2]). — Sondern der [unberufene] Anwalt[3]) wisse, dass er mit einer Geldstrafe von 30 ℔ Gold[4]), die höchsten Würdenträger[5]) mit dem Todesurteil zu bestrafen sind, wenn nicht jene Anmassung entweder auf der Stelle bestraft oder, falls die Frechheit der Geistlichen oder Mönche so gross ist, dass vielmehr ein Krieg, als ein Gerichtsverfahren zu erwarten ist, das Begangene an Unsere Gnaden berichtet werden soll, damit nach Unserm Urteil bald eine strengere Bestrafung eintrete. — —

c) Das kirchliche Asylrecht.

Codex Theodosianus IX, 45[6]).
Codex Justinianeus I, 12[7]).

α) Edikt des Theodosius I, Arkadius und Honorius von 392[8]).

Staatsschuldner wird man, wenn sie glauben, zu den Kirchen flüchten zu sollen, entweder sogleich aus ihrem Versteck herausreissen oder an ihrer Stelle die Bischöfe, die sie erwiesenermassen verbergen, in Anspruch nehmen müssen[9]). — —

β) Edikt des Arkadius und Honorius von 397[10]).

Juden, die, von irgend einer Schuld oder von Schulden gequält, vorgeben, sie wollten sich der christlichen Religion anschliessen, um zu den Kirchen flüchten und so den Anklagen oder

[1]) Eine bestimmte Art von Mönchen. Das Wort kommt aus dem Griechischen: συνοδῖται = die Zusammengehenden, Zusammenlebenden. ‖ [2]) per vim atque usurpationem vindicare liceat ac tenere. ‖ [3]) cognitor. ‖ [4]) S. o. S. 20, A. 3. [5]) primates officii: z. B. Metropoliten. [6]) Ed. Haenel, S. 964 ff. ‖ [7]) Ed. Krüger, S. 97 ff. ‖ [8]) Cod. Theod. IX, 45, 1. ‖ [9]) Sodass diese die Schuld bezahlen müssen. Diese Haftbarkeit wird aber im Edikt Kaiser Leos I. v. 466 aufgehoben: nec pro his venerabiles episcopos aut religiosos oeconomos exigi, quae debeantur ab eis. (Cod. Just. I, 12, 6.) ‖ [10]) Cod. Th. IX, 45. 2. Cod. Just. I, 12, 1.

der Last ihrer Schulden entgehen zu können, sollen ferngehalten und nicht eher aufgenommen werden, als bis sie alle Schulden bezahlt haben oder durch den Beweis ihrer Unschuld gereinigt sind.

γ) Edikt des Honorius und Theodosius II von 409[1]).

Durch dauernde und fromme Verordnung bestimmen wir, dass es niemand erlaubt ist, die, welche zu den heiligen Kirchen flüchten, wegzuführen[2]); und zwar mit der Erklärung, dass, wenn einer sich untersteht, dieses Gesetz zu übertreten, er wissen soll, dass er wegen Majestätsverbrechens zu belangen ist[3]).

δ) Edikt des Theodosius II und Valentinianus III von 431[4]).

Es sollen die Tempel des grossen Gottes denen, die in Furcht sind, offenstehn; denn nicht allein die heiligen Altäre und das Bethaus, das von der Umfassung viereckiger Mauern umgeben ist, soll zum Schutz der Zufluchtsuchenden bestimmt sein, sondern auch was über dieses hinausliegt, bis zu den äussersten Thüren der Kirche, soll nach unserer Anordnung ein Altar des Erbarmens für die Zufluchtsuchenden sein, sodass alles, was zwischen dem Tempel, der nach unserer Darstellung in der vorher erwähnten Weise ummauert ist, bis zu[5]) den ersten Kirchthüren hinter den jedermann zugänglichen Plätzen[6]) gelegen ist — mag es in Häusern oder Gärten oder Höfen oder Bädern oder Säulenhallen sein —, die eingetretenen Flüchtlinge ebenso wie der Tempel schützt, und niemand soll tempelschänderische Hand an diese legen, damit nicht, falls einer dies wagt, wenn er [dann] sich selbst in Gefahr sieht[7]), auch er Hilfe suchend [zur Kirche] seine Zuflucht nehmen müsse. Diesen weiten Raum haben wir aber deshalb gewährt, damit keiner der Zufluchtsuchenden im Tempel Gottes und an den heiligen Altären bleiben oder essen oder schlafen oder übernachten

---

[1]) Cod. Just. I, 12, 2. || [2]) Fideli ac devota praeceptione sancimus nemini licere ad sacrosanctas ecclesias confugientes abducere. || [3]) se ad maiestatis crimen esse retinendum. || [4]) Cod. Theod. IX, 45, 4. Cod. Just. I. 12, 3. Nach dem griechischen Text übersetzt, der an einigen Stellen einfacher und deutlicher ist, als der lateinische Paralleltext. || [5]) Eigentlich wäre „und“ (nachdem „zwischen“ vorhergegangen ist) zu erwarten. || [6]) Sie gehören mit zum Gesamtraum der Kirche. „Hinter“: von der Kirche selbst aus geschehen. [7]) Wenn er wegen dieses Vergehens festgenommen werden soll.

dürfe. Denn dies verbieten die Geistlichen um des Gottesdienstes willen, und die Flüchtlinge beobachten es aus heiliger Scheu. Wir verordnen aber, dass die, welche Zuflucht suchen, Waffen — sei es ein Schwert oder ein anderes Schutzmittel — innerhalb der Kirche keineswegs haben oder mit sich führen sollen, und verbieten sie fortan nicht bloss für die gottgeweihten Tempel und Altäre, sondern auch für die Häuser, Ruheplätze, Gärten, Bäder, Höfe und Hallen. — —

Die aber, welche mit Waffen die heiligen Kirchen betreten, ermahnen wir zuerst, dies nicht zu thun. Wenn sie aber sich an irgend einem Orte der Kirche, sei es innerhalb des Tempels oder um den Tempel oder auch ausserhalb desselben, befinden, so sollen sie sogleich die Waffen ablegen, wenn sie dazu auf Befehl des Bischofs von einem einzigen Kleriker[1]) ernstlich angehalten werden, indem ihnen eidlich zugesichert wird, dass sie durch die Religion besser als durch die Hilfe der Waffen geschützt werden sollen. Wenn sie aber, durch die Stimme der Kirche ermahnt, nach so vielen und gewichtigen Befehlen die Waffen nicht ablegen, so sollen, nachdem sowohl unsere Milde der Religion Genüge geleistet hat, als auch die Bischöfe vor Gott gerechtfertigt dastehn[2]), Bewaffnete hineingeschickt und sie herausgezogen und allen Strafen unterworfen werden. Aber weder ohne Zustimmung oder Befehl des Bischofs, noch ohne den unsern oder der Richter, die sich in dieser erhabenen Stadt[3]) oder sonstwo befinden, soll der Bewaffnete aus den Kirchen ausgeliefert werden, damit nicht, wenn ein solches Recht gegen die Unglücklichen vielen ohne Unterschied gegeben wird, daraus eine Verwirrung und Unordnung entstehe.

ε) Edikt derselben von 432[4]).

Betreffs derer, die zu den Altären der heiligen Religion flüchten, glaubten wir ein Edikt veröffentlichen zu müssen, das für immer gelten soll, dass [nämlich], wenn etwa jemandes Sklave eine Kirche oder Altäre nur im Vertrauen auf die Ehrwürdigkeit des Ortes

---

[1]) αὐθεντίᾳ τοῦ ἐπισκόπου παρὰ μόνον τῶν κληρικῶν. || [2]) ἐξευμενισθείσης τῆς θρησκείας παρά τε τῆς ἡμετέρας γαληνότητος καὶ τῶν ἐπισκόπων τῷ θεῷ τῆς ἀπολογίας δοθείσης. || [3]) κατὰ τὴν δεῖνα πόλιν. Ich lese dafür: κ. τ. θείαν π. Im lateinischen Paralleltext steht: in hac alma urbe. Gemeint ist Konstantinopel, von wo der Erlass ausgeht. [4]) Cod. Theod. IX, 45, 5.

ohne jede Waffe aufsucht, er nicht länger als 1 Tag dort in Freiheit gelassen werde, ohne dass es seinem Herrn oder dem, vor dem er sich offenbar gefürchtet hat, und dessen drohender Strafe er entwichen ist, von den zuständigen Geistlichen gemeldet wird; und dieser führe ihn hinweg, nachdem er ihm Verzeihung für seine Vergehen gewährt, ohne einen Rest von Zorn im Herzen zu behalten, zur Ehre und aus Achtung des Ortes, in dessen Schutz er geeilt ist. Wenn er aber, ohne dass es jemand ahnte, unvermutet, bewaffnet hereinstürzt, so soll er sofort abgeführt und wenigstens sogleich seinem Herrn oder dem, von dem ihn eine so rasende Angst wegtrieb, angezeigt und diesem die Möglichkeit, ihn alsbald wegzuführen, nicht verweigert werden. Aber wenn er im Vertrauen auf seine Waffen, vom Wahnwitz getrieben, sich ein Herz zum Widerstande fasst, soll seinem Herrn gestattet werden, ihn mit allen möglichen Gewaltmitteln wegzuführen und wegzureissen. Und selbst wenn jener in diesem Streit und Kampf getötet werden sollte, so soll [d]er [Herr] keine Schuld tragen, und es soll keine Anklage erhoben werden dürfen, wenn der, welcher aus der Stellung eines Sklaven in die eines Feindes und Mörders übergegangen ist, getötet ward. Wenn diese heilsamen Vorschriften durch die Nachlässigkeit oder Nachsicht derer, die kraft ihres Amtes hierüber gesetzt sind, oder auf eine andere Weise verletzt werden, so wird die gerechte Ahndung nicht ausbleiben, sodass sie, nach bischöflichem Urteilsspruche von der Stelle, die sie nicht zu behaupten verstanden, entsetzt und zum Stande der Plebejer degradiert, [diese] Enthebung, die richterliche Kraft hat, über sich ergehen lassen müssen.

7. Mönchtum.

a) Der Einsiedler Antonius.

α) Vorgänger des Antonius.

Sokrates, K.–G. IV, 23.

Die Stätten der Askese[1]) in Ägypten leiteten ihren Ursprung § 2.
vielleicht aus alten Zeiten her; sie verbreiteten sich jedoch und
nahmen weiter überhand durch einen frommen[2]) Mann Namens
Ammun. — — Die Seele dieses Ammun sah nach seinem Tode 12.

[1]) ἀσκητήρια = Orte, an denen Enthaltsamkeit geübt wird, Einsiedeleien. ||
[2]) θεοφιλοῦς.

der zu derselben Zeit lebende Antonius von Engeln emporgetragen, wie in dessen Lebensbeschreibung der Bischof Athanasius
13. von Alexandria sagt [1]). Sehr viele ahmten also das Leben des Ammun nach, und allmählich füllte sich das Gebirge von Nitria und
15. von Sketis [2]) infolge der Menge der Einsiedler [3]). — Dieser Ammun soll sich niemals nackt gesehen haben, weil er sagte, es sei ungeziemend für einen Einsiedler, auch nur seinen eigenen
16. Leib nackt zu sehen. Und als er einst einen Fluss überschreiten wollte, trug er Bedenken, sich auszuziehen; und er betete zu Gott, dass ihm der Übergang [ermöglicht] werde, ohne dass er seinen Vorsatz verletze; da trug ihn ein Engel auf das andere Ufer des Flusses. — —

40. Es ist auch nötig, die Wege der Einsiedler, die uns vorangegangen sind, aufmerksam zu erforschen und nach ihnen uns zu richten; denn vieles ist von ihnen wohl gesprochen und gethan worden. Unter ihnen hat einer auch den Ausspruch gethan, dass die rauhere und gleichförmige Lebensweise, die mit Liebe verbunden ist, den Einsiedler schneller in den Hafen der Gelassenheit [4]) führe. — —

51. Einem Mönche wurde der Tod seines Vaters gemeldet; er aber sprach zu dem, der ihn meldete: Höre auf zu lästern; denn mein Vater ist unsterblich [5]). — —

73. Es war aber auch ein anderer bewundernswerter Mann unter den Mönchen, Namens Ammonius, welcher so wenig neugierig war, dass er, als er zugleich mit Athanasius nach Rom kam nichts von den [Kunst-]werken der Stadt, sondern nur die Stätte des Märtyrertodes des Petrus und Paulus zu sehen wünschte [6]). — — —

---

[1]) Athanasius, Bischof von Alexandria, † 373. S. o. S. 11f. Die Abfassung dieser Biographie ist von Weingarten dem Athanasius abgesprochen worden. Vgl. Zeittafeln u. Überblicke zur KG.³, S. 228f. und Theol. Real-Encycl. 2, 766 (Artikel Mönchtum.) Müller, KG. I, 211, A. 1. sagt dagegen: „Die Vita Antonii ist zwar ein Werk des Athanasius, geschrieben um 360, aber als Geschichtsquelle nicht zu benutzen." ‖ [2]) Nitria = das Natronthal nordwestlich von Kairo, Sketis. jedenfalls = koptisch Skêthia, griech. Schĕdia, südöstlich von Alexandria. ‖ [3]) μοναχῶν. ‖ [4]) τῆς ἀπαθείας. ‖ [5]) Da der Ton auf ἐμός liegt (ὁ ἐμὸς πατήρ), so kann nur der himmlische Vater im Gegensatz zum irdischen gemeint sein. ‖ [6]) Als seine Gewährsmänner nennt Sokrates am Ende des Kapitels Euagrius und Palladius, welche „kurze Zeit nach dem Tode des Valens († 378) blühten." (§ 80). Sollte übrigens Ammonius nicht mit Ammun identisch sein?

β) Aus dem „Leben des Antonius“, c. 2. 3. 7. 8. 12. 14. 47 [1]).

Nach dem Tode seiner Eltern aber blieb er allein zurück mit 2.
einer einzigen, noch ganz kleinen Schwester; und er war ungefähr
18 oder auch 20 Jahre alt und sorgte selbst für das Haus und
die Schwester. Es waren aber noch nicht 6 Monate seit dem
Tode seiner Eltern vergangen, da dachte er, als er seiner Gewohnheit gemäss zur Kirche [2]) ging und seine Gedanken sammelte,
unterwegs darüber nach, wie die Apostel alles verlassen hatten
und dem Erlöser nachgefolgt waren [3]), wie die in der Apostelgeschichte [4]) [beschriebenen Christen] verkauften, was sie hatten,
und es brachten und vor die Füsse der Apostel legten zur Verteilung an die Bedürftigen, und welche und was für eine grosse
Hoffnung diesen im Himmel aufbewahrt ist. In diesen Gedanken
trat er in die Kirche, und es wurde gerade das Evangelium verlesen, und er hörte, wie der Herr zu dem Reichen spricht: Wenn
du vollkommen sein willst, so verkaufe alles, was du
hast, gieb es den Armen und wohlan, folge mir nach, so
wirst du einen Schatz im Himmel haben [5]). Antonius aber
sah die Mahnung der heiligen [Schrift] [6]) als eine von Gott
kommende an, und als ob um seinetwillen die Lektion stattgefunden habe, und so verliess er sogleich die Kirche und schenkte
die Besitzungen, die er von seinen Vorfahren hatte, — — — den
Leuten des Dorfes, damit sie [7]) in keiner Weise ihn und seine
Schwester beunruhigten. Was er aber sonst noch an beweglichem
Gut hatte, verkaufte er und schenkte das viele erlöste Geld den
Armen, indem er [nur] weniges um seiner Schwester willen
behielt. Als er aber wieder in die Kirche kam, hörte er im 3.
Evangelium den Herrn sagen: Sorget nicht um den morgenden Tag [8]); da konnte er nicht länger bleiben, sondern ging
hinaus und verteilte auch das den Dürftigen. Seine Schwester
übergab er edlen und gläubigen Jungfrauen und gab sie in ein

---

[1]) Βίος καὶ πολιτεία τοῦ ὁσίου πατρὸς ἡμῶν Ἀντωνίου (Vita S. Antonii) bei Migne, Patrol. graec. t. XXVI, S. 835 ff. Der Inhalt dieses „Mönchsspiegels“ (vgl. c. 94: Dies also leset den übrigen Brüdern vor, damit sie lernen, wie das Leben der Mönche sein soll), ist legendenhaft. Vgl. o. S. 136, A. 1. (Den Tod des Antonius setzt man in das Jahr 356.) ‖ [2]) εἰς τὸ κυριακόν. ‖ [3]) Mt. 4, 20. ‖ [4]) Apg. 4, 35. ‖ [5]) Mt. 19, 21. [6]) Ich ergänze zu τῶν ἁγίων: γραφῶν. ‖ [7]) Nämlich die [liegenden] Güter. ‖ [8]) Mt. 6, 34.

Jungfrauenhaus[1]) zur Erziehung; er selbst widmete sich dann für die Zukunft vor seinem Hause der Askese, indem er auf sich achtete und sich streng hielt. Denn noch nicht gab es in Ägypten so häufige Einsiedeleien[2]), und kannte überhaupt kein Mönch[3]) die weite Wüste, sondern jeder, der auf sich achten wollte, führte nicht weit von seinem eigenen Dorfe für sich allein ein asketisches Leben[4]). — — — — —

7. Mehr und mehr also unterdrückte er seinen Körper und knechtete ihn, damit er nicht, nachdem er in einigen [Versuchungen] gesiegt, in anderen zu Falle gebracht würde. — — — Er wachte soviel, dass er oft auch die ganze Nacht schlaflos blieb; und da er dies nicht einmal, sondern sogar meistens that, so erregte er dadurch Bewunderung. Er ass aber einmal des Tages nach Sonnenuntergang; manchmal aber nahm er auch nur nach zwei, oft sogar nach 4 Tagen [erst] etwas zu sich. Und seine Speise war Brot und Salz, und sein Getränk lediglich Wasser. — — Für den Schlaf begnügte er sich mit einer Matte; meist aber schlief er auch auf der blossen Erde. — — Denn er sagte, dann sei die Kraft der Seele stark, wenn die Genüsse des Leibes schwach seien. — — Und er sagte bei sich selbst, es müsse der Asket von dem Wandel des grossen Elias wie in einem Spiegel stets seinen eigenen Lebenswandel lernen.

8. Nachdem nun also Antonius sich so eingeschränkt hatte, begab er sich in die vom Dorfe entfernt liegenden Grabmäler. Er trug einem seiner Bekannten auf, ihn in Zwischenräumen von vielen Tagen sein Brot zu bringen, ging in eins der Grabmäler hinein und blieb, nachdem jener die Thür über ihm geschlossen
12. hatte, allein darin[5]). — — — — — — — — — — — — Mehr und mehr also in seinem Vorsatz sich befestigend, begab er sich auf das Gebirge[6]). Und als er jenseits des Flusses[7]) ein Kastell fand, das schon so lange verlassen war, dass es von Reptilien wimmelte, begab er sich dort hinüber und wohnte darin. Die Reptilien nun entwichen sogleich, wie wenn sie jemand ver-

---

[1]) εἰς παρθενῶνα. || [2]) μοναστήρια. || [3]) μοναχός, hier Einsiedler. || [4]) ἠσκεῖτο. [5]) Im Folgenden wird von allerlei teuflischen Anfechtungen berichtet, die A. siegreich besteht, worauf er den Ort wieder verlässt. || [6]) τὸ ὄρος. [7]) Des Nils.

folgte; er aber verschloss den Eingang, versorgte sich auf 6 Monate mit Broten (dies thun die Thebäer, und oft bleiben sie[1]) auch das ganze Jahr unversehrt), hatte [auch] Wasser darin und blieb so wie in ein Allerheiligstes versenkt, allein darin, indem er weder selbst herauskam, noch einen der Kommenden sah. Er nun also blieb lange Zeit bei dieser asketischen Lebensweise; nur zweimal jährlich empfing er von oben, von dem Dache her[2]), seine Brote.
— — — Also ungefähr 20 Jahre verbrachte er so in einsamer 14.
Askese. — — Hierauf aber trat Antonius, da viele verlangten und wünschten, sein asketisches Leben nachzuahmen, und andere Bekannte kamen und mit Gewalt die Thüre einrissen und wegstiessen, heraus wie aus einem Allerheiligsten, in die Mysterien eingeweiht und von göttlichem Geiste getrieben. — — — — — Als er aber sich unterredete und ermahnte, eingedenk zu sein der zukünftigen Güter und der widerfahrenen Menschenliebe Gottes[3]), der seines eigenen Sohnes nicht verschonte, sondern ihn für uns alle dahingab[4]), gewann er viele für die Wahl des Einsiedlerlebens; und so entstanden für die Zukunft auch auf den Bergen Einsiedeleien[5]) und die Wüste wurde von Mönchen besiedelt, die ihr Eigentum verliessen und sich der Bürgerschaft im Himmel
zuwendeten[6]). Nachdem aber für die Zukunft die Verfolgung 47.
aufgehört hatte[7]), — — entfernte er sich und kehrte wieder in seine Einsiedelei zurück, war dort täglich Märtyrer in seinem Gewissen und kämpfte in den Wettkämpfen des Glaubens. Denn er trieb viele und noch strengere Askese; er fastete nämlich immer, hatte ein Gewand, das innen hären, aussen aber ledern[8]) war, das er auch bis zu seinem Ende behielt, indem er weder seinen Körper des Schmutzes wegen im Wasser badete, noch je[9]) die Füsse abwusch, noch es auch nur über sich gewann, sie ohne Not einfach ins Wasser zu tauchen; ja, weder entblösst hat man ihn jemals gesehen, noch überhaupt den Körper des Antonius nackt, ausser als er gestorben war und begraben wurde.

---

[1]) Nämlich die Brote, nicht die Bewohner des ägyptischen Theben! || [2]) ἀπὸ τοῦ δώματος. || [3]) τῆς εἰς ἡμᾶς γενομένης τοῦ θεοῦ φιλανθρωπίας. || [4]) Röm. 8, 32. [5]) μοναστήρια. || [6]) ἐξελθόντων ἀπὸ τῶν ἰδίων καὶ ἀπογραψαμένων τὴν ἐν τοῖς οὐρανοῖς πολιτείαν. || [7]) Die des Maximinus, in der Antonius nach c. 46 in Alexandria vergeblich den Märtyrertod gesucht hatte. || [8]) δερμάτινον. [9]) μηθ᾽ ὅλως.

γ) Wirkung des „Lebens des Antonius“ auf die erste Generation der Leser.

Augustinus, Bekenntnisse VIII, 6, 14. 15[1]).

14. . . Da kam die Rede durch seine[2]) Erzählung auf den ägyptischen Mönch Antonius, dessen Name bei deinen[3]) Knechten in höchsten Ehren stand, uns aber bis zu jener Stunde unbekannt war. — — Wir staunten aber, als wir aus so frischer Erinnerung und fast aus unserer Zeit die bestbezeugten Wunder vernahmen, die du im rechten Glauben und in der katholischen Kirche geschehen lässt[4]).

15. — — Darauf ging seine Rede auf die Menge der Klöster, die Sitten, die dir wohlgefällig sind[5]), und die fruchtbaren Einöden der Wüste über, von denen wir nichts wussten. Es gab auch in Mailand ein Kloster, voll von guten Brüdern, ausserhalb der Stadtmauern unter der fürsorglichen Leitung des Ambrosius[6]); und wir wussten es nicht. — — Bei dieser Gelegenheit kam er auch darauf zu sprechen, dass er einmal mit drei anderen seiner Zeitgenossen bei Trier, als der Kaiser eines Nachmittags beim Circusspiele weilte, in die Gärten spazieren gegangen sei, die an die Mauern stossen, und wie sie dort eben zusammen spazierten, da sei einer mit ihm besonders und die beiden andern ebenso für sich und miteinander[7]) gegangen; aber jene seien umherschweifend auf eine Hütte gestossen, wo einige deiner Knechte wohnten, solche Arme am Geist, deren das Himmelreich ist[8]), und dort hätten sie das Buch[9]) gefunden, in dem das Leben des Antonius geschrieben stand. Dieses begann der eine von ihnen zu lesen, zu bewundern, davon entflammt zu werden und über der Lektüre den Plan zu fassen, ein solches Leben zu ergreifen, den weltlichen (Kriegs-)Dienst zu verlassen und dir zu dienen; sie gehörten aber zu den sogenannten Kommissaren[10]). — —

---

[1]) Confessiones. Bei Migne a. a. o. 32, S. 755f. ‖ [2]) Die Erzählung eines aus Afrika stammenden Christen Pontitianus. ‖ [3]) Gottes. ‖ [4]) Stupebamus autem audientes tam recenti memoria et prope nostris temporibus testatissima mirabilia tua in fide recta et catholica ecclesia. ‖ [5]) mores suaveolentiae tuae. ‖ [6]) sub Ambrosio nutritore. S. o. S. 48ff. [7]) pariterque digressos. ‖ [8]) Mt. 5, 3. ‖ [9]) codicem. ‖ [10]) Kaiserliche Beauftragte zur Revision von Militär- und Civilangelegenheiten. — Der Neubekehrte gewinnt auch seinen Wandergenossen dafür, die Aussicht auf die Freundschaft des Kaisers mit der Freundschaft Gottes zu vertauschen. Das andere Paar dagegen, zu dem Pontitianus gehört, bleibt in seiner weltlichen Stellung. „Sie aber liessen sich nicht von ihrem alten Leben abbringen, beweinten sich

b) Der Säulenheilige Symeon[1]).

Theodoret, Mönchsgeschichte, c. 26[2]).

Da also die, welche zu ihm kamen, unzählbar[3]) waren und alle ihn zu berühren und einen Segen von jenen aus Fell gemachten Kleidern zu ernten trachteten, so nahm er, erstens, weil er das Übermass der Ehre unstatthaft fand, sodann auch, weil er über die Mühseligkeit der Sache unwillig war, seinen Standort auf der Säule. Zunächst liess er eine von 6 Ellen hauen, dann eine von 12, hierauf eine von 22, und jetzt eine von 36; denn er trachtete danach, gen Himmel aufzufahren und sich von diesem irdischen Aufenthalt zu lösen. — — (Denn) Wie auf einen Leuchter gestellt[4]) entsandte dies hell leuchtende Licht nach Art der Sonne seine Strahlen nach allen Seiten; und man kann, wie gesagt, Iberer[5]), Armenier und Perser kommen und die heilige Taufe empfangen sehen. Ismaeliten[6]) aber kommen scharenweise, 200, 300, zuweilen auch 1000 auf einmal und verleugnen laut den väterlichen Irrglauben[7]). — — — Nachts und tagüber[8]) steht er da, von allen gesehen. Denn nachdem er die Thüren entfernt und von der Umhegung den grössten Teil[9]) niedergerissen hat, bietet er allen ein neues und wunderbares Schauspiel. Bald steht er lange Zeit, bald beugt er sich beständig nieder und bringt Gott Anbetung dar. Viele aber der dabei Stehenden zählen auch diese Gebete. Einmal hat einer von denen, die mit mir waren, 1244 gezählt und dann hörte er ermüdet auf zu zählen[10]). Immer aber, wenn er sich beugte, kam er mit dem Gesicht nahe an die Fusszehen heran. Denn da sein Leib [nur] einmal in der Woche Speise nimmt, und noch dazu karge, so ermöglicht er dem Rücken,

---

jedoch, wie er [Pontitianus] sagte, beglückwünschten jene herzlich, empfahlen sich ihren Gebeten und kehrten, da sie ihr Herz auf der Erde hinschleppten, in den Palast zurück; jene aber, die ihren Sinn an den Himmel hefteten, blieben in der Hütte. (Isti . . . trahentes cor in terra abierunt in palatium; illi autem affligentes cor coelo manserunt in casa). Und beide hatten Bräute. Als diese das hörten, weihten auch sie ihre Jungfräulichkeit dir." (Schluss des 6. Kap.)

[1]) Geb. um 390 zu Sisan in Syrien an der cilicischen Grenze, † um 460. || [2]) Theodoreti religiosa historia. Migne, p. l. LXXXII, 1473ff. Theodoret, Bischof von Kyros am Euphrat, † 457. || [3]) ἀριθμοῦ κρείττους. || [4]) S. 1476. || [5]) Bewohner von Georgien. || [6]) Bewohner des Landstrichs zwischen dem Euphrat und dem roten Meer. || [7]) ἐξαπάτην. || [8]) S. 1480f. || [9]) μέρος οὐχ ἐλάχιστον. || [10]) εἶτα ὀκλάσας ἀφῆκε τὴν ψῆφον.

sich leicht zu biegen. Es soll aber vom Stehen auch ein dauerndes Geschwür an dem einen Fusse entstanden sein und beständig reichlicher Eiter sich daraus absondern.

— — An den öffentlichen Festen beweist er noch eine andere Ausdauer. Denn nach dem Untergang der Sonne, bis diese wieder am östlichen Horizont aufgeht, steht er die ganze Nacht mit gen Himmel ausgebreiteten Händen, weder vom Schlaf betäubt, noch von der Anstrengung überwältigt. Bei so grossen Anstrengungen aber, bei dieser Masse von wohlvollbrachten Werken und der Menge von Wundern ist sein Sinn so bescheiden, als ob er von allen Menschen der unwürdigste wäre. Neben seiner Bescheidenheit ist er auch sehr zugänglich, gutherzig und angenehm und antwortet jedem, der mit ihm redet, sei er Handwerker, Bettler oder Landmann. Er hat auch die Gabe der Lehre von dem freigebigen Herrn empfangen. — — — Man kann[1]) ihn aber auch Recht sprechen und richtige und gerechte Urteile fällen sehn. Dies und derartiges aber vollbringt er nach der 9. Stunde[2]). Denn die ganze Nacht und den Tag bis zur None[2]) bringt er betend zu. — — Während er aber hiermit beschäftigt ist und dies alles thut, vernachlässigt er auch die Sorge für die heiligen Kirchen nicht. Bald kämpft er gegen heidnische[3]) Gottlosigkeit, bald bricht er die Frechheit der Juden, ein anderes Mal zersprengt er die Scharen der Ketzer, und bald schreibt er darüber an den Kaiser, bald regt er die Beamten zum Eifer für Gott an, dann wieder legt er auch den Hirten der Kirchen ans Herz, grössere Sorgfalt auf ihre Herden zu verwenden.

c) Der Klosterstifter Pachomius.

Sozomenos, K.-G. III, 14, 4 ff.[4]).

4. — — Zu derselben Zeit[5]) führten dort[6]) ein weises Leben[7])

[1]) S. 1483. || [2]) 3 Uhr Nachm. || [3]) ἑλληνικῇ. || [4]) Sozomeni ecclesiastica historia, ed. Hussey, Oxford 1860. — Hermias Salamanes Sozomenus, Sachwalter in Konstantinopel, schrieb um 439. || [5]) Das vorige Kapitel handelte von der Stellung der verschiedenen Teile der Kirche zu den Beschlüssen des Konzils von Nicäa (325), der Anfang des 14. Kapitels von den beiden ägyptischen Asketen Makarius (d. Gr., † um 390, d. Jüngere † 404). Hierzu stimmt im allgemeinen die Angabe Weingartens (Zeittafeln und Ueberblicke zur Kirchengesch.[3], S. 49): „C 340 Begründung des eigentlichen Klosterlebens durch Pachomius in Tabennese.“ Grützmacher, Pachomius, S. 62, sagt: „Schon 329 hatte Athanasius auf einer Reise nach der Thebais ... von Pachomius und seinen Klostergründungen gehört, ohne jedoch seine Klöster näher kennen zu lernen“. || [6]) In Ägypten. || [7]) ἐφιλοσόφουν.

Pambo — —, Paphnutius — —, der grosse Serapion und Pachomius,
welcher der Stifter der [Gemeinschaft der] sogenannten Tabenne-
sioten wurde. Ihre Tracht und Verfassung war von der sonstigen 5.
mönchischen in einigen Punkten verschieden; aber sie zielte auf
Tugend ab und reizte die Seele an, das Irdische zu verachten und
aufwärts zu blicken, damit sie leicht in den Himmel käme, wenn
sie vom Leibe befreit würde, und sich mit Tierfellen zu bekleiden 6.
nach dem Vorbilde Elias des Thisbiten; mir scheint, um mittelst
des [sie] umgebenden Felles die Tugend des Propheten sich immer
in Erinnerung zu rufen und so mannhaft gegen die sinnlichen
Lüste im Kampfe zu stehn[1]) und im Wetteifer mit ihm[2]) und
in der Hoffnung ähnlicher Belohnungen [umso] bereitwilliger ent-
haltsam zu sein. Man sagt aber, dass auch die übrige Kleidung 7.
der ägyptischen Mönche zur Erweisung einer gewissen Lebens-
weisheit diene[3]), und dass sie nicht bloss zufällig von den andern
abweichen. So sollen sie die Kleider ohne Ärmel tragen, indem
sie dazu erziehen, mit den Händen zu keiner Frevelthat bereit
zu sein[4]); die Hülle auf dem Kopf aber, die sie Kukulion nennen[5]),
um ebenso unschuldig und rein zu leben, wie die mit Milch ge-
nährten Kinder, die solch' eine Kopfbedeckung haben, welche das
Haupt[6]) umhüllt und warm hält. Der Gürtel und Ueberwurf[7]) 8.
aber, der eine, indem er die Lende umschnürt, der andere, indem
er die Schultern und Arme frei lässt, mahnt auf diese Weise,
zum Dienste Gottes und zur Verrichtung dessen, was befohlen
wird, bereit zu sein. Ich weiss aber wohl, dass hierüber andere
andere Erklärungen abgegeben haben; mir aber genügt es, soviel
[darüber] zu sagen.

[1]) πρὸς τὰς ἐπιθυμίας τῶν ἀφροδισίων συντετάχθαι. || [2]) ζήλῳ τῷ πρὸς αὐτόν. || [3]) λόγος δὲ καὶ τὰ ἄλλα ἐνδύματα τῶν ἐν Αἰγύπτῳ μοναχῶν συλλαμβάνεσθαι εἰς ὑπόδειγμα φιλοσοφίας τινός. || [4]) Inwiefern die χιτῶνες ἀχειρίδωτοι hierzu erziehen, ist zunächst unklar. Cassian, de coenobiorum institutis I, 5 spricht von Ärmeln, die kaum bis zum Ellenbogen reichen, gleichsam abgeschnitten sind. Insofern sollen sie den Mönch ermahnen, für immer von den Händeln und Werken dieser Welt losgerissen zu bleiben (!). || [5]) Kapuze. || [6]) τὸ ἡγεμονικόν. || [7]) ἀναβολεύς bedeutet Steigbügel. Entweder ist damit die Form des bezeichneten Kleidungsstückes angedeutet, oder es ist dafür ἀναβολή oder ἀναβόλαιον zu lesen. Gemeint ist wohl ein den Hals umschliessendes und zu beiden Seiten herabfallendes Kleidungsstück, das die Arme und Schultern freilässt (das Pallium). Die Schilderung Cassians, a. a. O. I. 6, der „succinctoria vel redimicula" übersetzt, ist nicht leicht verständlich.

9. Pachomius aber soll zuerst allein in einer Höhle ein weises
Leben geführt haben. Es soll ihm aber ein Engel Gottes erschienen
sein und ihn aufgefordert haben, junge Einsiedler zu sammeln
und mit ihnen zu leben. Denn gut habe er sein eigenes Leben
in Weisheit geordnet und müsse auch als Haupt von gemeinsamen
Ansiedlungen [1]) vielen nützlich sein; er solle sie aber nach Gesetzen
leiten, die er [2]) geben werde; er habe ihm aber eine Tafel [3]) gegeben,
10. die sie noch aufbewahren. Die Schrift aber, die auf dieser stand,
befahl er, solle jedem gestatten, je nachdem er beschaffen wäre, zu essen
und zu trinken, zu arbeiten, zu fasten und nicht [zu fasten]; den
starken Essern jedoch die anstrengenderen Arbeiten zuweisen, die
11. leichteren aber den Enthaltsamen [4]); ferner solle er viele kleine
Zellen [5]) errichten, und in jeder Zelle sollten drei wohnen; in
Einem Hause aber sollten alle die Nahrung einnehmen, schweigend
essen und an den Tischen mit verhülltem Haupte sitzen, so dass
sie weder einander, noch etwas anderes ausser dem Tisch und dem,
12. was darauf steht, sähen. Ein Fremder solle aber nicht mit ihnen
essen, es sei denn, dass er als Durchreisender bewirtet würde.
Wer aber mit ihnen zusammen wohnen wolle, der solle erst
3 Jahre lang die schweren Arbeiten besorgen und so [erst] an
13. ihrer Genossenschaft [6]) Teil erhalten. Mit Fellen aber sollten sie
sich bekleiden und mit wollenen Kapuzen [7]) den Kopf bedecken.
Diese Kapuzen aber befahl sie [8]), wie mit purpurnen Spitzen zu
kennzeichnen. Leinene Unterkleider aber und Gürtel sollten sie
tragen und gegürtet in den Unterkleidern und den Fellen schlafen,
sitzend auf gemauerten Stühlen, die zu beiden Seiten Lehnen haben,
14. sodass sie das Polster eines jeden festhalten. Am ersten und
letzten Tage der Woche aber sollten sie zur Gemeinschaft[sfeier]
der göttlichen Geheimnisse [9]) an den Altar herantreten und dabei
den Gürtel lösen und die Felle ablegen. Zwölfmal aber während
des ganzen Tages sollten sie beten, [nämlich 6 mal morgens [10]),] desgleichen
gegen Abend und ebenso oft auch des Nachts; in der
9. Stunde [11]) aber dreimal. Wenn sie aber im Begriff ständen, zu

[1]) συνοικιῶν. || [2]) Der Engel. || [3]) δέλτον. || [4]) τοῖς ἀσκουμένοις. || [5]) οἰκήματα. || [6]) συνοικίας. || [7]) τίαραις. || [8]) Die auf der Tafel befindliche Schrift; mittelbar also: der Engel; nüchtern ausgedrückt: die Klosterordnung. || [9]) ἐπὶ κοινωνίᾳ τῶν θείων μυστηρίων, d. h. zur Feier des Abendmahls. || [10]) Ergänzung von Valois. || [11]) Die Nona (9. Stunde) ist um 3 Uhr Nachmittags.

essen, sollten sie vor jedem Gebete einen Psalm singen. Die ganze 15.
Genossenschaft aber sollte in 24 Abteilungen[1]) geteilt und nach
den griechischen Buchstaben genannt werden[2]); und zwar sollte
jeder Abteilung die Bezeichnung danach angepasst werden, wie sie
sich in Leben und Sitte verhielte. Z. B. sollten die geraderen
Naturen[3]) mit ι, die Verschlagenen mit ζ oder ξ und andere [wieder]
anders bezeichnet werden, je nachdem sich der Charakter der
Abteilung treffend für die Gestalt des Buchstabens aussuchen
lässt[4]).

Nach diesen Gesetzen leitete seine eigenen Schüler Pachomius, 16.
ein höchst gütiger[5]) und über die Massen frommer Mann, sodass
er die Zukunft voraussah und oft mit Engeln Gottes verkehrte.
Er lebte auf Tabennesos in der Thebais[6]), wonach sie [seine
Schüler] noch jetzt Tabennesioten genannt werden. Nach diesen 17.
Gesetzen wandelnd, wurden sie sehr berühmt[7]) und wuchsen mit
der Zeit zu einer grossen Anzahl heran, sodass sie es auf 7000
Männer gebracht haben. Denn die Genossenschaft auf Tabennesos,
mit denen[8]) Pachomius selbst lebte, hatte gegen 1300 [Mitglieder];
die andern wohnen in der Thebais und im übrigen Ägypten. Ein
und dieselbe Lebensweise[9]) haben sie aber alle, und alles ist allen
gemeinsam. Die Genossenschaft zu Tabennesos aber sahen
sie wie eine Mutter an und als Väter und Häupter[10]) die dortigen
Oberen[11]). — —

---

[1]) τάγματα. || [2]) Es stehen Infinitive des Aor. Act. (διελεῖν u. ἐπονομάσαι). Abhängig sind sie noch von προσέταττε (S. 144, Z. 9). Da nicht ausdrücklich Pachomius als der Beauftragte genannt ist, so habe ich den Inhalt der allgemeiner gehaltenen Weisung durch eine passivische Konstruktion ausgedrückt. || [3]) ἁπλουστέρους. || [4]) Die einfache Form des ι entspricht den geraden, die gewundene des ζ u. ξ den verschlagenen Naturen. Die 24 Buchstaben des griech. Alphabets sind auch im Koptischen vorhanden. Grützmacher, Pachomius, S. 125. || [5]) φιλάνθρωπος. || [6]) Valois hat die Lesart „ἐν Ταβέννῃ νήσῳ τῆς Θηβαΐδος“ verbessert in: „ἐν Ταβεννήσῳ τῆς Θηβαΐδος.“ Nach jener Textform dachte man sich dieses Kloster des Pachomius auf einer Nilinsel, etwa Elephantine; nach Grützmacher, S. 97 u. 107, haben wir dagegen an einen Ort Tabennìsi (Palmen der Isis) nahe bei Esneh am Nil zu denken. In Wirklichkeit leitete nach Grützmacher Pachomius später die Kongregation von einem andern nahegelegenen Kloster aus (Phbôou oder Bafoua; — a. a. O. S. 4, A. 1 vgl. S. 99). || [7]) ὀνομαστότατοι. || [8]) Konstruktion nach dem Sinne. || [9]) ἀγωγή. || [10]) ἄρχοντας. || [11]) ἡγουμένους.

d) Basilius d. Gr. als Organisator des Mönchtums im Morgenlande.

Aus der Regel des Basilius.

Frage [und Antwort] 7. 12. 32. 37. 38. 51.[1])

Frage 7.

Da uns nun deine Darlegung die feste Überzeugung gegeben hat, dass das Leben mit denen, die des Herrn Gebote verachten, gefährlich ist, so verlangen wir hierauf zu erfahren, ob der, welcher sich von diesen zurückzieht, als Einsiedler für sich leben[2]) oder mit Brüdern, welche die gleiche Gesinnung hegen und dasselbe Ziel der Frömmigkeit sich gesteckt haben, zusammen leben soll?

Antwort.

1. Ich erkenne, dass das Zusammenleben mehrerer zu vielem nützlicher ist. Erstlich, weil nicht einmal für die Bedürfnisse des Leibes jeder von uns sich selbst genug ist, sondern wir bei der Beschaffung des Notwendigen einander brauchen. Denn wie der Fuss die eine Kraft zwar hat, der andern aber ermangelt und ohne die Hilfe der anderen Glieder weder die eigene Kraft stark oder auf die Dauer sich selbst genug findet, noch einen Trost für das Fehlende hat, so wird auch im Einsiedlerleben[3]) sowohl das Vorhandene uns unnütz als auch das Fehlende unersetzlich[4]), da Gott der Schöpfer[5]) es so geordnet hat, dass wir einander brauchen, wie geschrieben steht: damit wir uns an einander anschliessen[6]). Abgesehen davon erlaubt aber auch das Wort Christi von der Liebe[7]) nicht, dass ein jeder auf sein eigenes [Wohl] sehe. Denn die Liebe, sagt er, sucht nicht das Ihre[8]). Das Einsiedlerleben aber hat einen einzigen Zweck, [nämlich] die eigene Sorge eines jeden für seine Bedürfnisse[9]). Dies ist aber offenbar im Widerstreit mit dem Gesetze der Liebe, das der Apostel erfüllte, indem er nicht seinen Nutzen suchte, sondern den der vielen, damit sie gerettet würden[10]). Überdies aber wird

---

[1]) Migne, Patrologiae graecae tom. XXXI. Ὅροι κατὰ πλάτος κατ' ἐρώτησιν καὶ ἀπόκρισιν (Regeln ausführlich behandelt in Frage u. Antwort), S. 928ff. Über Basilius s. o. S. 129 ff. || [2]) ἰδιάζειν καθ' ἑαυτόν. || [3]) ἐν τῇ μονήρει ζωῇ. || [4]) ἀπαραμύθητον, eigentlich: etwas, was keinen Trost zulässt. || [5]) τοῦ δημιουργοῦ θεοῦ. || [6]) Jes. Sir. 13, 20. || [7]) ὁ τῆς ἀγάπης τοῦ Χριστοῦ λόγος. || [8]) 1. Kor. 13, 5. Also ist „er" = der Apostel Paulus, u. Christus könnte nur etwa als durch ihn redend gedacht werden, oder es muss vorher übersetzt werden: das Wort von der Liebe Christi. || [9]) τὴν οἰκείαν ἑκάστου τῶν χρειῶν θεραπείαν. || [10]) 1. Kor. 10, 33.

in der Abgeschiedenheit ein jeder nicht einmal seinen eigenen Fehler leicht erkennen, da er niemand hat, der ihn zurechtweist und in Sanftmut und Barmherzigkeit verbessert. — — Auch die Gebote aber werden von der vereinigten Mehrheit vollzähliger[1]) erfüllt, von dem einzelnen aber nicht mehr; denn durch die Erfüllung des einen wird das andere gehindert, wie z. B. durch den Besuch des Kranken die Aufnahme des Gastes. — — Wer sollte nun das wirkungs- und fruchtlose Leben dem fruchtbaren und nach dem Gebote des Herrn verbrachten vorziehen?

2. Wenn wir aber auch alle, in Einer Hoffnung unserer Berufung aufgenommen[2]), Ein Leib sind, indem wir Christus zum Haupte haben, unter einander aber Glieder[3]), — — — wie können wir da abgesondert und getrennt das Verhältnis und den Dienst von Gliedern gegen einander bewahren oder den Gehorsam gegen unser Haupt, welches Christus ist? — — — Während ferner auch ein einzelner nicht fähig ist, alle geistlichen Gaben zu empfangen, sondern nach Massgabe des in einem jeden lebendigen Glaubens die Darreichung des [heil.] Geistes geschieht[4]), so wird in der Gemeinschaft des Lebens die besondere Gnadengabe[5]) eines jeden zum Gemeingut der Genossen. Denn dem einen wird das Wort der Weisheit zuteil, einem andern das Wort der Erkenntnis, einem Glaube, einem andern Weissagung, [wieder] einem andern die Gaben der Heilungen u. s. w.[6]); eine jede [dieser Gaben] hat aber der Empfänger nicht sowohl um seiner selbst, als um der anderen willen. — —

3. — — — Ausser dem Gesagten umgibt aber [noch mancherlei] Gefahr das Einsiedlerleben. Die erste und grösste ist die der Selbstgefälligkeit. Denn wer niemand hat, der sein Wort prüfen kann, wird glauben, schon zur völligen Erfüllung des Gebotes gelangt zu sein. Sodann lernt er, da er seinen Charakter immer ohne Bethätigung [von andern] abschliesst[7]), weder die eigenen Mängel, noch den Fortschritt in den Werken kennen, indem er allen Stoff zur Erfüllung der Gebote entfernt hat.

4. Denn an wem soll er seine Demut beweisen, wenn er

---

[1]) πλείονες. || [2]) προσληφθέντες = von Gott zu Gnaden aufgenommen. || [3]) Eph. 4, 4; 15 f; 25. || [4]) Röm. 12, 6; 3. || [5]) χάρισμα. || [6]) 1. Kor. 12, 8—10. || [7]) ἀγύμναστον ἀεὶ τὴν ἕξιν κατακλείσας.

niemand hat, dem gegenüber er sich als den niedrigeren zeigen kann? An wem seine Barmherzigkeit, wenn er von der Gemeinschaft der Mehrheit abgeschnitten ist? Und wie sollte er sich zur Langmut ausbilden, wenn niemand sich seinen Wünschen widersetzt? — — —

Frage 12: Wie sind die Verheirateten aufzunehmen?

Antwort:

Auch die in der Gemeinschaft der Ehe Lebenden müssen, wenn sie einer solchen Lebensweise[1]) beitreten wollen, geprüft werden, ob sie dies in Einverständnis [mit einander] thun — — — Wenn aber der eine Teil anderer Meinung ist und Widerspruch erhebt, weil er sich weniger um das Wohlgefallen Gottes kümmert, so werde an den Apostel erinnert, der da spricht: In Frieden aber [zu sein,] hat uns Gott berufen[2]); und es werde das Gebot des Herrn erfüllt, der da spricht: Wenn einer zu mir kommt und nicht seinen Vater, seine Mutter, sein Weib und seine Kinder hasst u. s. w., der kann nicht mein Jünger sein[3]). Denn dem Gehorsam gegen Gott geht nichts vor. — — — —

Frage 32: Wie soll man sich gegen seine Blutsverwandten verhalten?

Antwort:

Es soll jedoch den einmal in die Brüderschaft Aufgenommenen von dem Vorsteher nicht gestattet werden, sich durch irgend eine Rücksicht abziehen zu lassen; weder sollen sie mit der Begründung, dass sie Verwandte besuchen, von den Brüdern weggehen und ein von Zeugen freies Leben führen, noch auf die Unterstützung[4]) der Blutsverwandten Sorge verwenden dürfen. Denn das Wort [Gottes] verwirft es überhaupt, dass in der Brüderschaft von Mein und Dein die Rede sei; denn es war, sagt es, unter allen Gläubigen ein Herz und eine Seele, und auch nicht einer sagte, dass ihm etwas von dem, was er hatte, zu eigen sei[5]). Die Väter also oder Brüder jemandes nach dem Fleisch sollen, wenn sie nach Gott[es Willen] leben, von allen, die zur Brüderschaft gehören, als gemeinsame Väter oder Verwandte behandelt werden. Denn wer, so sagt der Herr, den Willen meines Vaters in dem Himmel thut,

---

[1]) Der mönchischen. || [2]) 1. Kor. 7, 15. Sinn des Citates: Wenn also ein friedliches Verhältnis, ein gutes Einverständnis nicht möglich ist, so soll das Band nicht zur Fessel werden. || [3]) Luc. 14, 26. || [4]) ἐν τῇ προστασίᾳ. || [5]) Apg. 4, 32.

der ist mein Bruder, meine Schwester und meine Mutter[1]). Ihre Versorgung aber liegt nach unserm Urteil dem Vorsteher der Brüderschaft ob. Wenn sie aber in das gewöhnliche Leben verflochten sind[2]), so haben wir keinen Verkehr mit ihnen[3]), die wir uns bestreben, das Wohlanständige und bei dem Herrn wohlverharrende Verhalten unabgezogen[4]) aufrecht zu erhalten. Denn abgesehen davon, dass wir jenen keinen Nutzen bringen, erfüllen wir [sonst] auch unser eigenes Leben mit Lärm und Unruhe und verschaffen uns Anlässe zu Sünden. Ja, selbst wenn die von unsern einstmaligen Verwandten zum Besuch kommen, welche die Gebote Gottes verachten und das Werk der Frömmigkeit verschmähen, ist es nicht angemessen, sie zu empfangen, da sie den *Herrn nicht lieben*, der gesagt hat: Wer mich nicht liebt, hält meine Worte nicht. Welche Gemeinschaft hat aber die Gerechtigkeit mit der Gesetzwidrigkeit und welchen Anteil der Gläubige mit den Ungläubigen[5])? — — — — —

Frage 37: Ob man unter dem Vorwand der Gebete und des Psalmengesanges die Arbeiten vernachlässigen soll?

Antwort:

1. Da unser Herr Jesus Christus sagt: Wert ist — nicht einfach jeder oder wer es gerade ist, sondern — der **Arbeiter** seiner Speise[6]), und da der Apostel gebietet, sich anzustrengen und mit den eigenen Händen das Gute zu schaffen, damit wir haben zu geben dem Dürftigen[7]), so ist selbstverständlich, dass man eifrig arbeiten muss. Denn nicht soll man einen Vorwand für die Trägheit oder die Flucht vor der Arbeit für das Ziel der Frömmigkeit halten; — — denn nicht allein um der Kasteiung des Körpers willen ist uns eine solche Lebensweise[8]) gut, sondern auch um der **Liebe zum Nächsten** willen, damit Gott auch den schwachen unter den Brüdern durch uns das Notwendige[9]) darreiche. — —

2. — — — Da aber manche unter dem Vorwand der Gebete und des Psalmengesanges die Arbeiten von sich weisen, so soll man wissen, dass zwar in anderen Dingen für jedes eine besondere Zeit da ist nach dem Prediger, der da sagt: jedes Ding

[1]) Mt. 12, 50. || [2]) D. h. nicht der Brüderschaft angehören. || [3]) οὐδεὶς ἡμῖν κοινὸς πρὸς αὐτοὺς λόγος. || [4]) Vgl. 1. Kor. 7, 35 und Holsten, Das Evangelium des Paulus I, 305. || [5]) 2. Kor. 6, 14f. || [6]) Mt. 10, 10. || [7]) Eph. 4, 28. || [8]) Eine arbeitsame. || [9]) τὴν αὐτάρκειαν.

hat seine Zeit[1]); dass aber für Gebet und Psalmengesang, wie auch für mehreres andere, jede Zeit geeignet ist, sodass einer, während er seine Hände zur Arbeit regt, manchmal auch mit der Zunge, wenn dies möglich oder vielmehr zur Erbauung des Glaubens nützlich ist, sonst aber mit dem Herzen in Psalmen und Lobgesängen und geistlichen Liedern Gott preist, wie geschrieben steht[2]), und sein Gebet unter der Arbeit verrichtet. — — —

Frage 38: — — Welche Beschäftigungen[3]) unserm Gelübde angemessen sind?

Antwort:

Speziell einige Beschäftigungen auszusondern ist nicht leicht, weil die einen die, die andern jene verlangen, je nach der Eigenart der Orte und *je nachdem die Hantierungen in jedem Lande* angebracht sind; im Allgemeinen aber ist es möglich, die Auswahl derer sich vor Augen zu halten, die den Frieden und die Geräuschlosigkeit unseres Lebens wahren, indem sie weder viel Mühe zur Beschaffung des geeigneten Materials erfordern, noch viel Anstrengung behufs des Verkaufs der Erzeugnisse der Arbeit, und die uns keine unziemlichen oder schädlichen Zusammenkünfte mit Männern oder Frauen verursachen; vielmehr müssen wir urteilen, dass bei allem als besonderes Ziel uns die Einfachheit und Billigkeit gesteckt sei, indem wir es meiden, den unverständigen und schädlichen Begierden der Menschen zu dienen durch Herstellung des von ihnen Gesuchten. — — — —

Besonders [zu bevorzugen ist] der Ackerbau, da er durch sich selbst das Notwendige beschafft und die Landarbeiter davor bewahrt, ins Weite zu schweifen und auf und ab zu laufen, wenn er nur, wie gesagt, uns weder von seiten der Nachbarn noch der Genossen[4]) Lärm und Unruhe bringt.

Frage 51: Wie der Fehler dessen, der sich vergangen hat, zu verbessern ist.

Antwort:

Auch die Zuchtmittel aber wende er[5]) in der Weise des Arztes bei den Schwachen an, indem er nicht den Kranken zürnt, sondern die Krankheit bekämpft und sich den Leiden entgegengestellt, durch eine strengere Lebensweise das Gebrechen der Seele heilend; so den Hochmut durch Auferlegung der Werke der Demut; das un-

---

[1]) Pred. Sal. 3, 1. ‖ [2]) Kol. 3, 16. ‖ [3]) τέχναι. ‖ [4]) συνοίκων: Mitbewohner [des Klosters]. ‖ [5]) Der Vorsteher (ὁ προεστώς, vgl. die vorige Frage).

nütze Geschwätz durch das Schweigen; unmässigen Schlaf durch die auf Gebete verwendete Wachsamkeit; Trägheit des Körpers durch die Anstrengungen; ungebührliches Essen durch Fasten; brummiges Wesen durch die Absonderung. — — —

e) Martin von Tours, ein Förderer des Mönchtums im Abendlande.

Sulpicius Severus, Leben des heil. Martin, c. 2. 5. 6. 10. 27[1]).

Martinus war in der Stadt Sabaria[2]) in Ungarn geboren, ist 2.
aber in Italien zu Pavia[3]) aufgewachsen; seine Eltern gehörten dem weltlichen Stande nach nicht zu den Geringsten, waren aber Heiden. Sein Vater war erst Soldat, dann Militärtribun[4]). Er selbst ging in seiner Jugend dem Waffendienste nach und diente bei den Gardetruppen unter Kaiser Konstantius und dann unter dem Caesar Julianus[5]), jedoch nicht freiwillig, weil fast von seinen ersten Jahren an die heilige Kindheit des ausgezeichneten Knaben vielmehr dem Dienste Gottes zustrebte. — — Gross war seine Güte gegen seine Kameraden, wunderbar seine Liebe[6]), seine Geduld und Demut aber ging über das menschliche Mass hinaus. Denn die Mässigkeit braucht nicht erst lobend an ihm hervorgehoben zu werden[7]), die er so übte, dass er schon in jener Zeit nicht wie ein Soldat, sondern wie ein Mönch erschien. — —

Nachdem er den Kriegsdienst verlassen hatte, suchte er den 5.
heil. Hilarius, den Bischof von Poitiers[8]), auf, dessen Treue in Gottes Angelegenheiten damals bewährt und bekannt war, und verweilte einige Zeit bei ihm. Derselbe Hilarius versuchte ihm das Amt des Diakonen zu übertragen und ihn so enger mit sich zu verbinden und an den Dienst Gottes zu fesseln. Da er aber [schon] sehr oft sich widersetzt hatte, indem er sich für unwürdig erklärte, sah der Mann von tieferem Geiste ein, dass er auf Eine Weise gefesselt werden könne, wenn er ihm [nämlich] den Dienst auferlegte, in dem eine gewisse Entehrung zu liegen schien[9]); er

---

[1]) Vita S. Martini episcopi et confessoris ex rec. C. Halmii. Corpus script. lat., Vol. I. Wien, 1866. S. 109 ff. Martin † um 400. S. o. S. 27. || [2]) Deren Ruinen im heutigen Stein am Anger zu finden sind. || [3]) Ticini. || [4]) Oberst. || [5]) Julianus dem Abtrünnigen (s. o. S. 15 ff.), als dieser noch nicht Kaiser (Caesar Augustus) war, sondern erst die Aussicht auf den Thron hatte (Caesar war). || [6]) Im 3. Kap. folgt die bekannte Erzählung von dem Armen, mit dem er das letzte Gewand im kalten Winter teilt. || [7]) nam frugalitatem in eo laudari non est necesse. || [8]) Pictavae. || [9]) in quo quidam locus iniuriae videretur.

befahl ihm daher, Exorzist[1]) zu sein. Diese Ordination verschmähte er nicht, damit es nicht schiene, als ob er sie als zu niedrig verachtet habe. — —

6. Als darauf die arianische Ketzerei sich über den ganzen Erdkreis, und besonders in Illyricum, verbreitet hatte, so ging er, da er gegen die Treulosigkeit der Priester fast allein aufs heftigste kämpfte und viele Strafen erlitten hatte — denn er wurde auch öffentlich mit Ruten geschlagen und zuletzt aus der Stadt ausgewiesen —, wieder nach Italien und errichtete sich, da er erfuhr, dass auch in Gallien durch die Entfernung des heil. Hilarius, den die Macht der Ketzer ins Exil getrieben hatte, die Kirche in Verwirrung gebracht sei, in Mailand ein Kloster. Auch hier verfolgte ihn Auxentius[2]), der Schirmherr und das Haupt der Arianer, aufs härteste, that ihm viel Unbill an und vertrieb ihn aus der Stadt. Daher glaubte er, den Umständen weichen zu müssen, und begab sich auf eine Insel Namens Gallinaria[3]), begleitet von einem Presbyter, einem Mann von grossen Tugenden. Hier lebte er eine Zeitlang von Kräuterwurzeln. — —

Wie und wie gross er sich aber zeigte, als er schon das Bischofsamt angenommen hatte[4]), vermag ich nicht zu schildern. Er blieb nämlich ganz unwandelbar derselbe, der er früher gewesen war. Dieselbe Demut behielt er in seinem Herzen, dieselbe Dürftigkeit in seiner Kleidung; und so füllte er, voll Würde und Huld, das Amt des Bischofs aus[5]), dass er [dabei] doch nicht dem Vorsatz und der Tugend des Mönches untreu wurde.

Eine Zeitlang bediente er sich daher einer an die Kirche anstossenden Zelle; dann, als er das unruhige Treiben derer, die ihn besuchten, nicht ertragen konnte, errichtete er sich etwa 2 Meilen von der Stadt entfernt ein Kloster. Dieser Ort war so verborgen und abgelegen, dass er die Einsamkeit der Wüste nicht vermisste. Von der einen Seite nämlich war er von dem abschüssigen Felsen eines hohen Berges umgeben, die übrig bleibende Ebene hatte die Loire mit ein wenig zurücktretender Krümmung abgeschlossen; nur auf einem und demselben ganz engen Pfade war er zugänglich.

[1]) Teufelsbeschwörer. Bei der Taufe wurde der Teufel aus dem bisherigen Heiden ausgetrieben. Vgl. Heft I, S. 24, A. 4. || [2]) Vorgänger des Ambrosius als Bischof von Mailand. || [3]) Die Hühnerinsel, auf dem etrurischen Meer, den ligurischen Bergen gegenüber, jetzt Isola d'Albengo. || [4]) In Tours. || [5]) atque ita, plenus auctoritatis et gratiae, inplebat episcopi dignitatem.

Er selbst hatte eine aus Holz zusammengeflochtene[1]) Zelle und viele von den Brüdern ebenso; die meisten hatten sich aus dem ausgehöhlten Gestein des darüber liegenden Berges Schlupfwinkel gemacht. Es waren ungefähr 80 Schüler, die nach dem Beispiel des seligen Lehrmeisters gebildet wurden. Niemand hatte dort irgendwelches Eigentum, alles wurde zum Gemeingut gemacht[2]). Man durfte nichts kaufen oder verkaufen, wie es bei den meisten Mönchen Sitte ist; keine Kunst wurde dort getrieben, abgesehen von den Schriftstellern; für diese Arbeit wurden aber die Jüngeren bestimmt, die Älteren widmeten sich dem Gebet. Selten verliess einer seine Zelle, ausser wenn sie am Orte des Gebetes zusammenkamen. Speise nahmen sie alle zusammen nach der Stunde des Fastens. Wein kannte Niemand, ausser wenn Krankheit dazu nötigte. Die meisten kleideten sich mit Kamelhaaren; ein weicheres Gewand galt dort als Verbrechen. Dies muss umsomehr wundernehmen, da viele unter ihnen für vornehm galten, die weit anders erzogen waren, aber sich zu dieser Demut und Abhärtung[3]) gezwungen hatten; und mehrere von ihnen haben wir nachmals als Bischöfe gesehen. Denn welche Stadt oder Kirche sollte sich nicht einen Priester aus Martins Kloster wünschen? Niemand hat ihn
je zornig, niemand erregt, niemand traurig, niemand lachend ge- 27.
sehen: er war immer ein und derselbe; eine gewissermassen himmlische Heiterkeit prägte sich auf seinem Antlitz aus, und so schien er über die menschliche Natur erhaben zu sein[4]). — —

f) Benedikt von Nursia, der (indirekte) Reformator des abendländischen Mönchtums[5]).

α) Aus seinem Leben.

Gregor d. Gr., Dialoge II, Vorrede und c. 1, 3. 8. 37[6]).

— — Einem vornehmen Geschlechte aus der Provinz Nursia[7]) Vorrede.

[1]) contextam. ‖ [2]) omnia in medium conferebantur. ‖ [3]) patientiam. ‖ [4]) extra naturam hominis videbatur. ‖ [5]) „Seine Regel gilt bis 580 wohl nur in dem von ihm gestifteten Kloster Monte Cassino. Erst als dieses Kloster durch die Langobarden 580 zerstört wurde und seine Mönche sich in Rom, und zwar durch die Gunst Pelagius II (579—590) in der Nähe des Laterans neu ansiedelten, begann ihre grosse Laufbahn. Hier lernte sie Gregor d. Gr. kennen, führte sie in den sieben von ihm gestifteten Klöstern (Rom und Sizilien) ein, verkündigte den Ruhm Benedikts in seinen Dialogen und empfahl seine Regel nach auswärts.“ Müller, K.-G. I, 317. ‖ [6]) Vita et regula ss. p. Benedicti ed. Mittermüller, Regensburg, New York und Cincinnati 1880. | [7]) Im Norden des Sabinerlandes.

entsprossen, war er in Rom dem freien Studium der Wissenschaften zugeführt worden. Als er aber dabei viele durch die Abgründe der Laster wandeln sah, so zog er den Fuss, den er gleichsam auf die Schwelle der Welt gesetzt hatte, zurück, damit er nicht, wenn er etwas von ihrer Wissenschaft anrührte, hernach auch selbst ganz in den ungeheueren Absturz geriete. Er verschmähte daher das Studium der Wissenschaften, verliess Haus und Habe seines Vaters und suchte, indem er allein Gott zu gefallen wünschte, das Ordenskleid[1]). — —

1. — — Benediktus — — suchte die Abgeschiedenheit eines wüsten Ortes, Namens Subiaco[2]), auf, der von der Stadt Rom ugf. 40 römische Meilen[3]) entfernt frisches und klares Wasser hervorsprudelt. — — Als aber der Mann Gottes dorthin kam, begab er sich in eine ganz enge Höhle [und blieb da] 3 Jahre lang. — — Um diese Zeit fanden ihn, der in der Höhle verborgen war, auch Hirten. Als sie ihn in Felle gekleidet zwischen dem Gebüsch sahen, glaubten sie, es sei ein wildes Tier. Als sie aber den Diener Gottes kennen lernten, wendeten sich viele von ihnen von ihrer tierischen Sinnesart der Gnade[4]) der Frömmigkeit zu. Sein Name wurde daher in der Umgegend allgemein bekannt, und es geschah, dass er schon seit dieser Zeit von vielen aufgesucht wurde, die, während sie ihm leibliche Nahrung brachten, von seinem Munde in ihrem Herzen Nahrung fürs [ewige] Leben heimbrachten. — —

3. Nicht weit davon lag aber ein Kloster. Der Abt der Mönchsgenossenschaft[5]) war gestorben, und die ganze Genossenschaft kam von da zu diesem ehrwürdigen Benedikt und bat ihn inständig, dass er ihr Vorsteher werden müsse. Er weigerte sich lange, zog die Sache hin und sagte im voraus, dass die Lebensweise jener Brüder zu der seinigen nicht passen könne, aber schliesslich liess er sich überwinden und gab ihren Bitten seine Zustimmung. (Und) Da er in diesem Kloster wachsam auf ein der Regel entsprechendes Leben hielt, und keiner mehr, wie früher, in unerlaubten Handlungen rechts und links vom Wege des Klosterlebens[6]) abbiegen durfte, gerieten die Brüder in wahnsinnige Wut

[1]) sanctae conversationis habitum. || [2]) Sublacus. Der Ort liegt in der Campagne am Anio. || [3]) 5 römische Meilen = 1 deutsche. || [4]) Dem begnadeten Leben. || [5]) cuius congregationis Pater. || [6]) conversationis.

und begannen (zuerst) sich selbst wegen ihres Unterfangens[1]) anzuklagen, weil sie verlangt hatten, dass dieser ihr Vorsteher werde, — — und — — einige[2]) unternahmen es, über seinen Tod zu verhandeln, und mischten auf Grund ihrer Beratschlagung Gift in seinen Wein. (Und) Als das Glasgefäss, in dem jener verderbliche Trank enthalten war, dem sich zu Tische setzenden Abte[3]) nach der Klostersitte zur Segnung dargereicht wurde, da machte Benedikt mit ausgestreckter Hand das Zeichen des Kreuzes und zerbrach durch dieses Zeichen das Gefäss, das in einiger Entfernung hingehalten wurde; und zwar wurde es so zerbrochen, als ob er in jenes todbringende Gefäss, statt das Kreuz zu schlagen, einen Stein geworfen hätte. Sogleich erkannte der Mann Gottes, dass er *einen Todestrank [vor sich] gehabt hatte, der das Zeichen des Lebens* nicht vertragen konnte; und auf der Stelle erhob er sich und redete mit heitrer Miene und ruhigem Gemüte die zusammengerufenen Brüder so an: „Mag sich euer, liebe Brüder, der allmächtige Gott erbarmen; warum habt ihr das an mir thun wollen? Habe ich nicht im voraus gesagt, dass eure und meine Lebensweise nicht zusammenpasse? Geht und sucht euch einen Abt nach eurer Art, denn mich könnt ihr fortan keineswegs behalten.“ Darauf kehrte er zur Stätte der geliebten Einsamkeit zurück und wohnte für sich allein, vor den Augen des himmlischen Beobachters. —

Als der heilige Mann lange in dieser Abgeschiedenheit an Tugenden und [Wunder-]Zeichen zunahm, wurden viele von ihm an diesem Orte zum Dienste des allmächtigen Gottes versammelt, sodass er dort 12 Klöster mit Hilfe des allmächtigen Herrn Jesus Christus errichtete, in denen er unter bestimmten Äbten je 12 Mönche ansiedelte, während er einige wenige bei sich zurückbehielt, von denen er glaubte, dass sie noch in seiner Gegenwart besser ausgebildet würden. Es begannen auch damals vornehme und fromme Leute aus der Stadt Rom ihm zuzuströmen und ihm ihre Söhne zu übergeben, damit er sie für den allmächtigen Gott erziehe. Damals führten ihm auch ihre hoffnungsvollen Sprösslinge zu Euticius — den Maurus, und der Patrizier Tertullus — den

[1]) Suscepti wohl nicht Attribut zu fratres, sondern Gen. von susceptum, was obigen Sinn haben mag. || [2]) Nach der Lesart aliqui. || [3]) recumbenti Patri: eigentlich: dem sich zu Tische legenden. Man ass halb liegend.

Placidus. Unter ihnen begann Maurus[1]), der jüngere [von beiden], da er sich durch seine guten Sitten auszeichnete, der Gehilfe des Meisters zu werden. — —

8. — — Der heilige Mann wanderte an andere Orte, aber den Feind wechselte er nicht. — — Ein Kastell nämlich, Namens Cassino[2]), liegt am Abhang eines hohen Berges, der in ausgedehntem Bogen dieses Kastell umfasst. — — Dort war ein uralter Tempel, in dem nach der Sitte der alten Heiden von dem dummen Bauernvolk Apollo verehrt ward. Ringsumher waren auch im Dienste der Dämonen Haine entstanden, in denen noch zu dieser Zeit die wahnwitzige Menge der Ungläubigen mit gottlosen Opfern sich abmühte. Als daher der Mann Gottes dahin kam, zerstörte er das Götzenbild, stürzte den Altar um, hieb die Haine nieder und errichtete im Tempel des Apollo selbst eine Kapelle[3]) des seligen Martinus[4]), da aber, wo der Altar dieses Apollo gewesen war, eine Kapelle des heiligen Johannes[5]) und rief die Menge, die sich ringsumher aufhielt, sofort durch eine Predigt

37. zum Glauben. — — — — Begraben aber ist er in der Kapelle des seligen Johannes des Täufers, die er nach Zerstörung des Apollo-Altars selbst erbaut hat.

β) Aus seiner Ordensregel[6]).

Kap. 7. Von der Demut[7]).

— — — — Der 12.[8]) Grad der Demut besteht darin, dass der Mönch nicht nur im Herzen, sondern auch an seinem Körper denen, die ihn sehen, immer die Demut zeigt; d. h. dass er bei der Arbeit[9]), im Bethaus, im Kloster, im Garten, auf der Strasse, auf dem Felde oder wo sonst sitzend, gehend oder stehend immer

---

[1]) Nach ihm benannten sich die Mauriner, jene gelehrte Genossenschaft unter den Benediktinern, denen die Wissenschaft wertvolle Sammlungen kirchengeschichtlicher Urkunden und Quellen verdankt, und deren Hauptkloster St. Germain des Près bei Paris ist. || [2]) Bei Neapel. || [3]) Oraculum (εὐκτήριον). Es sind nicht Stätten gemeint, wo die genannten Heiligen angebetet werden sollten, sondern Kapellen, die ihnen geweiht, mit ihrem Namen geschmückt waren. || [4]) Martin von Tours, s. o. S. 27. 151. || [5]) Des Täufers. Vgl. c. 37. || [6]) Diese hat in Mittermüllers Sammelwerk E. Schmidt herausgegeben, und zwar nach der Tegernseeer Handschrift aus dem 8. Jahrh., unter Beifügung der Varianten. || [7]) De humilitate. || [8]) und höchste. || [9]) In Schmidt's Text steht Dei dabei: „beim Gottesdienst“.

das Haupt senke und die Augen auf den Boden hefte. Er halte sich zu jeder Stunde wegen seiner Sünden für schuldig und glaube, dass er schon vor dem furchtbaren Gerichte Gottes stehe, indem er sich in seinem Herzen immer das sagt, was jener Zöllner im Evangelium mit zu Boden geschlagenen Augen sagte: „Herr, ich Sünder bin nicht wert, meine Augen zum Himmel zu erheben“ [1]), und wiederum mit dem Propheten: „gebeugt und gedemütigt bin ich immerdar“ [2]).

Nachdem er also alle diese Stufen der Demut erklommen hat, wird der Mönch bald zu jener Liebe Gottes durchdringen, die in ihrer Vollkommenheit die Furcht austreibt [3]); kraft deren er alles, was er zuvor nicht ohne Angst beobachtete, ohne alle Anstrengung, wie von Natur, gewohnheitsmässig zu befolgen beginnen wird; nicht mehr aus Furcht vor der Hölle, sondern aus Liebe zu Christus, aus eigener guter Gewohnheit und Freude an den Tugenden. Dies wird der Herr an seinem Arbeiter, welcher durch den heiligen Geist von Lastern und Sünden rein ist, schon an den Tag zu bringen geruhen [4]).

Kap. 16. Wie die Gottesdienste im Verlaufe des Tages gehalten werden sollen.

Wie der Prophet sagt [5]): „siebenmal am Tage habe ich dir Lob gesungen.“ Diese geheiligte Siebenzahl wird von uns so erfüllt werden, wenn wir zur Zeit der Mette, der Prim, der Terz, der Sexte, der None, der Vesper und des Completoriums [6]) die Pflichten unseres Dienstes vollbringen, weil er von diesen Tagesstunden gesagt hat: „siebenmal am Tage habe ich dir Lob gesungen.“ Denn von den nächtlichen Vigilien sagt derselbe Prophet: „Mitten in der Nacht stand ich auf, um dir zu bekennen“ [7]). —

[1]) Ungenau nach Luc. 18, 13. || [2]) Ps. 119, 107. Die ersten Worte des Citates (incurvatus et) fehlen allerdings dort. || [3]) 1. Joh. 4, 18. || [4]) quae (nämlich die erwähnten Gesinnungen) Dominus iam in operarium suum mundum a vitiis et peccatis Spiritu sancto dignabitur demonstrare. In mit dem Acc. bezeichnet hier wohl, dass es zu Gunsten des treuen Arbeiters geschieht. || [5]) Ps. 119, 164. || [6]) Die 7 heiligen Zeiten fallen auf die Zeit der Morgendämmerung (Matutina = Mette), auf 6, 9, 12, 3, 6 Uhr und auf Tagesschluss (9 Uhr). Die letzte dieser Zeiten heisst das Completorium, weil sie den Tag abschliesst oder voll macht; danach ergiebt sich die Zeit der übrigen Gebetsübungen. Zu diesen Feierstunden des Tages kommt noch die nächtliche Andacht (Vigilia = Nachtwache, hier nächtliche religiöse Feier), die aber nicht genau auf Mitternacht zu fallen braucht. || [7]) Ps. 119, 62.

Kap. 22. Wie die Mönche schlafen sollen.

Jeder schlafe in einem besonderen Bett. Ihre Lagerstätten sollen sie nach Massgabe des mönchischen Lebens, gemäss der Anordnung ihres Abtes, empfangen. Wo möglich sollen sie alle in Einem Raume schlafen; wenn dies aber ihre Menge nicht gestattet, sollen je 10 oder 20 mit den Senioren[1]), welche um sie besorgt sind, ruhen. Eine Lampe brenne beständig in diesem Raume bis zum Morgen.

Sie sollen angekleidet schlafen und umgürtet mit Gürteln oder Stricken; und ihre Dolchmesser[2]) sollen sie nicht an ihrer Seite haben, während sie schlafen, damit nicht etwa infolge eines Traumes die Schlafenden verwundet werden, und damit die Mönche jederzeit bereit seien, auf das gegebene Zeichen unverzüglich aufstehen und eilen, sich gegenseitig zum Gottesdienste zuvorzukommen, doch mit aller Würde und Bescheidenheit[3]). Die jüngeren Brüder sollen ihre Betten nicht neben einander haben, sondern gemischt mit den älteren. Wenn sie sich aber zum Gottesdienst erheben, sollen sie sich gegenseitig massvoll ermuntern wegen der Ausreden der Schlafsüchtigen.

Kap. 33. Ob die Mönche Eigentum haben dürfen.

Vor allem ist diese Sünde gründlich aus dem Kloster zu entfernen. Niemand soll sich herausnehmen, etwas zu geben oder in Empfang zu nehmen ohne Geheiss des Abtes und etwas zu eigen zu haben, irgend etwas; weder ein Buch, noch Tafeln, noch einen Griffel, sondern überhaupt nichts; denn sie dürfen ja nicht einmal ihren Leib und ihren Willen in der eigenen Gewalt haben[4]). — — — Und alles sei allen gemein, wie geschrieben steht: und niemand sage oder wähne, dass etwas sein eigen sei[5]).

Kap. 36. Von den kranken Brüdern.

— — Auch Fleischkost werde den Kranken, (und) den Schwachen überhaupt, zu ihrer Wiederherstellung gewährt. Wenn

---

[1]) D. h. den Dekanen, welche nach Kap. 21 dem Abt zur Seite stehen. || [2]) cultellos. || [3]) Dies ist offenbar nicht der Zweck der letzten Anordnung, sondern der vorhergehenden, dass sie in ihren Kleidern schlafen sollen. || [4]) Quippe quibus nec corpora sua nec voluntates licet habere in propria potestate. Allerdings wird c. 27 auch dem Abt eingeschärft, dass er mit der Sorge für die kranken Seelen betraut sei, nicht mit der Gewaltherrschaft (tyrannidem) über die gesunden. || [5]) Vgl. Apg. 4, 32.

sie aber genesen sind, sollen sich alle nach der gewöhnlichen Sitte des Fleisches enthalten. — — — — —

Kap. 40. Über das Mass des Trinkens.

„Ein jeder hat seine eigene Gabe von Gott, der eine so, der andere aber so“ [1]). Und deshalb wird mit einer gewissen Bedenklichkeit von uns das Mass des Lebensbedarfes anderer festgestellt. Wenn wir jedoch die Schwäche der Kranken ins Auge fassen, glauben wir, dass täglich ein Viertel [2]) Wein für jeden genügt. Die aber, denen Gott es gibt, die Enthaltsamkeit zu ertragen, sollen wissen, dass sie einen besonderen Lohn empfangen werden.

Wenn aber entweder die Beschaffenheit des Ortes [3]) oder die Arbeit oder die Sommerhitze mehr erfordert, so soll das der Entscheidung des Priors anheimgestellt sein, der bei allen darauf sieht, dass nicht Übersättigung oder Trunkenheit eintritt.

Mögen wir auch lesen [4]), dass der Wein überhaupt nicht für Mönche sei: aber weil es zu unseren Zeiten nicht möglich ist, die Mönche davon zu überzeugen, so wollen wir wenigstens dem zustimmen, dass wir nicht bis zur Übersättigung trinken, sondern mässiger; denn „der Wein macht auch Weise abtrünnig“ [5]). Wo es aber die Beschaffenheit des Ortes fordert, sodass nicht einmal das oben angegebene Mass aufgebracht werden kann, sondern viel weniger oder überhaupt nichts, da mögen die, welche dort wohnen, Gott preisen und nicht murren. — — —

Kap. 42. Dass nach der Abendandacht [6]) niemand mehr sprechen soll.

Zu jeder Zeit sollen sich Mönche des Schweigens befleissigen, besonders jedoch zur Nachtzeit [7]). — — Wenn sie aus den Abendandachten kommen, soll keinem gestattet sein, wieder mit jemand zu sprechen.

Wenn aber einer bei der Übertretung dieser Regel des Schweigens betroffen wird, soll er einer schweren Strafe unterliegen, es sei denn, dass die notwendige Rücksicht auf Gäste dazwischentritt [8]) oder etwa der Abt einem etwas befiehlt. — —

[1]) Vgl. Röm. 12, 6. || [2]) heminam. Das Maß ist in verschiedenen Gegenden verschieden. || [3]) Heisses oder trockenes Klima. || [4]) Bei alten Kirchenschriftstellern. || [5]) Vgl. Spr. 20, 1. Es wird meist frei nach dem Gedächtnis citiert. || [6]) post completorium. || [7]) nocturnis horis. || [8]) excepto si necessitas hospitum supervenerit.

Kap. 44. Wie die Ausgeschlossenen[1]) Genugthuung leisten sollen.

Wer wegen schwerer Verschuldungen vom Betsaal und vom Tische ausgeschlossen wird, soll zu der Stunde, in welcher im Betsaal Gottesdienst gehalten wird, vor der Thür des Betsaales sich niederwerfen und liegen bleiben, ohne etwas zu sagen; nur soll er den Kopf auf die Erde legen und sich den Füssen aller derer, die aus dem Betsaal heraustreten, vornüber geneigt darbieten. Und dies soll er solange thun, bis der Abt erklärt, es sei genug geschehen. Wenn er dann auf Befehl des Abtes erscheint, soll er sich dem Abte, sodann allen [andern] zu Füssen werfen, damit sie für ihn beten. Und dann soll er, wenn es der Abt befiehlt, im *Chor*[2]) *oder so, wie es der Abt bestimmt, wieder aufgenommen* werden; so allerdings, dass er sich nicht herausnimmt, einen Psalm oder eine Lektion oder sonst etwas im Betsaal anzustimmen, ausser wenn es wiederum der Abt befiehlt. Und zu allen Stunden, wenn Gottesdienst gehalten wird[3]), soll er sich zur Erde werfen an der Stelle, wo er steht, und so soll er Genugthuung leisten, bis ihm wiederum der Abt gebietet, dass er nun von dieser Genugthuung ruhe. — — —

Kap. 48. Von der täglichen Handarbeit.

Müssiggang ist der Feind der Seele[4]), und deshalb sollen die Brüder zu bestimmten Zeiten mit Handarbeit beschäftigt werden, und wieder zu bestimmten Zeiten mit heiliger Lektüre[5]). — — —

Kap. 50. Von den Brüdern, die fern vom Betsaal arbeiten oder unterwegs sind.

Die Brüder, die ganz fern bei der Arbeit sind und nicht zur entsprechenden Stunde zum Betsaal kommen können, — und der Abt erwägt, dass es sich so verhält[6]) —, sollen ebendort, wo sie arbeiten, Gottesdienst halten, indem sie in Gottesfurcht ihre Kniee beugen.

Ähnlich sollen an denen, die auf eine Reise geschickt sind[7]), die festgesetzten Stunden nicht vorübergehen, sondern sie

[1]) qui excommunicantur. || [2]) der Kirche. || [3]) dum completur opus dei. || [4]) Otiositas inimica est animae. || [5]) lectione divina. Neben der Lectüre der heiligen Schrift ist wohl auch hier an die der Kirchenväter zu denken. S. u. Kap. 73. || [6]) Das Anakoluth löst sich auf, wenn man am Anfang des Satzes sich si für qui geschrieben denkt. || [7]) qui in itinere directi sunt.

mögen sie für sich abhalten, wie sie können, und nicht versäumen, die Pflicht des Dienstes zu erfüllen [1]).

Kap. 51. Von den Brüdern, die nicht sehr weit reisen.

Der Bruder, der um irgend einer Antwort willen ausgesandt wird und an demselben Tage, wie man hofft, zum Kloster zurückkehrt, unterstehe sich nicht, draussen zu essen, auch wenn er (überhaupt) von jemand gebeten wird; ausser, wenn es ihm von seinem Abte vorgeschrieben wird. Wenn er aber anders handelt, werde er excommuniciert.

Kap. 53. Von der Aufnahme der Gäste.

Alle Gäste, die kommen, sollen wie Christus aufgenommen werden; denn er wird [einst] sagen: „Ich bin ein Gast gewesen, und ihr habt mich aufgenommen" [2]). Und allen werde gebührende Ehre erwiesen, besonders den Dienern des Glaubens und den Fremdlingen.

Sowie also ein Gast angemeldet wird, begegne ihm der Prior oder die Brüder mit aller Dienstfertigkeit der Liebe; und zuerst bete man zusammen, und so geselle man sich in Frieden zu einander. — — — — —

Das Fasten soll vom Prior um des Gastes willen gebrochen werden, ausser wenn etwa ein besonders wichtiger Fasttag ist, der nicht verletzt werden darf; die Brüder aber sollen die Fastensitten befolgen. Wasser gebe der Abt den Gästen auf die Hände; die Füsse sollen allen Gästen sowohl der Abt als die ganze Genossenschaft waschen. — — —

Mit den Gästen aber soll keiner, dem es nicht aufgetragen wird, irgendwie verkehren oder sich unterhalten. — — — —

Kap. 55. Von Kleidung und Schuhwerk der Brüder.

Kleider sollen den Brüdern je nach der Beschaffenheit der Orte, wo sie wohnen, oder der Temperatur (der Luft) gegeben werden; denn in kalten Gegenden wird mehr gebraucht, in warmen aber weniger. Diese Erwägung also ist dem Abt anheimgestellt.

Wir aber glauben, dass an Orten von mittlerer Beschaffenheit für die Mönche genügt (je) eine Kapuze [3]) und ein Leibrock [4]); die Tunica im Winter von Wolle, im Sommer einfach [5]) oder alt;

[1]) servitutis pensum . . . reddere. Servitus hier speziell = Dienst Gottes. || [2]) Mt. 25, 35. || [3]) cuculla. || [4]) tunica. || [5]) puram.

und ein Skapulier[1]) wegen der Arbeiten; als Fussbekleidung Gamaschen und Halbstiefel[2]).

Über Farbe und Dicke all' dieser Dinge sollen die Mönche sich nicht beschweren, sondern [sie tragen,] wie sie in der Provinz zu haben sind, in der sie leben, oder was geringeres sich beschaffen lässt. — — — —

Hosen sollen die, welche auf die Reise geschickt werden, aus der Garderobe[3]) empfangen; diese sollen sie bei ihrer Rückkehr gewaschen dorthin zurückgeben. — —

Zur Bettung aber genüge eine Matte[4]), eine leinene Decke[5]), eine wollene Decke[6]) und ein Kopfkissen. Diese Betten aber sind häufig vom Abte zu untersuchen auf Privateigentum[7]), damit sich solches *nicht etwa vorfinde. Und wenn sich bei einem etwas* findet, was er nicht vom Abte empfangen hat, so soll er der schwersten Bestrafung verfallen. Und damit diese Sünde des Privatbesitzes[8]) mit der Wurzel herausgeschnitten werde, soll vom Abt alles geliefert werden, was nötig ist: d. h. Kapuze, Tunika, Gamaschen, Schuhe, Gürtel, Messer, Griffel, Nadel, Nastuch[9]), Tafeln, damit jede Möglichkeit, sich mit dem Bedürfnis zu entschuldigen, abgeschnitten werde. — —

Kap. 58. Von der Ordnung für die Aufnahme der Brüder.

Wenn einer neu zum mönchischen Leben[10]) herzukommt, so werde ihm kein leichter Eintritt gewährt; sondern, wie der Apostel sagt[11]): „Prüfet die Geister, ob sie von Gott sind.“ Also wenn der Ankömmling beharrlich anklopft, und es sich nach 4 oder 5 Tagen gezeigt hat, dass er die ihm zugefügten Kränkungen[12]) und die Schwierigkeit des Eintritts erträgt und bei seiner Bitte bleibt, so

---

[1]) scapulare; ein an beiden Seiten aufgeschlitztes, die Arme freilassendes Gewand. || [2]) pedules et caligas. || [3]) de vestiario. || [4]) Stramenta autem lectorum sufficiant matta etc. Die Matte besteht aus Binsen. || [5]) sagum. Nach manchen Erklärern eine Art Strohsack; nach andern eine Decke über dem Schlafenden, der auf der blossen Matte gelegen habe. || [6]) lena: von Martene (Commentarius in regulam S. P. Benedicti, S. 721) als eine zottige Decke zum Schutz gegen die Kälte erklärt. || [7]) propter opus peculiare, ne inveniatur. || [8]) hoc vitium peculiare. Vgl. cap. 33. || [9]) mappula. || [10]) ad conversationem. Bei Schmidt: ad conversionem, d. h. zur Bekehrung [vom weltlichen zum Mönchs-Leben]. || [11]) 1. Joh. 4, 1. || [12]) Die Zurückweisungen, die er von den Brüdern erfährt, die Verdächtigung der Motive seines Eintritts u. s. w.

werde ihm der Eintritt bewilligt; und er verweile einige Tage in der Zelle der Gäste.

Dann aber halte er sich in der Zelle der Novizen auf, wo er [geistliche] Betrachtungen anstelle[1]), esse und schlafe. Und es werde ihm ein solcher Vorgesetzter[2]) zugewiesen, der geeignet sei, Seelen zu gewinnen. Dieser achte ganz genau auf ihn und bekümmere sich darum, ob er wirklich Gott sucht, ob er eifrig auf den Gottesdienst, auf den Gehorsam und auf [Ertragung von] Beschimpfungen bedacht ist. Es werde ihm alles Harte und Rauhe vorhergesagt, durch welches der Weg zu Gott führt. Wenn er verspricht, auf seinem Treugelübde zu beharren[3]), werde ihm nach Umlauf zweier Monate diese Regel der Reihe nach vorgelesen und ihm gesagt: Siehe, das ist das Gesetz, unter dem Du dienen[4]) willst; kannst Du es befolgen, so tritt ein, kannst Du es aber nicht, so gehe frei von dannen. Wenn er noch darauf besteht, so werde er dann in die oben erwähnte Zelle der Novizen geführt und wiederum in aller [Art von] Geduld erprobt. Und nach Umlauf von 6 Monaten werde ihm die Regel [nochmals] vorgelesen, damit er wisse, wozu[5]) er eintritt. Und wenn er noch darauf besteht, werde ihm nach 4 Monaten abermals dieselbe Regel vorgelesen. Und wenn er mit sich zu Rate gegangen ist und verspricht, dass er alles befolgen und alles ihm Befohlene beobachten will, dann werde er in die Genossenschaft[6]) aufgenommen mit dem Bewusstsein, dass es durch das Gesetz[7]) der [Ordens-]Regel bestimmt ist, dass er von diesem Tage an nicht aus dem Kloster austreten darf, noch den Nacken unter dem Joche der Regel wegziehen, die er in so langer Bedenkzeit entweder ablehnen oder annehmen durfte.

Der Aufzunehmende soll aber im Betsaal in Anwesenheit aller [Brüder] ein Gelübde betreffs seiner Treue, der Änderung seiner Sitten und des Gehorsams vor Gott und seinen Heiligen ablegen[8]), damit er wisse, dass, wenn er jemals anders handelt, er von dem,

---

[1]) meditetur. || [2]) senior. || [3]) Si promiserit de stabilitatis suae perseverantia. || [4]) militare. || [5]) ad quod. || [6]) in congregatione. || [7]) Lies: ex lege. || [8]) promittat de stabilitate sua et conversione morum suorum et obedientia coram Deo et Sanctis eius. Das Gelübde der Stabilitas bedeutet eben, dass der Aufzunehmende dem Mönchsleben bis ans Ende treu bleiben will. — Armut und Keuschheit ist also in diesem Gelübde nicht speziell erwähnt; doch lässt sich diese natürlich in der conversio morum finden, und von jener ist noch in unserm Kapitel besonders die Rede.

welchen er verspottet, verdammt werden muss. Über dies sein Gelübde stelle er eine Urkunde[1]) auf den Namen der Heiligen, deren Reliquien daselbst sind, und des derzeitigen Abtes aus. Diese Urkunde schreibe er eigenhändig; oder, wenn er die Buchstaben nicht kennt, so schreibe sie wenigstens auf seine Bitte ein anderer; und jener Novize mache ein Zeichen[2]) und lege sie eigenhändig auf den Altar. Wenn er sie niedergelegt hat, stimme alsbald der Novize selbst diesen Vers an: „Nimm mich auf, Herr, nach deinem Wort, dass ich lebe; und lass mich mit meiner Hoffnung nicht zu schanden werden“[3]). Diesen Vers erwidere die ganze Versammlung dreimal und füge hinzu: „Ehre sei dem Vater“[4])! Darauf werfe sich jener Bruder Novize jedem zu Füssen, damit *sie für ihn beten; und von diesem Tage an* werde er nun zu der Kongregation gezählt.

Wenn er Eigentum besitzt, so gebe er es entweder vorher den Armen oder übertrage es in feierlicher Schenkung auf das Kloster, ohne irgend etwas für sich zu behalten; denn er soll w i s s e n, d a s s e r v o n d i e s e m T a g e a n n i c h t e i n m a l m e h r ü b e r s e i n e n e i g e n e n K ö r p e r z u v e r f ü g e n h a t[5]). — —

Kap. 63. Von der [Rang-]Ordnung [in] der Kongregation.

— — Bei der Nennung der Namen sei keinem gestattet, den andern beim blossen Namen zu rufen; sondern die Älteren sollen ihre jüngeren [Genossen][6]) mit dem Namen Bruder, die Jüngeren aber ihre älteren „Nonnus“ rufen, was die väterliche Würde bedeutet. Der Abt aber soll, weil er nach unserm Glauben die Stelle Christi vertritt, Herr und Abt genannt werden[7]); nicht infolge seiner eigenen Anmassung, sondern Christo zu Ehren und zulieb. — —

Kap. 64. Von der Einsetzung des Abtes[8]).

Bei der Einsetzung des Abtes werde immer so verfahren, dass derjenige dazu bestimmt werde, den sich die ganze einmütige Kon-

[1]) petitionem. || [2]) Wie es vielleicht noch jetzt vereinzelt alte Leute gibt, die ihre Namensunterschrift durch drei Kreuze ersetzen. || [3]) Ps. 119, 116. || [4]) Gloria Patri. || [5]) quippe qui ex illo die nec proprii corporis potestatem se habiturum sciat. || [6]) priores iuniores suos. || [7]) Abbas autem, quia vices Christi creditur agere, dominus et abbas vocetur. Abbas = Vater: vgl. Röm. 8, 15. || [8]) Der Gehilfe des Abtes in Aufsicht und Verwaltung ist der Präpositus (Probst) oder Prior. Vgl. Kap. 65 u. Martene, S. 849 ff.

gregation in der Furcht Gottes, oder auch ein Teil, wenn schon ein kleiner, der Kongregation in gesünderer Einsicht gewählt hat. Nach der Würdigkeit seines Wandels aber und nach der Lehre der Weisheit[1]) werde der Einzusetzende erwählt, auch wenn er der letzte in der Rangordnung der Kongregation wäre. Wenn aber auch die ganze Kongregation, was ferne sei, einmütig eine Person erwählte, die mit ihren Sünden in Einklang stände, und diese Sünden selbst bis zu einem gewissen Masse zur Kenntnis des Bischofs [kämen], zu dessen Diöcese jener Ort gehört, oder den benachbarten Äbten oder Christen bekannt würden, so sollen sie es hindern, dass die Einmütigkeit der Schlechten durchdringt, vielmehr dem Hause Gottes einen würdigen Verwalter bestimmen und wissen, dass sie dafür einen guten Lohn empfangen werden, wenn sie es fromm und im Eifer für Gott[2]) thun; wie es umgekehrt eine Sünde ist, wenn sie es vernachlässigen.

Der eingesetzte Abt aber bedenke immer, welche Last er auf sich genommen hat und wem er Rechenschaft von seinem Haushalt ablegen wird; und er wisse, dass es notwendiger für ihn ist zu nützen, als zu herrschen[3]). — — — Er hasse die Laster, liebe die Brüder[4]). — — — —

Cap. 66. Von den Pförtnern des Klosters.

An die Pforte des Klosters werde ein weiser Greis gesetzt, der es versteht, Antwort entgegenzunehmen und zu geben; dessen reifes Wesen ihn nicht umherschweifen lässt. Dieser Pförtner soll seine Zelle neben dem Thore haben. — — —

Das Kloster aber soll womöglich so gegründet werden, dass alles Notwendige, d. h. Wasser, Mühle[5]), Garten oder andere Handwerke innerhalb des Klosters getrieben werden[6]), damit die Mönche nicht genötigt sind, draussen umherzuschweifen; denn das nützt ihren Seelen durchaus nicht. Diese Regel wollen wir aber öfters in der Versammlung vorgelesen wissen, damit keiner der Brüder sich mit Unkenntnis entschuldige.

[1]) Vitae autem merito et sapientiae doctrina. Bequemer ist die Lesart „et doctrinae“: „Wie er es durch Wandel, Weisheit und Gelehrsamkeit verdient.“ || [2]) caste et zelo Dei. || [3]) Sciatque sibi oportere prodesse magis quam praeesse. || [4]) Oderit vitia, diligat fratres. || [5]) molendinum, pistrinum: zwei Ausdrücke für Mühle. Pistrinum eigentlich = Stampfmühle. Läse man pistrinam, so stände neben der Mühle noch die Bäckerei. || [6]) Zeugmatische Satzbildung.

Kap. 73. Dass nicht jede Erfüllung der Gerechtigkeit in dieser Regel festgesetzt sei.

Diese Regel[1]) aber haben wir geschrieben, damit wir durch ihre Befolgung in den Klöstern zeigen, dass wir bis zu einem gewissen Grade Ehrbarkeit der Sitten oder einen Anfang mönchischen Lebens[2]) haben. Übrigens sind für den, der nach Vollendung des mönchischen Lebens strebt, die Lehren der heil. Väter da, deren Befolgung den Menschen auf den Gipfel der Vollendung führt. Denn welche Seite oder welche Rede der göttlichen Autorität des A. und N. T. ist nicht die richtigste Norm des menschlichen Lebens? Oder welches Buch der heiligen katholischen Väter hallt nicht davon wieder, dass wir in geradem Laufe zu unserm Schöpfer gelangen sollen? — — —

g) Bestimmungen des Concilium Quinisextum (692) über das Mönchsleben.

Kanon 40—42.

40. — — Es sei (also) der, welcher das Mönchsjoch auf sich nehmen will, mindestens 10 Jahre alt, wobei dem Abte auch freisteht, ihn erst auf die Probe zu stellen, wenn er es für nützlicher hält, die Frist für seine Einführung und Aufnahme in das Mönchsleben zu verlängern[3]). — —

41. Die, welche in Städten oder Dörfern in Klausen ein abgeschiedenes Leben führen[4]) und abgesondert sich mit sich selbst beschäftigen wollen, sollen zuerst in ein Kloster eintreten und in der anachoretischen[5]) Lebensweise sich üben, drei Jahre lang sich dem Vorsteher des Klosters[6]) in Gottesfurcht unterwerfen, den geziemenden Gehorsam in allen Stücken leisten, und so soll von dem Vorsteher je ihres Aufenthaltsortes festgestellt werden, dass sie, die sich zu den in einem solchen Leben giltigen Grundsätzen bekennen, dieses auch von ganzem Herzen freiwillig auf sich nehmen. Dann sollen sie wieder auf ein Jahr ausserhalb der Klausur beharrlich so weiter leben, sodass ihre Absicht noch deutlicher an den

---

[1]) Hier ist natürlich die gesamte Regel Benedikts gemeint, in Kap. 66 dagegen wohl nur die dort gegebene spezielle Regel. || [2]) conversationis. || [3]) In demselben Kanon wird erwähnt, dass Basilius d. Gr. die, welche Nonnen werden wollen, erst mit 17 Jahren aufzunehmen gebot (τὴν ἑκουσίως ἑαυτὴν προσαγαγοῦσαν τῷ θεῷ καὶ τὴν παρθενίαν ἀσπαζομένην τὸν ἑπτακαιδέκατον διανύουσαν χρόνον τῷ τῶν παρθένων τάγματι ἀριθμεῖσθαι νομοθετεῖ). || [4]) ἐν ἐγκλείστραις βουλομένους ἀναχωρεῖν. || [5]) ἀναχωρεῖν = sich [von der Welt] zurückziehen. || [6]) τῷ τῆς μονῆς ἐξάρχοντι.

Tag trete; denn dann werden sie eine Gewähr dafür geben, dass sie nicht aus eitler Ruhmsucht, sondern um des wahrhaft Guten selbst willen nach dieser Abgeschiedenheit trachten. Nach Ablauf dieser Frist sollen sie, wenn sie ihrem Vorsatze treu bleiben, eingeschlossen werden, und es soll ihnen nicht mehr erlaubt sein, selbst wenn sie wollen, ihren derartigen Aufenthaltsort zu verlassen, es sei denn, dass sie zum gemeinen Besten und Nutzen oder um einer (anderen) lebensgefährlichen Not[1]) willen dazu getrieben würden, und dann mit Gutheissung des über ihren Ort gesetzten Bischofs. Wenn sie aber ohne besagte Ursachen sich unterstehen, ihren Aufenthaltsort zu verlassen, sollen sie zunächst wider ihren Willen in die besagte Klause eingeschlossen, dann aber durch Fasten und andere strenge Massregeln geheilt werden, da sie wissen, wie geschrieben steht, dass keiner, der seine Hand an den Pflug legt und sich umwendet, zum Himmelreiche geschickt ist[2]).

Wir bestimmen, dass die sogenannten Eremiten, die in 42.
schwarzem Gewande und mit langem Haupthaar sich in den Städten umhertreiben, zwischen Männern aus dem Laienstand und Frauen sich bewegend und ihrem eigenen Gelübde Hohn sprechend, — dass diese, wenn sie es vorziehen, sich das Haar zu scheren und die Haltung der übrigen Mönche anzunehmen, in einem Kloster untergebracht und unter die Brüder aufgenommen werden; wenn sie aber dies nicht erwählen, überhaupt aus den Städten vertrieben werden und die Einöden bewohnen, nach denen sie auch ihren Namen sich gebildet haben[3]).

---

[1]) ἢ ἑτέραν ἀνάγκην πρὸς θάνατον αὐτοὺς βιαζομένην. || [2]) Luc. 9, 62. || [3]) Eremit von ἡ ἔρημος, die Wüste, Öde.

B. Entstehung der Papstkirche[1]).

I. Zur Entwicklungsgeschichte der Macht der römischen Bischöfe.

1. Gleichstellung der römischen Bischöfe mit andern Metropoliten[2]).

6. und 7. Kanon von Nicäa (325).

6. Das alte Herkommen in Ägypten, Libyen und der Pentapolis[3]) behalte seine Geltung[4]), sodass der Bischof von Alexandria die Herrschaft über alle diese [Landschaften] habe, da auch dem Bischof zu Rom dies[5]) zusteht[6]); und dass ebenso auch in Antiochia und in den andern Provinzen[7]) das Altherkömmliche den Kirchen erhalten werde. **Überhaupt** aber sei dies kund, dass die grosse Synode beschlossen hat, dass einer, der ohne Zustimmung des Metropoliten Bischof geworden ist, nicht Bischof sein soll. — —

7. Da das Herkommen und die alte Überlieferung zur Geltung gekommen ist, dass der Bischof zu Jerusalem[8]) geehrt werde, so möge er haben, was aus d[ies]er Ehre folgt[9]), indem der Mutterstadt[10]) die ihr eigene Würde gewahrt wird.

---

1) S. Heft I, S. 31 u. 72. Zum Folgenden vgl. Mirbt, Quellen zur Gesch. des Papsttums, Freiburg i./B. und Leipzig, J. C. B. Mohr, 1895. || 2) S. o. S. 112, A. 3. || 3) Der Landschaft Cyrenaica in Nordafrika. || 4) κρατείτω. || 5) Die Herrschaft über das ihm benachbarte Gebiet. || 6) συνηθές. || 7) ἐπαρχίαις. || 8) ἐν Αἰλίᾳ. Jerusalem hatte nach der Niederwerfung des Aufstandes unter der Regierung des Kaisers (Aelius) Hadrianus den Namen Aelia Capitolina erhalten. || 9) τὴν ἀκολουθίαν τῆς τιμῆς. || 10) μητρόπολις hier offenbar = Mutterstadt der Christenheit.

2. Rom und Konstantinopel.

a) 3. Kanon von Konstantinopel (381).

Der Bischof von Konstantinopel jedoch soll den Ehrenvorrang nächst dem Bischof von Rom haben, weil es Neu-Rom ist.

b) 28. Kanon von Chalkedon (451).

Indem wir in jeder Hinsicht den Bestimmungen der heiligen Väter folgen und den eben vorgelesenen Kanon der 150 gottgeliebtesten Bischöfe[1]) kennen, bestimmen und beschliessen auch wir dasselbe über den Ehrenvorrang der heiligsten Kirche von *Konstantinopel, dem neuen Rom. Denn auch dem Stuhl des älteren* Rom haben die Väter um der Herrscherstellung jener Stadt willen den Ehrenvorrang zuerkannt, und von demselben Gesichtspunkt[2]) geleitet haben die 150 gottgeliebtesten Bischöfe den gleichen Ehrenvorrang dem heiligsten Stuhle des neuen Rom zuerteilt, indem sie richtig urteilten, die Stadt, welche durch das Kaisertum und den Senat ausgezeichnet ist und dieselben Ehrenvorzüge geniesst wie die ältere Kaiserstadt Rom, erhebe sich auch in den kirchlichen Angelegenheiten wie jene [über die andern], als die zweite nächst jener[3]); und deshalb würden in der pontischen, asianischen[4]) und thracischen Diöcese nur die Metropoliten, ausserdem aber auch die Bischöfe in den barbarischen Teilen[5]) der eben genannten Diöcesen von dem eben genannten heiligsten Stuhle der heiligsten Kirche in Konstantinopel geweiht, indem natürlich jeder Metropolit der vorgenannten Diöcesen mit den Bischöfen der Provinz die [neuen] Bischöfe der Provinz weiht, wie es in den heiligen Kanones befohlen ist[6]). Es werden aber, wie gesagt, die Metropoliten der genannten Diöcesen von dem Erz-

[1]) Des Konzils von Konstantinopel 381. || [2]) σκοπῷ. || [3]) Also doch nicht ganz die gleiche Stellung wie die Roms. Müller, K.-G. I, 242 sagt, dass „der Bischof von Neurom-Konstantinopel denselben Rang mit dem von Altrom, nur einen Schritt hinter ihm, besitzen sollte". || [4]) Pontus = die Gebiete südlich des schwarzen Meeres, Asien = das westliche Kleinasien. || [5]) Müller sagt a. a. O. dafür: „in den Kirchen jenseits der Reichsgrenzen". Sollte der Zusatz „der eben genannten Diöcesen" sich aus den folgenden Zeilen hier eingeschlichen haben? || [6]) Vgl. 19. Kanon von Antiochia, o. S. 106.

bischof von Konstantinopel geweiht, nachdem der Sitte gemäss übereinstimmende Beschlüsse gefasst worden sind und an ihn berichtet werden[1]).

3. Erlangung bestimmter Ehren und Rechte.

a) Gerichtsbarkeit des römischen Bischofs.

α) Im passiven Sinne.

a) Der römische Bischof vom Kaiser zu richten.

Schreiben der römischen Synode von 378 an die Kaiser Gratian und Valentinian, c. 11[2]).

Nehmt auch noch etwas anderes an, was der heilige Mann[3]) *mehr Eurer Frömmigkeit zu überlassen, als sich zu gewähren* und niemandem ab-, sondern den Herrschern zuzusprechen wünscht; da er ja nichts Neues erbittet, sondern dem Beispiel der Vorfahren folgt: dass der römische Bischof, wenn seine Sache nicht einem Konzil übergeben wird, vor dem Kaiserlichen Rate sich verteidigen dürfe. Denn auch Papst Silvester hat, als er von Gottlosen angeklagt wurde, vor Euerm Vorfahren Constantinus seine eigene Sache geführt. Und aus der Schrift stehen ähnliche Beispiele zu Gebote: denn als der heilige Apostel vom Statthalter Gewalt erlitt, berief er sich auf den Kaiser und wurde zum Kaiser geschickt[4]).

b) Der römische Papst nur von Gott zu richten.

Brief des Bischofs Eunodius von Pavia (502)[5]).

— — Anderer Menschen Sachen mag Gott wohl durch Menschen haben entscheiden wollen; den Kirchenfürsten[6]) dieses Stuhles hat er ohne Frage seinem eigenen Urteil vorbehalten. — —

β) Im aktiven Sinne[7]).

Brief Innocenz I. an Bischof Victricius von Rouen (404), § 6[8]).

Wenn wichtigere Angelegenheiten zur Verhandlung kommen, so soll über sie nach der bischöflichen Entscheidung an den aposto-

---

[1]) Die Wahl vollzieht also nicht er, sondern die Bischöfe. || [2]) Bei Mirbt, a. a. O. S. 19. || [3]) Bischof Damasus von Rom. || [4]) Apg. 25, 1—12. Gewalt erlitt = nicht zu seinem Rechte kam; vgl. Vs. 9. || [5]) Aus dem libellus adversus eos qui contra synodum scribere praesumpserant, bei Mirbt, S. 28. || [6]) praesulem. || [7]) Über Rom als Appellationsinstanz s. o. S. 111. || [8]) Bei Mirbt, a. a. O. S. 21.

lischen Stuhl berichtet werden, wie die Synode[1]) es beschlossen hat und eine löbliche Sitte[2]) es fordert.

b) Der römische Bischof als Hüter des rechten Glaubens.

α) Religionsedikt des Kaisers Theodosius von 380.

Cod. Theod. XVI, 1, 2.

Wir wollen, dass alle Völker, die das Scepter Unserer Gnade regiert, sich an eine solche Religionsanschauung halten, die nach der Lehre der bis jetzt von ihm kundgemachten Religion der gotterleuchtete[3]) Apostel Petrus den Römern überliefert hat — —; d. h. dass wir nach apostolischer Unterweisung und evangelischer Lehre an die Eine Gottheit des Vaters und des Sohnes und des heiligen Geistes in gleicher Majestät und gütiger Dreieinigkeit[4]) glauben. Wir befehlen, dass die, welche diesem Gesetze folgen, den Namen katholische Christen führen — —, die andern dagegen die Schmach eines ketzerischen Dogmas tragen.

β) Augustinus, 131. Predigt, c. 10, § 10[5]).

Schon sind nämlich in dieser Sache[6]) zwei Konzilsbeschlüsse[7]) an den apostolischen Stuhl geschickt worden; von dort sind auch Erlasse gekommen. Die Sache ist erledigt[8]); o dass auch der Irrtum einmal ein Ende hätte!

---

[1]) Von Sardica; aber die römischen Bischöfe „geben diese [Kanones] als nicänisch aus" (vgl. § 5 des Briefes an Victricius) „und legen ihnen einen völlig anderen, viel umfassenderen Sinn unter, nämlich das Recht, gegen das Urteil von Provinzialsynoden in schwereren Fällen (causae maiores) überhaupt Appellationen anzunehmen und die oberste Entscheidung selbständig abzugeben" (Müller, K.-G. I, 265). || [2]) beata consuetudo. || [3]) divinus. || [4]) sub pia trinitate. Vgl. das Lied: „O Gott, du frommer Gott". || [5]) Bei Mirbt, a. a. O. S. 22. || [6]) Im pelagianischen Streit. S. o. S. 57 ff. || [7]) concilia. || [8]) Causa finita est. Das „Roma locuta est", das in dem bekannten geflügelten Worte vorausgeht, steht also nicht wirklich dabei, trifft aber den Sinn. — Dass freilich der einzelne Papst auch der Ketzerei verfallen kann, ist durch die Verfluchung des Papstes Honorius I. (625—638) auf der 6. ökumenischen Synode zu Konstantinopel (680/1) anerkannt. „Wir haben erkannt (συνείδομεν), dass aus der heil. Kirche Gottes mitausgestossen und mitverflucht auch Honorius sei, der ehemalige Papst von Altrom (τὸν γενόμενον πάπαν τῆς πρεσβυτέρας Ῥώμης), weil wir gefunden haben, dass er durch die

c) Der römische Bischof ernennt andere Bischöfe zu seinen Vikaren.

Leo d. Gr., 6. u. 14. Brief an Bischof Anastasius von Thessalonich (444 u. 446)[1].

VI, c. 2. Nachdem Uns die Bitte Deiner Liebe kund geworden ist . . ., dass auch Dir von Uns, wie Deinen Vorgängern, in Illyrien mit Unserer Vertretung wegen der Wahrung der [kirchlichen] Ordnungen [die erforderliche] Autorität verliehen würde, stimmen Wir Dir zu und halten Dich durch Unsere Ermahnung dazu an, dass keine Nachlässigkeit, keine Unachtsamkeit bezüglich des Regiments über die in Illyrien gelegenen Gemeinden vorkomme, die Wir Deiner Liebe in Unserer Vertretung anvertrauen.

c. 5. Zur Synode komme jeder von den Brüdern, der geladen ist . . Wenn es sich aber um eine wichtigere Sache handelt, die von Deiner Brüderlichkeit, welche dort den Vorsitz führt, nicht entschieden werden[2] kann, so schicke einen Bericht ein und frage bei Uns an. — —

XIV, 1. Denn Unsere Vertretung haben Wir Deiner Liebe so anvertraut, dass Du zwar zur Teilnahme an Unserer Sorge, nicht aber zur Fülle Unserer Macht berufen bist[3].

d) Der römische Bischof das Haupt der ganzen abendländischen Kirche.

Edikt Valentinians III von 445[4].

Da also den Primat des apostolischen Stuhles das Verdienst des heiligen Petrus, welcher der erste im Kranze der Bischöfe ist[5], die Würde der Stadt Rom, auch die Autorität der heiligen Synode[6] befestigt hat, so unterstehe sich keine unerlaubte Anmassung, etwas gegen das Ansehen dieses Stuhles zu unter-

---

von ihm ausgegangenen Schreiben an Sergius [den Patriarchen von Konstantinopel] sich durchweg an dessen Meinung angeschlossen und seine gottlosen Lehren bestätigt hat." (Actio XIII; bei Mansi XI, 555; bei Mirbt S. 30.) Die verworfene Lehre war die monotheletische, d. h. die Lehre, dass Christus nur Einen gottmenschlichen Willen gehabt habe. || [1]) Bei Mirbt S. 25. || [2]) definiri. || [3]) Vices enim nostras ita tuae credidimus caritati, ut in partem sis vocatus sollicitudinis, non in plenitudinem potestatis. || [4]) Novellae constit. imp. Theodosii II ed. Haenel, Bonn 1844. Novell. Valentin. III, tit. 16, p. 172. Bei Mirbt S. 26. || [5]) qui princeps est episcopalis coronae. || [6]) Von Sardica 343. S. o. S. 111 und 171, A. 1.

nehmen. Denn dann erst wird der Friede der Kirchen allenthalben gewahrt werden, wenn die Gesamtheit ihr Haupt anerkennt[1]). — —

Aber das sei ... allen Gesetz, was das Ansehen des apostolischen Stuhles festgesetzt hat oder festsetzen wird, so dass, wer von den Bischöfen vor das Gericht des römischen Oberpriesters[2]) geladen ist und es nicht der Mühe wert[3]) hält, zu erscheinen, durch das Haupt[4]) der betreffenden Provinz gezwungen werden soll, sich einzustellen, indem durchweg aufrecht erhalten wird, was unsere hochseligen[5]) Vorfahren der römischen Kirche [an Rechten] verliehen haben.

e) Die Beurteilung der geistlichen und der weltlichen Gewalt durch Papst Gelasius I.

Brief Gelasius' I. an Kaiser Anastasius v. 494 (Brief 12, c. 2)[6]).

Denn zwei sind es, erhabener Kaiser, von denen hauptsächlich diese Welt regiert wird: die geheiligte Autorität der Päpste und die königliche Gewalt. Unter diesen ist das Gewicht der Priester umso schwerer, als sie auch für die Könige der Menschen selbst bei der göttlichen Prüfung Rechenschaft geben sollen. Denn Du weisst, gnädigster Sohn, dass Du, ob Du auch durch Deine Würde an der Spitze des Menschengeschlechtes stehst, dennoch den Vorstehern der göttlichen Dinge demütig den Nacken beugst[7]) und von ihnen die Ursachen Deines Heils erwartest, und erkennest, dass Du beim Genuss der himmlischen Sakramente und bei ihrer geziemenden Darreichung Dich vielmehr nach der Ord-

[1]) si rectorem suum agnoscat universitas. Schon Bischof Siricius hatte 385 in seinem Brief an Himerius von Tarragona die Kirche von Rom als „das Haupt Deines Körpers" bezeichnet und ihn ermahnt, die päpstlichen Sendschreiben zu respektieren (ad servandos canones et tenenda decretalia) und auch den Bischöfen der benachbarten Provinzen, selbst Nordafrikas, mitzuteilen, weil jeder Bischof des Herrn die Satzungen (statuta) des apostolischen Stuhles — — kennen muss." Doch weist noch Gregor I. in seinem Brief an den Bischof Eulogius von Alexandria (bei Mirbt S. 29) den Titel universalis papa zurück: „Denn wenn Eure Heiligkeit mich Universalpapst nennt, so erklärt sie, das nicht zu sein, was sie mir zugesteht, — allgemein. Das sei ferne!" Vgl. auch u. S. 185. || [2]) antistitis. || [3]) neglexerit. || [4]) per moderatorem. || [5]) divi. || [6]) Bei Mirbt S. 27. || [7]) rerum tamen praesulibus divinarum devotus colla submittis.

nung der Religion unterwerfen, als einen Vorrang haben sollst, und dass so hierbei Du vom Urteile jener abhängst, nicht jene nach Deinem Willen gelenkt wissen willst. Denn wenn auch die Vorsteher der Religion, in der Erkenntnis, dass in dem, was die Ordnung der öffentlichen Verfassung betrifft, die Herrschaft nach himmlischer Anordnung Dir übertragen ist, Deinen Gesetzen gehorchen, damit sie nicht in weltlichen Dingen einem ergangenen Urteil[1]) sich zu widersetzen scheinen, — mit welchem Eifer, ich bitte Dich, geziemt es sich [Dir], denen zu gehorchen, die damit betraut sind, die verehrungswürdigen Sakramente auszuteilen? — — Und wenn es sich gebührt, dass allen Bischöfen insgemein, die das Göttliche recht verwalten, die Herzen der Gläubigen sich unterwerfen, wie viel mehr ist dem Vorsteher des Stuhles Folge zu leisten[2]), der nach dem Willen der höchsten Gottheit alle Bischöfe überragen sollte, und den allezeit die folgsame Pietät der Gesamtkirche gepriesen hat.

4. Die weltliche Herrschaft Roms[3]).

a) Die Schenkungen Pippins (754) und Karls des Gr. (774).

Papstbuch, Leben Hadrians, c. 41 u. 42[4]).

41. Aber am vierten Wochentage kam .. der Papst[5]) mit seinen Richtern sowohl aus dem Klerus als vom Hofdienst heraus in die Kirche des seligen Apostels Petrus; da besprach er sich zugleich mit dem genannten König[6]) und bat ihn inständig, ermahnte ihn und suchte ihn in väterlicher Liebe zu bestimmen, dass er jenes Versprechen in allen Stücken erfüllte, das sein Vater geheiligten[7]) Andenkens, der ehemalige König Pippin, und der erhabenste[8]) Karl selbst mit seinem Bruder Karlmann und allen Richtern[9]) der

[1]) exclusae sententiae. ‖ [2]) consensus est adhibendus. ‖ [3]) Über einen grossen Grundbesitz (Patrimonien = Erbgüter) verfügten die römischen Bischöfe schon vor Gregor d. Gr., der ihn noch vermehrte. ‖ [4]) Liber pontificalis, vita Hadriani. Bei Mirbt, S. 36f. Das Buch ist aus verschiedenen, nach und nach entstandenen Teilen zusammengesetzt. Es behandelt die Päpste von Anfang an bis zu Stephan VI († 891). ‖ [5]) Hadrian I, 772—795. ‖ [6]) eodem rege: mit Karl. ‖ [7]) sanctae. ‖ [8]) praecellentissimus. ‖ [9]) iudicibus. Im byzantinischen Reiche sind iudices die Civilstatthalter, hier vielleicht die fränkischen Grafen.

Franken dem seligen Petrus und seinem Stellvertreter geheiligten Andenkens, dem Herrn Papst Stephan dem Jüngern[1]), als er nach Frankreich sich aufmachte, gegeben hatten, verschiedene Staaten und Gebiete dieser Provinz Italien dem seligen Petrus und allen seinen Stellvertretern zu dauerndem Besitz zu überlassen und zu übertragen.

Und als er dieses Versprechen[2]), das in Frankreich an einem 42.
Orte Namens Kiersey[3]) ausgefertigt war, sich wieder hatte vorlesen lassen, stimmte er und seine Richter allem zu, was darin enthalten war. Und aus eigenem Willen, aus gutwilliger Gesinnung liess eben der vorgenannte erhabenste und in Wahrheit christlichste Frankenkönig Karl ein anderes Schenkungsversprechen nach Art des früheren durch Etherius, seinen frommen und klugen Kaplan und Notar, hinzuschreiben, worin er die Staaten und Gebiete dem seligen Petrus, und zwar[4]) dem vorgenannten Papste, mit genauer Bezeichnung der Grenzen zu übertragen gelobte, wie nach Ausweis dieser [Vertragsurkunde] die Schenkung sie enthält[5]): von Luna[6]) mit der Insel Korsika an, ferner in Surianum, ferner in den ligurischen Appeninen[7]), d. h. in Vercetum[8]), sodann in Parma, weiter in Reggio; weiter in Mantua und am Silex-Berge[9]) und zugleich auch das ganze Exarchat von Ravenna, wie es von altersher war, und die Provinzen Venetien und Istrien, sowie das ganze Herzogtum von Spoleto oder Benevent[10]).

[1]) Stephan II. 752—757. || [2]) = Vertragsurkunde. || [3]) in loco qui vocatur Carisiaco. Der Reichstag zu Kiersey (Quiercy) fällt in d. J. 754. || [4]) easque. || [5]) Vielleicht ist contineri statt continere zu lesen. Dann heisst es: wie . . die Schenkung begrenzt ist. || [6]) Italienische Küstenstadt am 44° nördl. Breite n. w. von Lucca. || [7]) in monte Bardone, nördlich von Luna. || [8]) Nördlich vom mons Bardo liegt ein Ort Bercetum, der offenbar hier gemeint ist. || [9]) Silex = Kieselstein. Der Berg liegt südlich von Padua. || [10]) Die Statthalterschaft von Ravenna liegt östlich von den Apenninen und erstreckt sich von einem südlich von Ravenna gelegenen Punkte nach Norden bis über den Po hinaus. Das Herzogtum von Spoleto dehnt sich in Mittelitalien von den Apenninen bis südlich vom 42. Breitengrad: an dieses schliesst sich südwärts bis zum Golf von Tarent das Herzogtum Benevent. — Nach Müller, K.-G. I, 348 wurden „erst nach und nach (namentlich 781) dem Papst eine Anzahl Stadtgebiete übergeben; im übrigen musste er sich mit der Stellung eines fränkischen — — Statthalters im Dukat begnügen“.

b) Die sog. Schenkung Konstantins (d. Gr.).

„Verordnung Kaiser Konstantins", c. 11—14, 16—18[1]).

11. Wir haben es für nützlich gehalten, . . dass, wie er[2]) auf Erden zum Statthalter des Sohnes Gottes eingesetzt ist[3]), so auch die Päpste, welche die Stelle des Apostelfürsten selbst vertreten, die Macht der Vorherrschaft[4]) in reicherem Masse, als die irdische kaiserliche Gnade Unserer Durchlauchtigkeit sie [bisher schon] offenbar gewährt hat, von Uns und Unserer Gewalt empfangen; indem wir uns den Apostelfürsten selbst und seine Stellvertreter erwählen, dass sie als beharrliche Fürsprecher bei Gott [uns] zur Seite stehen. Und wie Uns eine irdische Kaisermacht zusteht, so haben Wir bestimmt, dass ihre[5]) hochheilige römische Kirche achtungsvoll geehrt[6]), und dass mehr als Unsere Kaisergewalt und Unser irdischer Thron der hochheilige Stuhl Petri glorreich verherrlicht werde[7]), indem wir ihm die Macht, den Ehrenrang, die Kraft und die Ehrenbezeigung verleihen, die einem Kaiser zukommt[8]).

12. Und wir beschliessen und setzen fest, dass er die Vorherrschaft innehabe, sowohl über die 4 Haupt-[Bischofs-]Sitze[9]) von Antiochia, Alexandria, Konstantinopel und Jerusalem, als auch über alle Kirchen Gottes auf dem ganzen Erdkreis; und der jeweilige Papst dieser hochheiligen römischen Kirche soll erhabener [als] und ein Fürst[10]) für alle Bischöfe der ganzen Welt sein, und durch seinen Urteilsspruch soll geordnet werden, was in Bezug auf den Gottesdienst und für den festen Bestand

---

[1]) Constitutum Constantini imperatoris. Bei Mirbt, S. 37 ff. „Die Urkunde ist sicher in Rom gefälscht, wahrscheinlich im Zusammenhang mit den päpstlichen Absichten auf die Gründung einer selbständigen päpstlichen Herrschaft in Mittelitalien. Die Zeit ihrer Entstehung ist vielleicht die erste Hälfte der Regierung Hadrians bis etwa 781, nach anderer Ansicht schon die Zeit Stephans II. (c. 753) oder Pauls (zwischen 761—767). Durch Karls d. Gr. Eingreifen in Italien ist die Urkunde zunächst gänzlich ausser Wirkung gesetzt worden. Erst unter völlig veränderten Verhältnissen hat sie nach Jahrhunderten zu wirken vermocht." (Müller, K.-G. I, 350.) ‖ [2]) Petrus. ‖ [3]) esse videtur heisst hier jedenfalls „nicht zu sein scheint", sondern „offenbar ist". ‖ [4]) principatus potestatem. ‖ [5]) eius = die im Bereiche der kaiserlichen Macht liegende. ‖ [6]) Statt honorare lese ich honorari. ‖ [7]) gloriose exaltari. ‖ [8]) imperialem. ‖ [9]) praecipuas sedes. ‖ [10]) princeps.

des Christenglaubens zu versorgen ist. Denn es ist gerecht, dass dort ein geheiligtes Gesetz die Oberherrschaft [in Geltung] erhalte [1]), wo, wie der Stifter [2]) der heiligen Gesetze, unser Heiland, anordnete, der selige Petrus den Stuhl des Apostolates innehaben sollte. — —

Inzwischen soll alles Volk in allen Völkern und Nationen auf 13.
dem ganzen Erdkreis wissen, dass Wir in unserm Palast auf dem Lateran [3]) — — eine Kirche gebaut haben — —, welche (hochheilige Kirche) als das Haupt und der Gipfel aller Kirchen auf dem ganzen Erdkreis bezeichnet, geachtet [4]), verehrt und gepriesen werden soll.

— — Wir gewähren den heiligen Aposteln selbst, Meinen 14.
Herren, dem seligsten Petrus und Paulus, und durch sie auch Unserm Vater, dem seligen Silvester, dem Oberbischof und Universalpapst der Stadt Rom [5]), und allen ihm folgenden Päpsten, die bis zum Ende der Welt auf dem Sitze des seligen Petrus sitzen werden, und übertragen ihnen von jetzt an [6]) Unsern kaiserlichen Lateranpalast, der allen Palästen auf dem ganzen Erdkreis voransteht und voranleuchten wird, sodann das Diadem, nämlich die Krone Unseres Hauptes, und zugleich die Mitra und das Schulterkleid —, nämlich das Pallium [7]), das den Hals des Kaisers zu umgeben pflegt, aber auch den Purpurmantel und das scharlachfarbene Untergewand und alle Teile der kaiserlichen Tracht [8]) oder auch den Rang der kaiserlichen vorsitzenden Ritter, indem wir ihnen auch die kaiserlichen Scepter zuerkennen und zugleich . . . Siegel [9]), Banner und verschiedene kaiserliche Zierate, den ganzen Aufzug kaiserlicher Majestät und den Glanz Unserer Macht [10]).

Wir haben — — auch das beschlossen, dass — — Unser 16.

[1]) ut ibi lex sancta caput teneat principatus. ‖ [2]) Oder Lehrer (institutor). ‖ [3]) Ein Platz in Rom. ‖ [4]) Oder gehegt (coli). ‖ [5]) beato Silvestrio patri nostro, summo pontifici et universali urbis Romae papae. Papst Sylvester 314—335. ‖ [6]) de presenti. ‖ [7]) frigium nec non et superhumeralem, videlicet lorum. Mitra = die (phrygische) Kopfbedeckung der oben genannten hohen Würdenträger. ‖ [8]) omnia imperalia indumenta. ‖ [9]) simulque et conta atque signa. Die Bedeutung von contum habe ich nicht ermitteln können. Für signa könnten verschiedene Bedeutungen in Betracht kommen: Siegel, Münzen (im Sinne von Münzrecht?), Fahnen (dann würde aber banda eine Wiederholung enthalten), Insignien (die freilich dann näher zu bestimmen wären). ‖ [10]) omnem processionem imperialis culminis et gloriam potestatis nostrae.

Vater Silvester, der Oberbischof[1]), und alle seine Nachfolger im Papsttum, das Diadem, nämlich die Krone, die wir jenem von Unserm Haupte[2]) gewährt haben, aus reinstem Gold und kostbaren Edelsteinen in Gebrauch haben und auf ihrem Haupte zum Lobe Gottes [und] zur Ehre des seligen Petrus tragen sollen; der heiligste Papst selbst aber litt es durchaus nicht, über dem priesterlichen [Haar-] Kranze[3]), den er zu Ehren des heiligen Petrus trägt[4]), selbige goldene Krone zu tragen; eine Mitra aber von weissem Glanze, die glänzende Auferstehung des Herrn bezeichnend, setzten wir mit Unsern Händen auf seinen hochheiligen Scheitel und leisteten ihm den Dienst des Reitknechts, indem wir den Zügel seines Pferdes aus Ehrfurcht vor dem seligen Petrus hielten; mit der Massgabe[5]), dass diese Mitra alle seine Nachfolger im Papsttum ausschliesslich bei ihren Prozessionen brauchen sollen[6]).

17. Zur Nachahmung Unserer kaiserlichen Gewalt, damit durch diese die päpstliche Tiara nicht in den Schatten gestellt[7]), sondern vielmehr noch mehr als die Würde und Machtherrlichkeit[8]) der irdischen Gewalt geschmückt werde, — siehe, dazu haben Wir sowohl, wie vorher gesagt, Unsern Palast, als auch die zur Stadt Rom, alle zu Italien oder dem Abendland[9]) gehörigen Provinzen, Orte und Städte dem oftgenannten hochseligen Oberpriester[10]), Unserm Vater Silvester, dem Universalpapst, übertragen und seiner oder seiner Nachfolger im Papsttum Gewalt und Botmässigkeit überlassen und erlassen durch feste kaiserliche Bestimmung — — die[se] Verfügung.

18. Deshalb haben Wir es für angemessen erachtet, dass Unsere Regierung und Reichsgewalt nach dem Orient übertragen und versetzt und in der Provinz Byzanz am besten Orte Unserm Namen eine Stadt erbaut werde und dort Unsere Regierung ihren Sitz erhalte; denn wo die Vorherrschaft über die Bischöfe und das himm-

[1]) summus pontifex. || [2]) D. h. so wie Wir (der Kaiser) selbst sie tragen. || [3]) super coronam clericatus. || [4]) Von dieser tonsura Petri ist die tonsura Pauli zu unterscheiden, die oben S. 116, A. 7, beschrieben ist. || [5]) statuentes. || [6]) eundem phrygium omnes eius successores pontifices singulariter uti in processionibus. Der Gebrauch scheint demnach auf die Prozessionen beschränkt zu sein. || [7]) unde ut non pontificalis apex vilescat. || [8]) Eigentlich: Herrlichkeitsmacht (gloriae potentia). || [9]) occidentalium regionum. || [10]) beatissimo pontifici.

lische[1]) Haupt der christlichen Religion vom Kaiser seine Stelle erhalten hat, da ist es nicht recht, dass der irdische Kaiser Macht habe.

c) Karls des Grossen Krönung zum römischen Kaiser (25. Dec. 800).

Einhards Annalen zum Jahre 801[2]).

Als er aber am heiligsten Tage des Geburtsfestes des Herrn zur Feier der Messe die Kirche des seligen Apostels Petrus betreten hatte und vor dem Altar stand, wo er die Kniee zum Gebete gebeugt hatte[3]), da setzte ihm der Papst Leo[4]) die Krone aufs Haupt unter dem Zurufe des gesamten Römervolkes: „dem erhabenen Karl, dem von Gott gekrönten grossen und friedliebenden Kaiser der Römer, Leben und Sieg[5])!

Nach dieser Ehrung empfing er von demselben Papst nach Sitte der alten Herrscher die Huldigung[6]) und wurde hierauf, unter Beseitigung des Titels Patricius[7]), Kaiser und Augustus[8]) genannt.

II. Hervorragende Päpste.

1. Leo I. d. Gr. (440—461)[9]).

a) Leos Betonung des Vorrangs des Apostels Petrus.

4. Predigt, c. 2—4[10]).

Von der ganzen Welt wird Petrus allein auserlesen, um an 2.
die Spitze sowohl der Berufung aller Völker[11]), als aller Apostel und

[1]) celeste. || [2]) Monum. Germ. hist. Scriptorum t. I, S. 189. — Einhard, einer der vertrautesten Räte Karls d. Gr., † 840. — Das Jahr 801 begann nach unserer heutigen Zeitrechnung mit dem Weihnachtsfest d. J. 800. || [3]) se inclinaverat. || [4]) Leo III, 795—816. || [5]) Carolo Augusto, a Deo coronato magno et pacifico imperatori Romanorum, vita et victoria! || [6]) Post quas laudes ab eodem pontifice more antiquorum principum adoratus est. || [7]) Schutzherr. || [8]) Der Erhabene, S. Majestät. || [9]) Vgl. S. 172. || [10]) Migne, p. l. LIV, S. 149 ff. Bei Mirbt S. 23 ff. || [11]) vocatio hier wohl soviel als vocati, die Gesamtheit der Berufenen, kurz die Christenheit.

der gesamten Kirchenväter gestellt zu werden, damit, obgleich es im Volke Gottes viele Priester und viele Hirten gibt, eigentlich doch Petrus sie alle regiere, die ursprünglich auch Christus regiert. Einen grossen und wunderbaren Anteil an ihrer Macht, Geliebteste, hat diesem Manne die göttliche Gnade verliehen; und wenn sie wollte, dass auch die anderen Häupter[1]) etwas mit ihm gemein hätten, so gab sie immer nur durch ihn, was sie anderen nicht versagte. Alle Apostel überhaupt fragt der Herr, was die Menschen über ihn meinen; und so lange ist die Rede der Antwortenden eine gemeinsame, als die Unsicherheit der menschlichen Unwissenheit dargelegt wird. Wo aber gefragt wird, was die Ansicht der Jünger sei, ist der der erste im Bekenntnis des Herrn, der der erste an apostolischer Würde ist. *Als er sprach: „Du bist Christus, der* Sohn des lebendigen Gottes", antwortete ihm Jesus: „Selig bist du Simon, Jonas Sohn, denn Fleisch und Blut hat dir das nicht geoffenbart, sondern mein Vater, der im Himmel ist", d. h. deshalb bist du selig, weil dich mein Vater gelehrt hat und keine irdische Meinung dich irre geführt, sondern himmlische Eingebung[2]) dich unterrichtet hat; und nicht Fleisch und Blut, sondern der hat mich dir kundgemacht, dessen eingeborner Sohn ich bin. „Und ich", fährt er fort, „sage dir": d. h., wie mein Vater dir meine Gottheit offenbart hat, so mache auch ich dir deine Erhabenheit[3]) kund. „Denn du bist Petrus", d. h., wenn ich der unverletzbare Felsen bin[4]), ich der Eckstein[5]), der ich aus zwei [Mauern] eine mache, ich der Grund, ausser dem niemand einen anderen legen kann[6]), so bist du doch auch ein Fels, weil du durch meine Kraft befestigt wirst, sodass, was mir an Macht eigen ist, dir mit mir durch Anteilnahme gemein ist. „Und auf diesen Felsen will ich meine Kirche bauen, und die Pforten der Hölle sollen sie nicht überwältigen[7])". Auf diese Stärke will ich einen ewigen Tempel gründen, und die Erhabenheit meiner Kirche, die dem Himmel einverleibt werden soll, soll sich auf der Festigkeit dieses Glaubens erheben.

3. — — Deshalb wird dem allerseligsten Petrus gesagt: „Dir will ich die Schlüssel des Himmelreichs geben. Und alles, was du auf Erden binden wirst, soll auch im Himmel gebunden sein; und alles, was

---

[1]) ceteris principibus. ‖ [2]) inspiratio. ‖ [3]) excellentiam. ‖ [4]) inviolabilis petra. ‖ [5]) Eph. 2, 20. ‖ [6]) 1. Kor. 3, 11. ‖ [7]) Mt. 16, 13ff.

du auf Erden lösen wirst, soll auch im Himmel gelöst sein". Auch auf die anderen Apostel ging das Recht dieser Vollmacht über, und auf alle Kirchenhäupter[1]) kam die Bestimmung dieser Verordnung; aber nicht umsonst wird Einem anvertraut, was allen verkündigt wird. Dem Petrus wird dies nämlich in einzigartiger Weise anvertraut, weil allen Kirchenleitern[2]) die Gestalt des Petrus vorangestellt wird. Es bleibt also das Vorrecht[3]) des Petrus [bestehen], wo auch immer nach seiner Billigkeit ein Urteil gefällt wird. Und weder zu grosse Strenge, noch zu grosse Nachsicht herrscht da, wo nichts gebunden, nichts gelöst sein wird, ausser was der selige Petrus gelöst oder gebunden hat. Als aber sein Leiden bevorstand, das im Begriff war, die Standhaftigkeit der Jünger zu erschüttern, sagte der *Herr*: *„Simon, Simon, siehe, der Satan hat euer begehrt, dass er euch möchte sichten wie den Weizen. Ich aber habe für dich gebeten, dass dein Glaube nicht aufhöre, und wenn du dermaleinst dich bekehrst, so stärke deine Brüder, dass ihr nicht in Versuchung kommt*[4])". Allen Aposteln war die Gefahr betreffs der Versuchung zur Furcht gemeinsam, und sie bedurften der Hilfe des göttlichen Schutzes gleichermassen, weil ja der Teufel alle quälen, alle zerschmettern wollte; und dennoch wird vom Herrn insbesondere Sorge für Petrus getragen und für den Glauben des Petrus eigens gebetet, als wenn der Stand der anderen gesicherter sein würde, wenn der Geist des Obersten[5]) unbesiegt wäre. In Petrus wird also die Stärke aller befestigt, und die Hilfe der göttlichen Gnade wird so geordnet, dass die Festigkeit, die durch Christus dem Petrus verliehen wird, durch Petrus auf die Apostel übertragen wird[6]).

Wenn wir also, Geliebteste, sehen, dass uns ein so starker Schutz 4.
durch Gott gegeben ist, so freuen wir uns vernünftiger und gerechter Weise der Verdienste und der Würde unseres Führers und danken dem ewigen König, unserm Erlöser, dem Herrn Jesus Christus, dass er dem, welchen er zum Haupte[7]) der ganzen Kirche machte, eine solche Macht gegeben hat, dass, wenn etwas auch

[1]) Ecclesiae principes. || [2]) Ecclesiae rectoribus. || [3]) privilegium. || [4]) Luk. 22, 31f. Der letzte Finalsatz fehlt dort. || [5]) Principis. || [6]) In Petro ergo omnium fortitudo munitur, et divinae gratiae ita ordinatur auxilium, ut firmitas, quae per Christum Petro tribuitur, per Petrum Apostolis conferatur. || [7]) principem.

zu unseren Zeiten recht durch uns vollbracht und angeordnet wird, es den Bemühungen, der Regierung dessen zuzurechnen ist, zu dem gesagt worden ist: „Und du stärke, wenn du bekehrt bist, deine Brüder“, und der Herr nach seiner Auferstehung auf das dreimalige Bekenntnis ewiger Liebe in geheimnisvoller Ankündigung[1]) dreimal sagte: „Weide meine Schafe“[2]). Dies thut der fromme Hirt sonder Zweifel auch jetzt und vollführt den Auftrag des Herrn, indem er uns durch seine Ermahnungen befestigt und unaufhörlich für uns betet, damit wir durch keine Versuchung überwunden werden.

b) Leo als Gesandter bei Attila (452).

Prosper von Aquitanien, Konsularchronik zum Jahre 452, 1. 2[3]).

1. Nachdem Attila die Kräfte wieder gesammelt, die er in Gallien verloren hatte[4]), unternahm er es, durch Ungarn in Italien einzudringen, da unser Feldherr Aëtius, entsprechend den Leistungen im früheren Kriege[5]), keine Vorsorge getroffen hatte, sodass er nicht einmal die Alpenforts benutzte, durch welche die Feinde abgewehrt werden konnten, indem er bloss darin noch eine Hoffnung für die Seinen erblickte, wenn er mit dem Kaiser ganz Italien verlasse. Aber da er sah, dass dies schmach- und gefahrvoll war, so hielt die Scham die Furcht im Zaume, und durch die ausgedehnteste Verwüstung so vieler edler Provinzen glaubte man die feindliche Wut und Gier gestillt; und nichts schien unter allen Plänen des Kaisers[6]) und des römischen Senates und Volkes heilsamer, als dass durch Gesandte der Friede von dem grimmen Feinde erbeten würde.

2. Diese Aufgabe übernahm mit dem Konsular[7]) Avienus und dem ehemaligen Präfekten[8]) Trigetius der hochselige[9]) Papst Leo,

---

[1]) mystica insinuatione. || [2]) Joh. 21, 15ff. || [3]) Chronicon consulare, in „Chronica medii aevi“ pp., ed. Rössler, Tüb. 1798, Bd. I, S. 325f. — Prosper von Aquitanien, ein gelehrter Laie und Schüler Augustins, stand in Leos Diensten und verfasste in Rom das „Chronicon, welches von Erschaffung der Welt bis 445 (in der ersten Redaktion), bezw. bis 455 (in der zweiten Redaktion) reicht. Wann er gestorben ist, lässt sich nicht mit Sicherheit bestimmen.“ (Holtzmann-Zöpffel, Lexikon pp.) || [4]) In der Schlacht auf den catalaunischen Feldern bei Châlons sur Marne 451. || [5]) secundum prioris belli opera. Es sind hier schwache Leistungen gemeint. || [6]) principis. || [7]) Gewesenen Konsul. || [8]) viro praefectorio. || [9]) beatissimus.

im Vertrauen auf die Hilfe Gottes, der, wie er ja wusste, die Vorfahren bei ihren Bemühungen nie im Stiche gelassen hatte. Und es geschah nichts anderes, als was der Glaube im voraus angenommen hatte. Denn der König nahm die ganze Gesandtschaft ehrenvoll auf und freute sich über die Anwesenheit des höchsten Bischofs[1]) so, dass er den Befehl gab, vom Kriege abzulassen, und unter dem Versprechen des Friedens über die Donau zurückging[2]).

2. Gregor der Grosse (590—604)[3]).

a) Gregor als geistlicher Grossgrundbesitzer.

Brief an den Diakonus Cyprianus.

Briefe V, 8[4]).

Gregorius an den Diakon Cyprianus, den Verwalter des Patrimoniums[5]) in Sicilien.

Betreffs der Manichäer, die auf unseren Gütern[6]) sind, habe ich deine Liebe oft ermahnt, dass sie ihnen aufs stärkste zusetzen[7]) und sie zum katholischen Glauben zurückrufen soll. Wenn es die Umstände erfordern, so forsche persönlich, wenn es aber wegen anderer Angelegenheiten nicht möglich ist, durch andere sorgfältig nach[8]). Es ist aber [die Kunde] zu mir gedrungen, es seien Juden[9]) auf unsern Gütern, die sich keineswegs zu Gott bekehren wollen. Aber mir scheint, du musst auf allen Gütern, wo selbige[10]) Juden sich befinden, Briefe circulieren lassen[11]), in denen du ihnen in meinem Namen insbesondere versprichst, dass jedem von ihnen, der sich zu unserm wahren Herrgott Jesus Christus bekehrt, die Last, die auf seinem [Pacht-]Gute ruht[12]), um etwas vermindert werde. Dies soll auch in der Weise geschehen, dass, falls einer von ihnen sich be-

[1]) summi sacerdotis. ‖ [2]) Einen ähnlichen Erfolg Leos bei dem Vandalenkönig Genserich berichtet Prosper aus dem J. 455 (c. 4; a. a. O. S. 337 f.): „Nach diesem Ende des [Usurpators] Maximus erfolgte sofort die vieler Thränen werte Eroberung Roms; und Genserich nahm die von jedem Schutz entblösste Stadt ein, — als ihm ausserhalb der Thore der heil. Bischof Leo entgegenging: dessen Bitte besänftigte ihn unter dem Einfluss Gottes so, dass, obgleich er alle Macht besass, nachdem ihm die Stadt übergeben war, dennoch [alles Sengen und] Brennen, Morden und Misshandeln unterblieb (ab igne tamen et caede atque suppliciis abstineretur).“ ‖ [3]) Vgl. o. S. 82, 88 f., 93—97, 101, 153 ff. ‖ [4]) Migne, p. l. LXXVII, 729 ff. ‖ [5]) rectori patrimonii Siciliae. ‖ [6]) possessionibus. ‖ [7]) persequi summopere. ‖ [8]) solerter inquire. ‖ [9]) Hebraeos. ‖ [10]) ipsi. ‖ [11]) transmittere. ‖ [12]) onus possessionis eius.

kehrt, ihm, wenn er 1 Solidus Pacht[1]) [zu zahlen] hat, ein Drittel [davon], wenn 3 oder 4, 1 Solidus erlassen werden soll. Hat er noch mehr [zu zahlen], so soll dann nach demselben Verhältnis Nachlass gewährt werden oder wenigstens, je nachdem deine Liebe es gut findet, damit einerseits dem, der sich bekehrt, die Last erleichtert, andrerseits der Vorteil der Kirche nicht schwer geschädigt werde. Und das thun wir nicht nutzlos, wenn wir sie gegen Erleichterung ihrer Pachtlasten zur Gnade Christi führen, weil, wenn auch sie selbst nicht allzu gläubig [herzu] kommen, ihre Nachkommen doch schon gläubiger getauft werden. Entweder gewinnen wir also sie selbst oder ihre Söhne. Und deshalb ist es kein schwerer Verlust, was wir um Christi willen vom Pacht erlassen. — — Du hattest mir — geschrieben, dass den Bauern durch einige Pachteinnehmer Darlehen gegeben werden möchten[2]), damit sie nicht, wenn sie sie von anderen nähmen, entweder mit Frondiensten oder in ihren Verkaufspreisen gedrückt würden[3]). Dieser Punkt war mir sehr nach Wunsche. Wenn ich schon [darüber] geschrieben habe, so befolge, was dir geschrieben worden ist. Wenn ich aber, wie ich fürchte, mit gar keiner bestimmten Anweisung darauf geantwortet habe, so sollst du nicht säumen, zu Gunsten der Bauern Geld auszuleihen, da einerseits das Kirchengut [dadurch] nicht zu Grunde geht und andrerseits die Lage der Bauern mit diesem verbessert wird[4]). Aber auch anderes, was du etwa für heilsam hältst, sollst du ohne jedes Bedenken gewähren.

b) Kampf gegen scheinbare Primatsgelüste des Patriarchen von Konstantinopel[5]).

An Bischof Johannes [den Faster von Konstantinopel. 595].
Briefe V, 18[6]).

— — Als der Apostel Paulus einige sagen hörte: „ich bin des Paulus, ich des Apollos, ich aber des Kephas“ (1. Kor. 1, 13),

[1]) solidi pensionem. Über den Solidus s. S. 126, A. 6. || [2]) ut mutui solidi rusticis per manus quorundam [debiti; nicht in allen Handschriften stehendes Wort] conductorum darentur. — Kranzfelder übersetzt (in der Kemptener Bibliothek der Kirchenväter, Ausgewählte Schriften des heil. Greg. d. Gr. II, 234) debiti conductorum mit „Rentbeamten“. || [3]) Etwa indem ihre Produkte zu sehr geringen Preisen als Zahlung angenommen wurden. || [4]) quando et res ecclesiastica non perit, et ex ea utilitas rusticorum levatur. || [5]) „In diesem Sinne wurde in Rom jedenfalls der Titel „ökumenischer Patriarch“ verstanden, der etwa seit An-

hat er diese Zerfleischung des Leibes Christi, durch die seine Glieder sich gewissermassen anderen Häuptern anschlossen, aufs heftigste verabscheut und ausgerufen: „Ist etwa Paulus für euch gekreuzigt, oder seid ihr auf den Namen des Paulus getauft worden?" (Ebendas.) Wenn also jener nicht wollte, dass die Glieder des Leibes des Herrn gleichsam bestimmten Häuptern ausser Christus, und zwar den Aposteln selbst, sich in verschiedenen Abteilungen[1]) unterwerfen, was willst du Christus als dem Haupte der gesamten Kirche bei der Prüfung des jüngsten Gerichtes sagen, der du dir herausnimmst, alle seine Glieder dir unter dem Titel Universal[2])[-Bischof] unterzuordnen? Wer sonst, so frage ich, ist in dieser verkehrten Benennung das Vorbild, das sich zur Nachahmung darbietet, als der, welcher unter Verachtung der Engellegionen, die mit ihm auf gleiche Stufe gestellt waren[3]), sich herausnahm, zum Gipfel der Einzigartigkeit sich emporzuschwingen[4]), sodass er einerseits unter niemandem zu stehen, andrerseits allein über allen zu stehen schien? — — — Meine Thränen fliessen reichlicher, meine Brust kann meine Seufzer nicht fassen, weil dieser hochheilige Mann, Herr Johannes, der so enthaltsam und demütig ist, von den Zungen seiner Vertrauten verführt, sich zu solchem Hochmut verstiegen hat. — — Um alles kurz zusammenzufassen: die Heiligen vor dem Gesetz, die Heiligen unter dem Gesetz, die Heiligen unter der Gnade, alle diese, die den Leib Christi ausmachen, sind zu Gliedern der Kirche gesetzt, und niemand wollte je Universal[-Bischof] heissen. Eure Heiligkeit aber wolle erkennen, wie sehr sie in sich aufgeschwollen ist, da sie mit dem Namen benannt werden will, mit dem niemand benannt zu werden beanspruchte, der wahrhaft heilig war.

Ist nicht, wie Eure Brüderlichkeit weiss, durch das verehrungswürdige Konzil von Chalkedon den Vorstehern dieses apostolischen Stuhles, dem ich nach Gottes Anordnung diene, die Ehre angetragen worden, Universal[-Bischof] zu heissen? Aber dennoch wollte nie einer so genannt werden, keiner riss diesen verwegenen Titel an sich, damit es nicht scheine, als habe er, wenn er auf der Stufe

fang des 6. Jh. den Patriarchen von Konstantinopel beigelegt wurde, ohne dass sie ihn selbst gebraucht hätten". Müller, K.-G. I, 300. || [6]) Migne, a. a. O. 739 f.

[1]) partialiter. || [2]) universalis. || [3]) socialiter constitutis. || [4]) ad culmen conatus est singularitatis erumpere.

des Papsttums die Ehre der Einzigartigkeit an sich risse, diese allen Brüdern abgesprochen.

c) Gregors Verhältnis zu Kaiser Phokas[1]).

An den Kaiser Phokas. Briefe XIII. 38[2]).

Mit Freude und grosser Dankbarkeit dürfen wir erwägen, wieviel Preis wir dem allmächtigen Gotte schulden, dass das Joch der Traurigkeit von uns genommen ist und wir unter der kaiserlichen Güte Eurer Gnaden[3]) zu Zeiten der Freiheit hindurchgedrungen sind. Denn was das betrifft, dass Eure Durchlauchtigkeit vermisste[4]), dass kein Diakonus des apostolischen Stuhles nach alter Sitte im [Kaiser-] Palaste blieb, das ist nicht meiner Nachlässigkeit, sondern einer ganz dringenden Notwendigkeit zuzuschreiben; denn als alle Diener dieser unserer Kirche so wirren und rauhen Zeitverhältnissen mit Grauen auswichen und entflohen, so konnte keinem von ihnen auferlegt werden, dass er in die Residenzstadt[5]) sich begebe, um im [Kaiser-] Palaste zu bleiben. Nachdem sie aber erfahren haben, dass Eure Gnaden nach der Fügung der göttlichen Gnade zum kaiserlichen Hochsitz[6]) gelangt sei, da eilen, von Freude getrieben, auch die, sich Euch anzuschliessen[7]), die sich vorher sehr gefürchtet hatten, dies zu thun. Weil aber einige von ihnen so altersschwach sind, dass sie kaum eine Anstrengung ertragen können, andere aber sehr mit kirchlichen Sorgen überhäuft sind, und der Überbringer des gegenwärtigen [Schreibens], welcher der erste von allen Vertretern[8]) war, mir durch lang[jährig]en Verkehr[9]) wohl bekannt ist, durch seinen Wandel, Glauben und Charakter bewährt, so hielt ich diesen für das Gefolge Eurer Gnaden[10]) für geeignet. Darum habe ich ihn nach Gottes

---

[1]) „Die Regierung des von Gregor mit unaussprechlichem Jubel begrüssten Mörders und Thronräubers Phokas“ [in Konstantinopel], „der sofort den Primat des römischen Bischofs anerkannte, war nur kurz (602—610)“. Müller, K.-G. I, 300. || [2]) Migne, a. a. O. 1287 f. || [3]) sub imperiali benignitatis vestrae pietate. || [4]) quod . . . vestra serenitas non invenit. || [5]) ad urbem regiam. || [6]) ad culmen imperii. || [7]) ad vestra vestigia venire festinant. || [8]) defensorum: Diese waren vom Papste beauftragt, denen, welche die Hilfe des apostolischen Stuhles in Anspruch nahmen, beizustehen. Vgl. Du Cange, Glossarium mediae et infimae latinitatis, ed. Le Favre. || [9]) assiduitate. || [10]) pietatis vestrae vestigiis.

Willen[1]) zum Diakonus gemacht und mich in Eile ihn abzusenden beflissen, damit er alles, was in diesen [unsern] Landesteilen vor sich geht, zu gelegener Zeit Eurer Gnaden mitteilen könne. So bitte ich denn, dass Eure Durchlauchtigkeit ihm ein gütiges Ohr zu leihen geruhe, damit sie desto schneller sich unser erbarmen könne, je wahrheitsgetreuer sie unsere Bedrängnis aus seinem Bericht erfährt. Denn wie wir durch tägliche Angriffe, und durch wie schwere Einfälle der Langobarden wir schon die lange Zeit von 35 Jahren hindurch bedrängt werden, vermögen wir durch keine Worte unserer Darlegung auszusagen[2]). Aber wir vertrauen auf den allmächtigen Gott, weil er das Gute, was er zu unserem Troste begonnen hat, auch vollenden wird[3]); und er, der gütige Herren[4]) im Staate erweckt hat, wird auch die grausamen Feinde vertilgen. Darum möge die heilige Dreieinigkeit Euer Leben auf lange Zeit hinaus behüten, damit wir uns des Gutes Eurer Gnade, das wir spät empfangen haben, umso länger erfreuen.

d) Einführung des Christentums bei den Angelsachsen.

α) An Augustinus, den Bischof der Angeln. (601).
Briefe XI, 65[5]).

Obgleich gewiss ist, dass denen, welche für den allmächtigen Gott arbeiten, unaussprechliche Belohnungen im ewigen Reiche vorbehalten sind, so müssen wir ihnen doch Ehrenvorzüge verleihen, damit sie infolge der Belohnung im Eifer um ihr geistliches Werk sich noch viel mehr anstrengen. Und weil die neue englische Kirche zur Gnade des allmächtigen Gottes durch die Güte desselben Herrn[6]) und durch deine Arbeit gekommen ist, so gewähren wir dir den Gebrauch des Palliums[7]) in ihr [aber] nur zur Abhaltung der Messfeier, sodass du für einzelne Orte 12 Bischöfe weihest[8]), die unter deiner Botmässigkeit stehen sollen,

[1]) auctore Deo. || [2]) explere. || [3]) quia ea quae coepit consolationis suae bona perficiet. || [4]) pios dominos. || [5]) Migne, a. a. O. S. 1200 f. || [6]) largiente eodem Domino. || [7]) „Mit [Papst] Symmachus (513) beginnt die Sitte, dass die Päpste einzelnen Bischöfen des Abendlandes das Pallium verleihen, einen schmalen Schulterumhang, den im Westen nur der Bischof von Rom und vielleicht der von Karthago trugen, und der eben darum als eine hervorragende Auszeichnung galt". Müller, K.-G. I, 272. || [8]) Diese Vollmacht wird insofern mit der Verleihung des Palliums verknüpft, als dieses seinen Träger als Metropoliten kennzeichnet.

sofern der Bischof der Stadt London[1]) für die Zukunft von einer eigenen Synode geweiht werden und das Ehren-Pallium von diesem heiligen und apostolischen Stuhle, dem ich nach Gottes Willen diene, empfangen soll.

Nach der Stadt York[2]) aber sollst du als Bischof senden, wen du selbst [dafür] einzusetzen für gut befindest; sodass, wenn diese Stadt mit ihrer Umgegend das Wort Gottes annimmt, auch er 12 Bischöfe einsetze, um die Ehre des Metropoliten zu geniessen, weil wir auch ihm, wenn uns Gott das Leben schenkt[3]), nach Gottes gnädigem Willen das Pallium zu verleihen beabsichtigen, obgleich wir wollen, dass er unter der Botmässigkeit deiner Brüderlichkeit stehe[4]). Nach deinem Heimgang aber soll er dermassen über den Bischöfen stehen, die er eingesetzt hat, dass er in keiner Weise unter der Botmässigkeit des Bischofs von London stehen soll. Es soll aber künftig zwischen den Bischöfen von London und von York der Rangunterschied bestehen, dass der als erster gilt, der früher eingesetzt ist. In gemeinsamer Beratung und einträchtiger Handlung aber sollen sie alles, was um des Eifers für Christus willen zu thun ist, ordnen. — —

β) An Ethelbert, den König der Angeln (601).
Briefe XI, 66.

— — Unser hochwürdiger Bruder aber, der Bischof Augustinus, ist in der Regel des Klosterlebens unterrichtet, voll Kenntnis der heiligen Schrift, durch Gott mit guten Werken begabt, und wozu er Euch ermahnt, das höret gern, vollbringt gehorsam und bewahret sorgfältig im Gedächtnis, denn wenn Ihr ihn in dem hört, was er an Stelle des allmächtigen Gottes sagt, so wird auch dieser allmächtige Gott ihn rascher erhören, wenn er für Euch betet. Denn wenn Ihr, was ferne sei, seine Worte hintansetzt, wann wird ihn da der allmächtige Gott in Euern Angelegenheiten hören können, den ihr in Gottes Angelegenheiten[5]) zu hören versäumt? Von ganzem Herzen verbindet Euch also mit ihm im Glaubenseifer und unterstützt seine Bestrebung[en] mit

---

[1]) Augustin hatte zunächst dort seinen Sitz, später jedoch in Canterbury. || [2]) Eboracum. || [3]) si vita comes fuerit. || [4]) Augustinus ist also der Erzbischof für ganz Britannien: Tua vero fraternitas . . omnes Britanniae sacerdotes habeat . . subjectos. (Gegen Ende des Briefes.) || [5]) pro vobis — pro Deo.

der Kraft, die Euch die Gottheit[1]) verliehen hat, damit der Euch zu[m] Genossen seines Reiches mache, dessen Glauben Ihr in Euerm Reiche Aufnahme und Bestand verschafft[2]).

Ich schicke aber kleine Geschenke mit, die für Euch nicht gering sein werden, da Ihr sie mit dem Segen des seligen Apostels Petrus empfangt. — —

γ) An Abt Mellitus im Frankenland (601).
Briefe XI, 76[3]).

Nach der Abreise unserer [Mönchs-] Genossenschaft, die bei Dir ist, sind wir in grosse Besorgnis versetzt worden, weil uns keine Nachricht über den glücklichen Ausfall Eurer Reise zukam. Da aber der allmächtige Gott Euch zu dem hochwürdigen Manne, unserm Bruder Bischof Augustinus, geführt hat[4]), so sagt ihm, was ich in langem Nachdenken in Sachen der Angeln bei mir erwogen habe, nämlich, dass die Götzentempel in diesem Volke keineswegs zerstört werden sollen, sondern [nur] die in ihnen befindlichen Götzenbilder selbst. Es werde Weihwasser geopfert[5]), es werde in diesen Tempeln [damit] gesprengt, es sollen Altäre errichtet, Reliquien aufgestellt[6]) werden, weil, wenn diese Tempel gut gebaut sind, sie vom Kult der Dämonen zum Dienste des wahren Gottes übergeführt werden müssen, damit das Volk, wenn es eben diese Tempel nicht zerstören sieht, von Herzen seinen Irrtum ablege und in Erkenntnis und Anbetung des wahren Gottes zu den gewohnten Stätten mit [umso] grösserer Vertraulichkeit zusammenströme. Und weil sie beim Götzenopfer viele Ochsen zu töten pflegen, so soll ihnen auch in dieser Beziehung die Feier umgestaltet werden, sodass sie am Tage der [Kirch-] Weihe oder an den Geburtstagen[7]) der heiligen Märtyrer, deren Reliquien dort aufbewahrt werden, sich um dieselben Kirchen her, in

[1]) Statt divinitus ist wohl divinitas zu lesen. || [2]) cuius vos fidem in regno vestro recipi et facitis custodiri. Andere Lesarten: recipi faciatis et custodiri; recipitis et facitis custodiri. || [3]) Migne, a. a. O. S. 1215f. Abt Mellitus oder Melittus war dem Augustin mit anderen zur Unterstützung nachgesandt worden. || [4]) Cum vero vos Deus . . . perduxerit. Kranzfelder a. a. O. S. 644 übersetzt: „Wenn Ihr aber . . . zu . . . Augustin gekommen sein werdet". Er muss aber doch wohl thatsächlich am Ziele angelangt sein, wenn Gregors Brief ihn sicher erreichen soll. || [5]) Aqua benedicta fiat. || [6]) Oder: niedergelegt; ponantur. || [7]) Vgl. o. S. 87, A. 9.

welche die Tempel verwandelt worden sind, Zelte aus Baumzweigen machen und mit religiösen Mahlzeiten ein Fest feiern. Und nicht mehr sollen sie dem Teufel Tiere opfern, sondern zum Lobe Gottes für ihre Speise Tiere schlachten und dem Geber aller [Gaben] für ihre Sättigung Dank darbringen, damit sie, wenn ihnen gewisse äusserliche Freuden erhalten bleiben, leichter mit den inneren Freuden harmonieren können. Denn ohne Zweifel ist es unmöglich, schwerfälligen Gemütern alles auf einmal abzuschneiden, weil der, welcher den höchsten Punkt zu erklimmen strebt, sich notwendig stufen- oder schrittweise, nicht aber in Sprüngen [dorthin] erhebt[1]. So hat sich Gott dem israelitischen Volk in Ägypten zwar offenbart, aber ihnen trotzdem die Opfergebräuche, die sie dem Teufel zu widmen pflegten[2], in ihrem eigenen Kultus erhalten, sodass er ihnen in ihrem Opfer Tiere darzubringen befahl; sofern sie unter Änderung ihres Sinnes[3] das eine vom Opfer aufgeben, anderes beibehalten sollten, sodass, wenn es auch dieselben Tiere waren, welche sie zu opfern pflegten, es doch nicht mehr dieselben Opfer[4] wären, da sie diese Gott und nicht den Götzen darbrächten. — —

Anhang.

Gregors erste Berührung mit den Angeln.
Bedas Kirchengeschichte des Angelnvolkes II, 1[5].

Nicht soll die Meinung mit Stillschweigen übergangen werden, die über den seligen Gregor durch die Überlieferung der Vorfahren bis auf uns gebracht worden ist: aus welchem Grunde (ermahnt) er nämlich so eifrig Sorge für das Heil unseres Volkes getragen habe. Weil eines Tages mit den neu ankommenden Kaufleuten so viele Sklaven auf den Markt gebracht und viele zusammengeströmt wären, um zu kaufen, soll auch Gregor selbst unter anderen er-

[1] Nam duris mentibus simul omnia abscidere impossibile esse non dubium est, quia is qui locum summum ascendere nititur necesse est ut gradibus vel passibus, non autem saltibus elevetur.
[2] Vgl. Lev. 17, 7. ‖ [3] cor mutantes. ‖ [4] etsi ipsa essent animalia — —, iam sacrificia ipsa non essent. ‖ [5] Baedae hist. eccl. gentis Anglorum, ed. Holder, S. 64 f. — Beda der Ehrwürdige, Lehrer an der Schule des Klosters St. Paul zu Jarrow (in Nordengland, am rechten Ufer des Tyne), † 735. ‖

schienen sein und unter anderen [auch] Knaben von weissem Körper und schönem Angesicht, auch von ausgezeichnetem Haarwuchs[1]), zum Verkauf gestellt gesehen haben. Als er diese erblickte, fragte er, wie man erzählt, aus welcher Gegend oder welchem Lande sie hergebracht worden seien. Es wurde [ihm] gesagt: von der Insel Britannia, deren Einwohner so aussähen. Wieder fragte er, ob diese Inselbewohner Christen wären oder noch in heidnische Irrtümer verstrickt, und es wurde [ihm] gesagt, dass sie Heiden wären. Jener aber holte aus tiefster Brust einen langen Seufzer und sprach: „O wehe, dass Menschen von so leuchtendem Antlitz der Urheber der Finsternis besitzt und eine so anmutige Stirn einen Geist birgt, dem die innere Gnade fehlt!" Wiederum fragte er [also], wie der Name dieses Volkes sei. Die Antwort war, dass sie Angeln hiessen. Jener aber sprach: „Recht so, sie haben ein engelhaftes Aussehen[2]), und es gebührt sich, dass solche [Menschen] Miterben der Engel im Himmel sind. Was für einen Namen hat gerade die Provinz, aus der sie hergebracht sind?" Die Antwort war, dass diese Provinzbewohner Deïren[3]) hiessen. Jener aber sprach: „Recht so, Deïren, dem Zorne entrissen[4]) und zur Gnade Christi berufen! Wie heisst der König dieser Provinz?" Die Antwort war, dass er Aelli[5]) heisse. Jener aber sprach auf den Namen anspielend: „Alleluja, das Lob Gottes des Schöpfers muss in jenen Gegenden gesungen werden."

Und er ging zum Papst[6]) des römischen und apostolischen Stuhles, denn noch war er selbst nicht zum Papst gemacht worden, und bat, dass er dem Volke der Angeln einige Diener des Wortes nach Britannien schicken möchte, durch die es zu Christus bekehrt würde; er selbst sei bereit, dies Werk mit Gottes Hilfe auszuführen, vorausgesetzt jedoch, dass es dem apostolischen Papst gefalle, dass es geschehe. Vorläufig konnte er es nicht ausführen, weil, wenn auch der Papst ihm seine Bitte gewähren wollte, doch die Bürger Roms es nicht zulassen konnten, dass er sich so lange von der Stadt[7]) entfernte; später, als er selbst das päpstliche Amt verwaltete, führte er das lang ersehnte Werk aus, indem er zwar andere Prediger aussandte, selbst aber durch seine Ermahnungen

[1]) capillorum quoque forma egregia. ‖ [2]) angelicam habent faciem. ‖ [3]) Deïra (Dere) ist der südliche Teil von Northumberland. ‖ [4]) de ira eruti. ‖ [5]) Elle. ‖ [6]) ad pontificem. ‖ [7]) ab Urbe.

und Gebete dazu half, dass die Predigt Frucht brachte. Wir fanden es zweckmässig, dies nach der Meinung, die wir von den Alten überkommen haben, unserer Kirchengeschichte einzufügen[1]).

[1]) Haec iuxta opinionem, quam ab antiquis accepimus, historiae nostrae ecclesiasticae inserere oportunum duximus.

C. Zur Kirchengeschichte der Germanen.

I. Die Anfänge des Christentums in Deutschland selbst.

1. Erste Erwähnung christlicher Gemeinden in Deutschland.

Irenaeus, gegen die Irrlehren, I, 3[1]).

— — Wenn auch die Dialekte in der Welt verschieden sind, so ist doch die Kraft der Überlieferung einunddieselbe. Weder die in Germanien[2]) haben einen anderen Glauben angenommen[3]) oder überliefern anders, noch die in Spanien, noch die im Keltenland, noch die im Orient[4]), noch die in Ägypten, noch die in Libyen, noch die in der Mitte der Welt[5]) gegründeten. — —

2. Erste Märtyrerspur in Deutschland.

Inschrift des Clematius in St. Ursula zu Köln[6]).

Durch feurige göttliche Gesichte häufig ermahnt und durch die Kraft der grossen Majestät des Martyriums der himmlischen, sich von

[1]) Adv. Haereses, ed. Harvey I, S. 92. Irenaeus † um 200. || [2]) ἐν Γερμανίαις, den beiden römischen Provinzen Germania superior (der südliche) und inferior (der nördliche Teil des linken Rheinufers). || [3]) πεπιστεύκασιν. || [4]) κατὰ τὰς ἀνατολάς. || [5]) D. h. Italien. || [6]) Bei Kraus, Die christl. Inschriften der Rheinlande I, N. 294, S. 143. Die Inschrift stammt nach F. Ritschl schon aus dem 4. Jahrh. und enthält den echten Kern der Ursula-Sage. „Bei dem hohen Alter der Inschrift muss der Ursprung des älteren Baues der vorkonstantinischen Zeit so nahe gerückt, wenn nicht in dieselbe selbst verlegt werden, dass die Annahme einer Legendenbildung ausgeschlossen ist". Hauck, Kirchengesch. Deutschlands, I, 25, Anm. 1.

Osten her [zu ihm] herabneigenden[1]) Jungfrauen bewogen, hat Clematius, ein Mann von senatorischem Range[2]), seinem Gelübde gemäss aus seinem eigenen Vermögen auf eigenem Grund und Boden diese Basilika nach dem Gelübde, das er schuldig war, von Grund auf wiederhergestellt. Sollte aber jemand über der so grossen Majestät dieser Basilika, wo die heiligen Jungfrauen für den Namen Christi ihr Blut vergossen haben, den Körper jemandes beisetzen, ausgenommen der Jungfrauen[3]), so wisse er, dass er mit dem ewigen Feuer der Hölle[4]) zu strafen ist.

3. Christentum in Mainz i. J. 368.

Ammianus Marcellinus, [Röm.] Gesch. XXVII, 10, 1. 2.

1. *Ungefähr um eben diese Zeit, als Valentinianus[5]) zu seinem Zuge* vorsichtig, wie er meinte, aufgebrochen war, fiel ein alemannischer Prinz, Namens Rando, der lange vorbereitete, was er plante, in das schutzlose Mainz mit Leichtbewaffneten ein, um es zu plündern.
2. Und da gerade die Feier des christlichen Gottesdienstes begangen wurde[6]), so führte er ungehindert Männer und Frauen von jeglicher Lebenslage[7]) mit nicht geringer Habe unverteidigt fort.

4. Der Uebertritt der Burgunder zum Christentum.

Sokr., K.-G. VII, 30.

— — Es gibt ein barbarisches Volk, jenseits des Rheinstromes wohnhaft; sie heissen Burgunder[8]). Diese führen ein unthätiges Leben, denn sie sind fast alle Zimmerleute und nähren sich vom Ertrag dieses [Handwerks]. Diese griff das Volk der Hunnen beständig an, plünderte ihr Land und töteten oft viele von ihnen. Sie aber nahmen in ihrer Hilflosigkeit ihre Zuflucht zu keinem Menschen, sondern beschlossen, sich einem Gotte anzuvertrauen. Da sie aber

[1]) Der Osten ist der Ort des Paradieses. || [2]) VC ist nach Kraus (S. 145) vir clarissimus, nicht vir consularis, zu lesen und bezeichnet den senatorischen Rang. || [3]) Den Körper eben dieser Jungfrauen. || [4]) sempiternis tartari ignibus. || [5]) Valentinianus I, † 375. || [6]) Christiani ritus . . sollemnitatem. || [7]) cuiusque fortunae. || [8]) Nach Hauck, Kirchengesch. Deutschlands I, 98 ist hier von den auf dem rechten Rheinufer zurückgebliebenen Burgundern die Rede. Die, welche in Gallien eingedrungen waren, hatten das Christentum als die Religion der Römer schon etwas früher angenommen.

in Erwägung zogen, dass der Gott der Römer denen, die ihn fürchten, mächtig beisteht, so kamen alle in gemeinsamem Entschluss dazu, an Christus zu glauben. Sie begaben sich in eine Stadt Galliens und erbaten sich von dem Bischof die christliche Taufe. Dieser liess sie 7 Tage fasten, unterwies sie im Glauben, taufte sie am 8. Tage und entliess sie dann. Mutig zogen diese nun gegen ihre Bedrücker[1]), und ihre Hoffnung täuschte sie nicht. Da nämlich der König der Hunnen, Namens Uptar, infolge von Gefrässigkeit während der Nacht geborsten war, so warfen sich die Burgunder auf die Führerlosen und siegten, obgleich sie in geringer Anzahl gegen sehr viele gekämpft hatten; denn nur 3000 trugen über 10000 den Sieg davon; und seitdem war das Volk dem Christentum glühend zugethan. Um diese Zeit aber starb auch Barbas, der Bischof der Arianer, als Theodosius zum 13. und Valentinian zum 3. Male Konsul war[2]).

II. Ulfilas, der Bischof der Westgothen († 381).

Sokr., K.-G. II, 41, 23 u. IV, 33.

Diesem[3]) schloss sich auch Ulfilas, der Bischof der Gothen, damals zuerst an; in der vorhergehenden Zeit hatte er nämlich das nicänische Glaubensbekenntnis[4]) angenommen, nachdem er der Nachfolger des Theophilus geworden war, der als Bischof der Gothen der Synode zu Nicäa[5]) beigewohnt und [dort] unterschrieben hatte. II, 41.

Die Barbaren jenseits[6]) der Donau, welche Gothen hiessen, erregten einen Bürgerkrieg[7]) untereinander und spalteten sich in zwei Parteien; an der Spitze der einen stand Fritigern, an der der andern Athanarich. Da aber Athanarich sich überlegen zeigte, so nahm Fritigern seine Zuflucht zu den Römern und rief ihre Hilfe IV, 33.

[1]) τῶν τυράννων. || [2]) Im J. 430. Theodosius II, 408—450, und Valentinian III, 423—455. || [3]) Dem Glaubensbekenntnis von Konstantinopel, 381. || [4]) πίστιν. || [5]) 325. || [6]) nördlich. || [7]) ἐμφύλιον πόλεμον.

gegen seinen Widersacher an. Dies wurde dem Kaiser Valens mitgeteilt, und er befahl den in Thracien stationierten Truppen, den Barbaren in ihrem Kampfe mit Barbaren Hilfe zu leisten, und sie gewannen einen Sieg über Athanarich jenseits der Donau, indem sie den Feind in die Flucht schlugen. Dies wurde die Veranlassung für viele Barbaren, Christen zu werden, denn Fritigern nahm zum Dank für die empfangene Wohlthat die Religion des Kaisers an und trieb seine Unterthanen an, dasselbe zu thun. Deshalb gehören auch bis zur Gegenwart die meisten Gothen dem arianischem Glauben an, weil sie sich damals um des Kaisers willen diesem angeschlossen haben. Damals erfand aber auch Ulfilas, der Bischof der Gothen, die gothischen Buchstaben, übersetzte die heilige Schrift in die gothische Sprache und brachte die Barbaren dazu, das Wort Gottes[1]) zu lernen. Da aber Ulfilas nicht nur die unter Fritigern, sondern auch die unter Athanarich stehenden Barbaren im Christentum unterrichtete, so verhängte Athanarich über viele der Christen Strafen, sodass damals arianische Barbaren zu Märtyrern wurden. Arius allerdings war, weil er die Meinung des Libyers Sabellius[2]) nicht zu widerlegen vermochte, vom rechten Glauben abgefallen, indem er den Satz aufstellte, der Sohn Gottes sei ein neuer Gott. Die Barbaren aber, welche einfältigen Herzens das Christentum angenommen hatten, verachteten um des Glaubens an Christus willen das irdische Leben.

III. Aus der gallischen Kirche des 5. Jahrhunderts.

1. Kulturbilder.

a) Eine pessimistische Sittenschilderung.

Salvian, Von der [Welt-] Regierung Gottes III, c. 9 § 44—46. 48[3]).

44. Die Kirche selbst, die in allen Stücken die Versöhnerin Gottes sein soll, was ist sie anders als die Verhöhnerin[4]) Gottes?

[1]) τὰ θεῖα λόγια. || [2]) Sabellius: vgl. Heft I, S. 90. In Wirklichkeit stimmt die Lehre des Arius mit der des Sabellius nicht überein. || [3]) Salviani de gubernatione dei. Corpus script. eccl. vol. VIII, ed. Pauly, Wien 1883. S. 57. Salvian, Presbyter in Marseille, † um 485. || [4]) exacerbatrix.

Oder, abgesehen von einigen wenigen, die das Böse fliehen, was ist fast die ganze Christengemeinde[1]) anders als ein Auswurf von Lastern? Wie viele findest du nämlich in der Kirche, die nicht Trunkenbolde oder Schwelger oder Ehebrecher oder Hurer oder Räuber oder Schlemmer oder Strassenräuber oder Mörder sind? — —

— — Leichter findest du nämlich einen, der [das] alles, als 45.
einen, der nichts [davon] ist. — —

Denn bis zu der Schändlichkeit der Sitten ist fast die ganze 46.
Menge in der Kirche gebracht worden, dass es im ganzen christlichen Volke gleichsam als eine Art von Heiligkeit gilt, weniger lasterhaft zu sein. — —

— — Während sie mit Worten das Böse der Vergangenheit 48.
beklagen, sinnen sie innerlich auf künftiges [Böses], und so vermehrt ihr Gebet vielmehr die Verbrechen, als dass es sie beschwört. — —

b) Ein Lob bischöflicher Fürsorge.

Sidonius an Bischof Patiens [von Lyon]. Briefe VI, 12[2]).

— — Auch deine Bescheidenheit[3]) wird nicht leugnen können, dass du nach der gothischen Verheerung[4]), nachdem die Saaten verbrannt waren, auf eigene Kosten für die allgemeine Not durch das trostlose Gallien unentgeltliches Getreide versandt hast, da du der vom Hunger abgezehrten Bevölkerung[5]) zu viel geliefert haben würdest, wenn diese Waren zum Handel, nicht zum Geschenk bestimmt gewesen wären. Wir sahen, dass die Wege für deine Fruchtsendungen[6]) zu eng waren; wir sahen an den Ufern der Saône und Rhone nicht [bloss] Eine Scheuer, die du allein gefüllt hattest. — — Wenn ich daher auch nicht genau abschätzeen[7]) kann, wie dankbar dir die Bewohner von Arles, Riez, die Grundbesitzer[8]) von Avignon, auch von Orange, Albi, Valence und Troyes

[1]) coetus Christianorum. || [2]) Sidonius domino papae Patienti salutem. Vgl. C. Sollius Apollinaris Sidonius, rec. P. Mohr, Leipzig, 1895, S. 137 f. — Sidonius Apollinaris, geb. um 430 in Lyon, verteidigte als Bischof von Clermont-Ferrand in der Auvergne diese Stadt gegen die Westgothen und † um 487. (Holtzmann-Zöpffel, Lexikon pp.) || [3]) pudor. || [4]) Des südöstlichen Galliens. || [5]) tabescentibus fame populis. || [6]) frugibus. || [7]) ad integrum conicere. || [8]) possessor.

sind, weil es schwer ist, ihre Gebete nach dem Geldwert zu bemessen [1]), denen ja, wie du weisst, ihre Nahrung unentgeltlich [2]) geliefert worden ist, so sage ich doch im Namen der Stadt Clermont [3]) überaus reichlichen Dank, denn dass du auf Hilfe für sie bedacht warst, dazu hat dich weder Provinzialgemeinschaft, noch Nachbarschaft, noch ein bequemer Wasserweg [4]), noch eine Geldanerbietung [5]) bewogen. — — — — Durch ganz Aquitanien [6]) verbreitet sich dein Ruhm; Du wirst geliebt, gelobt, ersehnt, verehrt, von aller Herzen, durch aller Gebete; in dieser Zeit der Not bist Du der gute Priester, der gute Vater, das gute Jahr.

c) Auch ein Motiv des Übertritts zum Christentum.

Severus Sanctus, Gedicht vom Sterben der Rinder, V. 97—132 [7]).

Aegon.

Quidnam, quaeso, quid est,
quod vario modo
Fatum triste necis transilit alteros
Affligitque alios? En tibi Tityrus
Salvo laetus agit grege!

Buculus.

Ipsum contueor. Dic, age, Tityre,
Quis te subripuit cladibus his
Deus?
Ut pestis pecudum, quae populata sit
Vicinos, tibi nulla sit.

Aegon.

Sprich, wie trägt es sich zu,
dass so verschieden doch
Herbes Todesgeschick diesen
lässt unversehrt,
Jenen jämmerlich schlägt? Siehe,
wie Tityrus
Sich der munteren Herde freut!

Buculus.

Selbst dort seh' ich ihn, traun!
Sage doch, Tityrus,
Welcher Gott dich bewahrt
gnädig vor dieser Not,
Dass die Pest, die ringsum andre
des Viehs beraubt,
Deine Herde nicht treffen mag?

---

[1]) eorum ex asse vota metiri. Vota hier wohl = Fürbitten der dankbaren Empfänger. || [2]) sine asse. || [3]) Arverni oppidi. || [4]) opportunitas fluvii. || [5]) oblatio pretii. || [6]) Südfrankreich. || [7]) Severi Sancti rhetoris et poetae christiani Carmen de mortibus boum. Bei Lemaire, Poetae latini minores I, 584—587. Das Gedicht stammt aus dem Anfang des 5. Jahrhunderts und hat die Form eines Gesprächs zwischen Aegon, Buculus und Tityrus. Der Erstgenannte nimmt innigen Anteil an den Verlusten, die der zweite durch die Rinderpest erleidet, während die Herde des dritten verschont bleibt. Die Beachtung dieser Thatsachen bewirkt den Übertritt der beiden ersten zum Christentum! — Übersetzung vom Herausgeber.

Tityrus.

Signum, quod perhibent esse crucis Dei,
Magnis qui colitur solus in urbibus,
Christus, perpetui gloria numinis,
Cuius filius unicus, —

Hoc signum, mediis frontibus additum,
Cunctarum pecudum certa salus fuit.
Sic vero Deus hoc nomine praepotens
Salvator vocitatus est.

Fugit continuo saeva lues greges:
Morbis nil licuit. Si tamen hunc Deum
Exorare velis, credere sufficit:
Votum sola fides iuvat.

Non ullis madida est ara cruoribus;
Nec morbus pecudum caede repellitur:
Sed simplex animi purificatio
Optatis fruitur bonis.

Tityrus.

Was als Zeichen der Welt gilt für des Gottes Kreuz,
Den allein man verehrt, wo sich die Grossstadt dehnt,
Christ des ewigen Gotts strahlender Widerschein,
Dessen einziger Sohn er ist, —

Dieses Zeichen, der Stirn mitten hinein gesetzt,
War das sichere Heil jeglichen Herdentiers.
Gott, der wahrheitsgemäss uns der Allmächt'ge heisst[1]),
Ward drum Heiland gerufen auch.

Eilends floh von dem Vieh nun die verheerende
Pest; es brach ihre Macht. Willst du von diesem Gott
Dir auch Hilfe erflehn, — Glaube genügt dazu;
Er nur hilft als Gelübde dir[2]).

Triefen keinen Altar siehst du von Opferblut,
Nicht mit mordender Hand scheucht man die Rinderpest.
Nein, des eignen Gemüts einfache Läuterung
Bringt erwünschtesten Segen ein.

[1]) Ich habe vero hoc nomine (nämlich „praepotens") als abl. abs. gefasst. || [2]) D. h.: statt dass du der Gottheit Gaben geloben müsstest, brauchst du ihr nur Glauben darzubringen, um ihre Hilfe zu erlangen. Votum kann aber auch als acc. aufgefasst und dann als „Gebet" übersetzt werden: der Glaube allein unterstützt (macht erfolgreich) dein Gebet.

Buculus.

Haec si certa probas, Tityre, nil moror
Quin veris famuler religionibus.
Errorem veterem diffugiam libens;
Nam fallax et inanis est.

Buculus.

Wenn du dieses verbürgst, Tityrus, säum' ich nicht,
Werd' ein Diener sogleich wahrer Religion.
Gern entflieh' ich dem Wahn, der mich bisher umfing;
Er ist eitel und trügerisch.

Tityrus.

Atqui jam properat mens mea visere
Summi templa Dei; quin age, Bucule,
Non longam pariter congredimur viam,
Christi et numen agnoscimus.

Tityrus.

Doch nun eilet mein Herz froh zu dem Tempel hin,
Der dem Höchsten geweiht. *Komm'* denn, mein Buculus,
Kurz nur ist ja der Weg, den wir zusammen gehn,
Und wir ehren des Herrn Gebot[1]).

Aegon.

Et me consiliis jungite prosperis.
Nam cur addubitem, quin homini quoque
Signum prosit idem perpete saeculo,
Quo vis morbida vincitur?

Aegon.

Mich auch nehmt in den Bund auf, den gesegneten.
Denn was zweifelt' ich noch, dass auch dem Menschen Heil
Bringt das Zeichen gewiss in alle Ewigkeit,
Das der Seuche den Sieg entriss?

2. Die Bekehrung des Frankenkönigs Chlodwig[2]).

a) Brief des Bischofs Nicetius von Trier an die Langobarden-Königin Chlodoswinda[3]).

Du hast gehört, wie deine Grossmutter, die Herrin guten Angedenkens Chrodechilde, in das Reich der Franken kam, [und]

[1]) Oder: Wir ehren [erkennen ehrfurchtsvoll an] seine Göttlichkeit oder Wundermacht. || [2]) Chlodwig regierte 481—511. Sein Übertritt erfolgte wahrscheinlich 496. || [3]) Mon. Germ. hist. Epistolarum t. III, 122. Nicetius bestieg im zweiten Jahrzehnt nach dem Tode Chlodwigs, mit dem er vielleicht selbst verkehrt hat, den Bischofsstuhl von Trier. Sein Bericht über Chlodwigs Bekehrung ist der älteste, den wir haben; „er ist frei von jedem sagenhaften Bestandteil". Hauck, K.-G. Deutschlands I, 112.

wie sie den Herrn Chlodwig zum katholischen Gesetz bekehrte; und da er ein höchst kluger Mann war, so wollte er nicht ruhen, bis er die Wahrheit erkenne. Als er das, was ich oben gesagt habe[1]), bewährt fand, fiel er demütig an der Schwelle des Herrn Martin[2]) nieder und gelobte, sich unverweilt taufen zu lassen. Wie viel er nach seiner Taufe gegen die Ketzer Alarich[3]) oder Gundobad[4]) ausrichtete, hast Du gehört; wie viele Güter[5]) er selbst oder seine Söhne in der Welt besassen, ist Euch nicht unbekannt.

b) Gregor von Tours, Fränkische Geschichte II, 29—31[6]).

Er[7]) hatte also von der Königin Chrodechilde[8]) einen erst- 29.
geborenen Sohn. Da die Frau diesen durch die Taufe weihen wollte, so drang sie eifrig in den Mann, indem sie sprach: „Nichts sind die Götter, die ihr verehrt, die weder sich, noch anderen helfen konnten. Die Namen aber, die ihr ihnen beilegtet, waren [die von] Menschen, nicht Götter[n], wie Saturnus, der seinem Sohne, um nicht von der Herrschaft verdrängt zu werden, durch die Flucht entgangen sein soll[9]). — — Was vermochten Mars und Merkur? die vielmehr mit magischen Künsten begabt worden sind, als dass sie die Macht eines göttlichen Namens[10]) hatten. Aber der muss mehr verehrt werden, der Himmel und Erde, das Meer und alles, was in ihnen ist, durch sein Wort aus dem Nichts[11]) erschaffen hat, — — durch dessen Hand das menschliche Geschlecht geschaffen ist, durch dessen Schenkung all' jene Kreatur seinem Menschen, den er schuf, sowohl gehorsam als nutzbar[12]) dient". Aber als dies die Königin sagte, wurde des Königs Sinn keineswegs zum Glauben bewogen, sondern er sprach: „Auf Befehl

[1]) Hauck a. a. O.: Die „Richtigkeit der katholischen Lehre" im Gegensatz zur arianischen. || [2]) D. h. in Tours. Vgl. o. S. 151 ff. || [3]) Alarich II, König der Westgothen. || [4]) König der Burgunder. || [5]) Im Text steht dona; andere Lesart: bona. || [6]) Gregorii episcopi Turonensis historia Francorum, ed. W. Arndt, in den Mon. Germ. hist. als Scriptorum rerum Merovingicarum tom. I. Gregor, Bischof von Tours, † 594. || [7]) Chlodwig. || [8]) Einer christlichen burgundischen Prinzessin. || [9]) D. h.: der lieber selbst aufgab, was er doch nicht behaupten konnte. || [10]) Die Macht, die einem göttlichen Namen entspräche. Oder sollte statt nominis „numinis" zu lesen sein? || [11]) ex non extantibus. || [12]) beneficio. Beneficiario iure possidere heisst nach du Cange per usumfructum possidere, also die Nutzniessung haben.

unserer Götter wird alles geschaffen und geht hervor, euer Gott aber vermag offenbar nichts und ist, was mehr bedeutet, erwiesenermassen nicht einmal vom Geschlechte der Götter.“ Inzwischen bringt die gläubige Königin den Sohn zur Taufe und befiehlt, die Kirche mit Tüchern und Vorhängen zu schmücken, damit der etwa leichter durch diese heilige Handlung[1]) zum Glauben gereizt würde, der durch die Predigt nicht gebeugt werden konnte. Nach der Taufe aber starb der Knabe, den man Ingomer nannte, in denselben weissen Kleidern, in denen er wiedergeboren worden war[2]). Da schwoll dem König die Galle und er schalt die Königin heftig und sprach: „Wenn der Knabe im Namen meiner Götter geweiht worden wäre, so würde er sicher leben; nun aber, da er im Namen eures Gottes getauft ist, konnte er durchaus nicht leben.“ Hierauf sagte die Königin: „Ich sage dem allmächtigen Gott, dem Schöpfer aller Dinge, Dank, der mich nicht ganz unwürdig erachtet hat, sodass er meinen Sohn der Aufnahme in sein Reich gewürdigt hat. Mir aber wird die Seele von Schmerz hierüber nicht berührt, da ich weiss, der in den weissen Gewändern von dieser Welt Abgerufene muss durch die Anschauung Gottes genährt werden“. Nach diesem aber gebar sie einen anderen Sohn, den sie nach der Taufe Chlodomer nannte, und als dieser krank zu werden begann, sagte der König: „Es ist nicht anders möglich, als dass es auch mit diesem wie (auch) mit seinem Bruder geht, dass er auf die Taufe im Namen eures Christus hin sogleich stirbt“. Aber auf das Gebet der Mutter erstarkte er auf des Herrn Befehl.

30. Die Königin aber hörte nicht auf, in ihn zu dringen, dass er den wahren Gott erkennen und von den Götzen ablassen sollte. Aber auf keine Weise konnte er bewogen werden, dies zu glauben, bis einmal ein Krieg gegen die Alemannen unternommen wurde, in dem er durch die Not getrieben wurde, zu bekennen, was er vorher mit Willen verleugnet hatte. Es geschah aber, dass beim Zusammenstoss beider Heere ein heftiges Morden entstand, und das Heer Chlodwigs kam entschieden einer Niederlage nahe[3]). Als dies jener sah, sprach er mit gen Himmel er-

[1]) hoc mysterio. Mysterium hier offenbar das Sakrament, dessen Eindruck durch die Ausschmückung der Kirche noch verstärkt werden soll. ‖ [2]) Die Taufe = das Bad der Wiedergeburt. Tit. 3, 5. ‖ [3]) valde ad internitionem ruere coepit.

hobenen Augen, zerknirschten Herzens, zu Thränen bewegt: „Jesus Christus, von dem Chrotchildis verkündigt, du seist der Sohn des lebendigen Gottes, der du den Bedrängten Hilfe leisten und denen, die auf dich hoffen, Sieg verleihen sollst, demütig erflehe ich eine herrliche Probe deiner Macht[1]), damit ich, wenn du mir den Sieg über diese Feinde gewährst und ich jene Kraft erfahren habe, welche das in deinem Namen geweihte Volk an dir erprobt zu haben rühmt, dir glaube und in deinem Namen getauft werde. Ich habe nämlich meine Götter angerufen, aber, wie ich merke, sind sie weit entfernt davon, mir zu helfen; darum glaube ich, dass sie mit keiner Macht ausgerüstet sind, da sie denen, die ihnen gehorchen, nicht zu Hilfe kommen. Dich rufe ich jetzt an, an dich begehre ich zu glauben, wenn ich nur meinen Widersachern entrissen werde". Und als er dies sagte, wandten die Alemannen sich um und begannen ins Fliehen zu geraten. Und als sie sahen, dass ihr König getötet war, unterwarfen sie sich Chlodwig mit den Worten: „Wir bitten, das Volk möge nicht weiter zu Grunde gehen, wir sind schon dein." Jener aber that dem Kriege Einhalt, sprach dem Volke[2]) Mut ein, kehrte in Frieden heim und erzählte der Königin, wie er durch die Anrufung des Namens Christi es dahin gebracht habe, den Sieg zu behaupten. Geschehen im 15. Jahre seiner Regierung[3]).

Da lässt die Königin heimlich den heil. Remigius[4]), den 31.
Bischof der Stadt Rheims, holen und bittet ihn, dem Könige das Wort des Heils ans Herz zu legen. Der Priester rief ihn im Geheimen zu sich und begann, ihm ans Herz zu legen, dass er an den wahren Gott, Schöpfer Himmels und der Erden, glaube und von den Götzen ablasse, die weder ihm noch anderen nützen könnten. Aber jener sagte: „Willig hörte ich dich, heiligster Vater, aber es bleibt ein Hindernis, dass das Volk, das mir folgt, nicht duldet, dass ich seine Götter verlasse. Aber ich gehe und rede mit ihnen nach deinem Wort. Als er mit den Seinigen zusammenkam, ging ihm die Macht Gottes voraus, und bevor er sprach, rief alles Volk zugleich: „Die sterblichen Götter verbannen

[1]) tuae opis gloriam. (Gloriam hier = specimen. Vgl. Du Cange. || [2]) Den Alemannen. || [3]) 496. || [4]) Dies die gewöhnliche Lesart. Im Texte steht oben: Remedius, an der späteren Stelle [u. S. 204. Z. 2] Remegius.

wir, frommer König, und sind bereit, dem unsterblichen Gotte, den Remigius predigt, zu folgen." Dies wird dem Priester gemeldet, der, von grosser Freude erfüllt, die Taufe vorbereiten liess. Mit bemalten Tüchern werden die Strassen beschattet[1], die Kirche mit weissen Vorhängen geschmückt, die Taufkapelle wird zurechtgemacht, Balsamsäfte ausgegossen, es schimmern die duftig brennenden Kerzen[2], der ganze Tauftempel[3] wird von göttlichem Duft erfüllt, und Gott verlieh denen, die ihm dienten[4], eine solche Gnade, dass sie meinten, in die Düfte des Paradieses versetzt zu werden. Zuerst also verlangte der König, von dem Bischof getauft zu werden. Er tritt als ein neuer Konstantin zur Taufe heran, um die Krankheit des alten Aussatzes zu tilgen und die schmutzigen Flecken, die er von altersher an sich getragen hatte, durch frisches Nass zu tilgen. Als er nun zur Taufe hintrat, drang der Heilige Gottes mit beredtem Munde so auf ihn ein: „Beuge fromm den Nacken, Sigambrer; verehre, was du verbrannt hast, verbrenne, was du verehrt hast[5]).

— — — Der König bekannte also den allmächtigen Gott in [Gestalt] der Dreieinigkeit, wurde getauft im Namen des Vaters und des Sohnes und des heil. Geistes und bestrichen mit dem geweihten Salböl unter dem Zeichen des Kreuzes Christi[6]). Von seinem Heere aber wurden mehr als 3000 getauft. — — —

---

[1]) Die Tücher werden wohl aus den Fenstern herausgehängt oder bilden einen Baldachin, unter dem der Taufzug hinschreiten kann. || [2]) micant flagrantes odorem (oder odore) cerei. Die Kerzen sind aus duftendem Wachs gemacht. || [3]) Die Kirche, in welcher die Taufe stattfand. || [4]) Sibi adstantibus. || [5]) Mitis depone colla, Sigamber; adora quod incendisti, incende quod adorasti. — Die Sigambrer müssen sich später, nachdem sie aus ihrer Heimat an der Sieg verschwunden waren, mit den Franken verbunden haben. — Der Ausdruck adora quod incendisti weisst wohl auf heilige Bilder und dergl. hin. || [6]) „Die Sage, dass auf das Gebet des Remigius eine Taube ein Ölfläschchen gebracht habe, da es an dem heiligen Öle fehlte, findet sich erst viel später, zuerst bei Hinkmar im Leben des heil. Remigius". Krämer, Historisches Lesebuch über das deutsche Mittelalter, S. 64, Anm. 1.

IV. Ein Heiligenleben im Gebiete der Ostalpen aus dem 5. Jahrhundert.

Eugippius, Leben des heil. Severin, c. 1. 4. 17. 19. 39f.[1]).

In der Zeit, da Attila, der Hunnenkönig, mit dem Tode abgegangen war, herrschte in den beiden Pannonien[2]) und den übrigen Grenzländern der Donau grosse Verwirrung. Damals nun kam Severin, der heiligste Diener Gottes, vom Morgenlande her in die Gegenden, wo das Ufernoricum[3]) und die beiden Pannonien an einander grenzen. — — 1.

— — *Als darauf der heil. Severin an einen entlegneren Ort* wich, der „Bei den Weinbergen" genannt wurde, wo er sich mit einer ganz kleinen Zelle begnügte, wird er durch göttliche Offenbarung angetrieben, nach der genannten Stadt[4]) zurückzukehren. So kam es, dass, obwohl ihn die Ruhe der Zelle entzückte, er dennoch, den Geboten Gottes gehorsam, ein Kloster nicht weit von der Stadt erbaute, wo er viele Jünger sammelte, die er in den heiligen Gelübden unterwies, durch seine Thaten mehr als durch seine Worte wirkend. Er selbst zog sich jedoch häufig nach einer einsamen Stätte zurück, welche Burgum von den Einwohnern genannt wurde und von Favianis eine Meile[5]) entfernt war; denn er wollte dem Gedränge der Menschen, die zu ihm strömten, entgehen und in anhaltendem Gebete dem gnädigen Gotte nahe sein. 4.

---

[1]) Severinus lebte in Noricum, dem heutigen Deutschöstreich südlich der Donau, und † 482. Eugippius war sein Schüler und verfasste seine Biographie um 511 als zweiter Vorsteher des Klosters auf dem Boden des heutigen Neapel, wo der Leichnam Severins seine letzte Ruhestätte gefunden hatte. Sie gilt als „eine der wertvollsten Heiligenbiographien" (Hauck, K.-G. Deutschlands I, 349), denn sie entwirft ein anschauliches Bild der Zeit. — Ich folge der Übersetzung von Rodenberg in „Geschichtsschreiber der deutschen Vorzeit", Heft 55. || [2]) Ungarn. || [3]) Noricum das Land südlich von der Donau, vom Inn im W. bis zum Kahlenberge bei Wien im O., im S. bis zu den italienischen Seen sich erstreckend; Ufernoricum „im westlichen Österreich ob und unter der Enns, so viel auf dem rechten Ufer der Donau liegt". (Rodenberg, S. 2.) || [4]) Favianis, nach Rodenberg an der Stelle des jetzigen Mauer bei Öling oberhalb Pöchlarn an der Donau. || [5]) Eine römische Meile = $^1/_5$ einer deutschen Meile.

Aber je mehr er die Einsamkeit aufsuchte, desto häufiger wurde er durch Gesichte ermahnt, den bedrängten Völkern seine Gegenwart nicht zu entziehen. — —

17. An solchen Gaben[1]) also war der heilige Severin reich durch Christi Gnade. Er hatte aber bei der ihm angeborenen Herzensgüte die Sorge für die Gefangenen und Bedürftigen so sehr zu seiner Pflicht gemacht, dass beinahe alle Armen in den sämtlichen Städten und Kastellen durch seine Bemühungen gespeist wurden. Ihnen diente er mit so freudiger Hingebung, dass er meinte, er werde nur dann gesättigt und habe Überfluss an allen Gütern, wenn er sah, dass die Leiber der Bedürftigen gepflegt wurden. Und während ihn wochenlanges, anhaltendes Fasten nicht entkräftete, glaubte er doch unter dem Hunger der Unglücklichen schwer zu leiden. Da seine so fromme Mildthätigkeit gegen die Armen viele vor Augen hatten, so liessen sie, obwohl sie infolge der harten Herrschaft der Barbaren selbst die Bedrängnisse einer Hungersnot zu ertragen hatten, dennoch voll Demut die Zehnten ihrer Früchte den Armen zu teil werden. Wohl war dies Gebot allen aus der Schrift bekannt, allein wie sie es gleichsam aus dem Munde eines himmlischen Boten vernahmen, erfüllten sie es mit freudiger Ehrfurcht. Auch die Kälte fühlte der Mann Gottes nur in der Nacktheit der Armen: er hatte ja die besondere Gabe von Gott empfangen, dass er in der kältesten Gegend, unter der Zucht einer wunderbaren Enthaltsamkeit abgehärtet, immer rüstig und munter blieb. Zehnte aber, wie wir gesagt haben, für die Ernährung der Armen zu geben, ermahnte er durch Briefe auch die Völker von Noricum. — —

19. Batavis[2]) heisst die Stadt, die zwischen den beiden Flüssen, nämlich dem Inn und der Donau, angelegt ist. Hier hatte der heilige Severin nach seiner Gewohnheit eine kleine Zelle für wenige Mönche gegründet, darum weil er selbst auf die Einladung der Bürger oftmals dorthin kam, hauptsächlich wegen der unaufhörlichen Einfälle der Alemannen, deren König Gibuld ihn sehr verehrte und liebte. Dieser zog auch einst aus, voll Begehr, ihn zu sehen, aber der Heilige ging ihm entgegen, damit er nicht die Stadt beträte und sie bedrückte, und sprach mit so gewaltiger

---

[1]) Es war im Vorhergehenden von einer Totenerweckung die Rede. ||
[2]) Passau.

Kraft zu dem Könige, dass dieser vor ihm heftig zu zittern begann. Er wich von der Stadt zurück und gestand seinen Soldaten, noch niemals hätten ihm auf einem Kriegszuge oder in irgend einer furchtbaren Gefahr so die Glieder gebebt. Als er dem Knechte Gottes freistellte, zu fordern, was er wünsche, bat der fromme Meister, er solle lieber für sein eignes Bestes sorgen, sein Volk von der Verwüstung römischen Gebietes zurückhalten und die Gefangenen, welche die Seinen gemacht hätten, ohne Lösegeld freigeben. Da bestimmte der König, dass er einen der Seinen abordne, um dies Werk schnell zu Ende zu führen, und sogleich wird der Diakon Amantius abgeschickt, der dem Könige auf dem Fusse folgt. Aber obwohl er viele Tage vor seiner Wohnung wartete, konnte er es doch nicht erlangen, dass er angemeldet wurde. Da er also das nicht erreichen konnte, weswegen er abgesandt war, und er sich tiefbetrübt auf den Heimweg machte, erschien ihm ein Mann von der Gestalt des heil. Severin, der ihn mit schrecklichen Drohungen antrieb und ihn folgen hiess. Voll Angst und Erregung ihm folgend, gelangte er vor die Thür des Königs, und sogleich verschwand jener vorausschreitende Führer vor den Augen des Staunenden. Aber ein Unterhändler des Königs fragt den Diakon, wer er sei, und was er wünsche. Jener setzt seine Sache kurz auseinander, und nachdem er dem Könige seine Briefe übergeben und andere empfangen hatte, kehrte er heim. Er nahm ungefähr 70 Gefangene mit sich und überdies das erfreuliche Versprechen des Königs, er würde, wenn er in der Provinz genau nachgeforscht hätte, alle Gefangenen zurücksenden, die sich in ihr finden würden. Um diese Sache zu besorgen, wurde später der heil. Presbyter Lucillus auserwählt, der eine grosse Menge der Unglücklichen aus der Gefangenschaft erlöste. — —

Von der Zelle seiner Jünger wohnte der vom Geist 39.
erfüllte Meister nicht weit entfernt, immerfort bei Beten und Fasten verharrend. Jedoch hielt er mit ihnen in aller Feierlichkeit das Frühgebet ab und den eigentlichen Psalmgesang am Beginn der Nacht, die übrigen Gebotszeiten erfüllte er in einem kleinen Bethause, in welchem er auch wohnte. Dabei wurde er oft durch himmlische Erscheinungen gestärkt und verkündete vermöge der Gnade Gottes viele zukünftige Dinge, vieles Verborgene erkannte er und enthüllte es, wenn es nötig war, und sorgte einem jeden

für ein Mittel des Heils, wie es die Krankheit erforderte. Sein Lager war eine härene Decke auf dem Boden des Bethauses, zu aller Zeit bediente er sich nur des einen Gewandes, mit dem er bekleidet war, auch wenn er sich zum Schlafen niederlegte. Niemals brach er vor Sonnenuntergang sein Fasten ausser an bestimmten Festtagen. Während der Zeit des vierzigtägigen Fastens[1]) aber begnügte er sich mit einer Mahlzeit in der Woche und strahlte sein Gesicht von stets gleicher Heiterkeit. Fremde Irrtümer beweinte er wie die eigenen und suchte nach Kräften zu helfen, dass sie überwunden wurden.

40. Endlich nach vielem Streit und langem Kampfe, da der heilige Severin, von Gott erleuchtet, erkannt hatte, dass er aus dieser Welt hinübergehen solle, bat er den öfter erwähnten Rugenkönig Feva, dass er mit seinem bösen Weibe Giso zu ihm käme. Er legte ihm mit heilsamen Worten ans Herz, so gegen seine Unterthanen zu handeln, dass er immer an die Rechenschaft denke, die er einst dem Herrn über den Stand seines Reiches zu geben hätte, und fügte unerschrocken andere Ermahnungen hinzu. Dann streckte er die Hand aus und auf die Brust des Königs zeigend fragte er er die Königin vorwurfsvoll: „Liebst du, Giso, diese Seele mehr als Gold und Silber?“ Da jene sagte, sie ziehe ihren Mann allen Schätzen vor, fuhr, der Weisheit voll, der Mann Gottes fort: „Wohlan, so lass ab, Unschuldige zu bedrücken, auf dass nicht ihre Betrübnis eure Herrschaft zerstöre; denn oftmals machst du die Milde des Königs zu nichte“. Aber jene erwiderte: „Warum empfängst du uns also, Knecht Gottes?“ Er antwortete: „Ich beschwöre euch, ich der niedrigste Knecht, der bald vor dem Herrn erscheinen wird, dass ihr von den bösen Handlungen ablasset und auf Werke der Frömmigkeit bedacht seid. Bis jetzt hat euer Reich durch Gottes Huld geblüht, von nun an sehet euch wohl vor.“ Da der König und sein Weib durch diese Worte gebührend ermahnt waren, nahmen sie von ihm Abschied und gingen von dannen.

Hierauf liess der Heilige nicht ab, zu den Seinen über die Nähe seines Verscheidens mit aller Freundlichkeit und Liebe zu sprechen. — — Seinen Körper aber mitzunehmen, befahl der heiligste Vater voll frommer Fürsorge aus dem Grunde, dass, wenn

[1]) Vor Ostern.

die Zeit der allgemeinen Völkerwanderung gekommen wäre, die Gemeinde der Brüder, die er gesammelt, ungeteilt auszöge und, durch die Erinnerung an ihn wie von einem Bande umschlungen, als eine fromme Vereinigung fortbestände[1]). — —

V. Mission unter den Deutschen.

1. Der Ire Columbanus († 615).

Jonas, Leben Columbans c. 9. 10. 20. 27. 30[2]).

Damals gab es eine weite Einöde mit Namen Vosagus[3]), in 9.
der eine längst zerstörte Burg lag, von Alters her Anagrates[4]) genannt. Als der heilige Mann hierher gekommen war, liess er sich trotz der rauhen Einsamkeit, der Wildnis und der Felsen, dort mit den Seinigen nieder, zufrieden mit geringem Unterhalt, eingedenk des Spruches[5]), dass der Mensch nicht vom Brot allein lebe, sondern vom Worte des Lebens gesättigt Speise die Fülle habe und in Ewigkeit nicht mehr hungern werde.

Als nun die Zahl der Mönche sehr wuchs, suchte er in der- 10.
selben Einöde nach einem besseren Ort für sein Kloster. Und er fand einen vormals stark befestigten Platz, der von dem ersten Ort etwa 8 Meilen entfernt lag und in alten Zeiten Luxovium[6])

---

[1]) Bei der Auswanderung der römischen Bevölkerung nach Italien (488) wurde sein Leichnam in der That zunächst nach einem Kastell südlich von S. Marino (im ehemaligen Kirchenstaat), später nach dem Kastell Lucullanum (im jetzigen Weichbild von Neapel) übergeführt. (Vgl. c. 44 und 46.) || [2]) Jonas war seit 618 Mönch in Bobbio (zwischen Genua und Piacenza; s. u. c. 30). Übersetzung von Abel in „Geschichtsschreiber der deutschen Vorzeit", Heft 5. „Columbanus, der auch Columba heisst, ist auf der Insel Irland geboren" (c. 2) und im Kloster Bangor (Benechor) gebildet. Mit 12 Genossen setzte er dann nach Frankreich über und erregte hier durch Beredsamkeit und Sittenstrenge solches Aufsehen (c. 4 f.), dass der König von Austrasien (in der Hauptsache das Land östlich der Maas) ihn bat, in seinem Lande zu bleiben (c. 9). || [3]) die Vogesen. || [4]) Anegray. || [5]) Mt. 4, 4 vgl. Joh. 6, 35. || [6]) Luxeuil, Departement Haute-Saône.

hiess. Hier waren warme Bäder mit besonderer Kunst eingerichtet; eine Menge steinerner Götzenbilder stand in dem nahen Walde, die in den alten Heidenzeiten durch abscheuliche Bräuche verehrt wurden. Wilde Tiere, Bären, Büffel und Wölfe gab es da in Scharen. Hier also begann der treffliche Mann ein Kloster zu gründen. Bei der Kunde davon strömte von allen Seiten Volk herzu, um sich ganz der Übung der Religion zu weihen, so dass die grosse Menge der Mönche kaum dort Raum hatte. Als dies Kolumban erkannte, suchte er einen anderen Platz aus, der sich durch seinen Reichtum an Wasser auszeichnete, und gründete ein zweites Kloster, dem er den Namen Fontanae[1]) gab, setzte auch Männer über dieses, an deren Gottesfurcht niemand zweifelte. Wie er nun die Scharen der Mönche an diesen Orten untergebracht hatte, hielt er sich abwechselnd in jedem auf und setzte, erfüllt vom heiligen Geiste, die Regel fest, nach der sie leben sollten.

20. Brunhilde[2]) stachelte jetzt von neuem auf alle Weise den König gegen Kolumban auf, trieb auch alle Vornehmen und die Personen am Hof dazu an und bewog die Bischöfe, Kolumbans Glauben herabzusetzen und die Ordensregel, die er gegeben hatte, anzugreifen. Es kam dahin, dass der heilige Mann sich seines Glaubens halber verantworten oder abziehen sollte: der König, durch jene genötigt, kam nach Luxovium und warf ihm vor, dass er von den Bräuchen des Landes abweiche und nicht allen Christen den Eintritt in die inneren Klosterräume gestatte. Auf diese Vorwürfe erwiderte Kolumban — denn er war unerschrocken und starken Mutes —, es sei seine Gewohnheit nicht, weltliche Menschen in die Wohnung der Knechte Gottes einzulassen, jedoch habe er passende Orte bereit, wo alle aufgenommen würden, die nur kämen. Darauf sprach der König: „Wenn du noch länger die Gaben unserer Gunst und Gnade geniessen willst, so wird künftighin jedermann überall Zutritt haben.“ Kolumban antwortete: „Wenn du in etwas die Ordensregel zu verletzen wagst, so will ich nicht weiter deine Unterstützung geniessen. Kamst du aber hierher, um die Klöster der Knechte Gottes zu zerstören und ihre Zucht und Ordnung aufzulösen, so wisse, dass dein Reich mit dem ganzen königlichen Geschlecht untergehen wird. Schon hatte der König in seiner

[1]) Fontaine. ‖ [2]) Die herrschsüchtige, gegen den strengen Bussprediger erbitterte Grossmutter des leichtfertigen Königs Theuderich; vgl. c. 18f.

Vermessenheit das Refektorium [1]) betreten, — erschreckt durch diese Worte wich er eiligst zurück. Als aber Kolumban mit harten Scheltworten auf ihn eindrang, sprach Theuderich: „Du hoffst, ich werde dir die Krone des Märtyrertums aufsetzen, glaube nicht, dass ich so thöricht bin, ein solches Verbrechen zu begehen.“ Aber er werde besseren und nützlicheren Rat schaffen und ihn, der von der allgemeinen Sitte abweiche, heimschicken, woher er gekommen sei. Zugleich liessen sich die Hofleute einstimmig hören, sie wollten den nicht dulden, der nicht mit jedermann Umgang haben wolle. Da sprach der heilige Kolumban, nur, wenn man ihn mit Gewalt herausreisse, werde er die Räume seines Klosters verlassen. Jetzt zog der König von dannen, liess aber einen vornehmen Herrn Namens Baudulf zurück, der dann den frommen Mann aus dem Kloster trieb und ihn nach Vesontium [2]) in die Verbannung abführte, bis der König weiteres über ihn beschlossen hätte. Hier predigte Columban den Verbrechern im Gefängnis das Wort Gottes und befreite sie auf die wunderbarste Weise, nachdem sie ihm gelobt hatten, sich zu bessern und Busse zu thun über ihre Sünden.

— — — Theudebert [3]) stellte ihm nun anheim, sich einen 27.
passenden Ort zu wählen, und er entschied sich unter aller Beifall für eine vor Zeiten zerstörte Stadt, die im deutschen Lande, jedoch nicht fern vom Rhein, liegt und Brigantia [4]) heisst. Als sie den Rhein hinauf fuhren, kamen sie nach Mainz, wo sie der Bischof unerwartet mit allem Nötigen versorgte. Endlich gelangten sie an den bestimmten Ort; er gefiel zwar Kolumban nicht, doch beschloss er zu bleiben, um dem benachbarten Volke den Glauben zu verkündigen. Es ist aber schwäbisches Volk, das dort wohnt. Einmal fand er, als er diese Gegend durchzog, wie die Einwohner ein heidnisches Opfer begehen wollten: sie hatten ein grosses Gefäss, dass bei ihnen Cupa [5]) heisst, und das ungefähr 20 Eimer hielt, mit Bier angefüllt und in ihre Mitte gesetzt. Auf Kolumbans Frage, was sie damit wollten, sprachen sie, sie brächten ihrem Gott Wodan (den andere Mercurius nennen) ein Opfer. Wie er von diesem scheusslichen Werk hörte, bliess er das Fass an, und siehe da, es löste sich mit Gekrach und sprang in Stücke, sodass

[1]) Speisesaal. || [2]) Besançon. || [3]) König der Ostfranken, der in Metz regierte, und zu dem sich Kolumban nach mannigfachen, in c. 21 ff. sagenhaft ausgeschmückten Leiden und Abenteuern begab. || [4]) Bregenz. || [5]) Kufe.

alles Bier augenblicklich herausströmte. Da zeigte es sich klar, dass der Teufel in der Kufe verborgen gewesen war, der durch das irdische Getränk die Seelen der Opfernden fangen wollte. Wie das die Heiden sahen, staunten sie und sprachen, Kolumban habe einen starken Atem, dass er ein festgebundenes Fass so zersprengen könne. Er aber schalt sie mit den Worten des Evangeliums und befahl ihnen abzulassen von solchen Opfern und nach Hause zu gehen. Viele wurden damals durch die Predigt des heiligen Mannes bekehrt und liessen sich von ihm taufen; andere, die schon getauft waren, aber noch fortlebten in heidnischem Unglauben, führte er durch seine Worte wie ein guter Hirte zum Glauben und in den Schoss der Kirche zurück. — —

30. Als Theudebert von Theuderich besiegt worden war, verliess Kolumban Gallien und Deutschland und zog nach Italien, wo er vom Langobardenkönig Agilulf mit Ehren aufgenommen wurde. Dieser stellte ihm frei, wo er wünsche, sich in Italien niederzulassen. Während seines Aufenthaltes in Mailand beschloss Kolumban, die Irrlehren der arianischen Ketzer zu bekämpfen und auszurotten, und fasste eine treffliche und gelehrte Schrift gegen sie ab. Zu der Zeit erschien ein Mann Namens Jocundus vor dem König und meldete ihm, er wisse in einer einsamen Gegend der Apenninen eine Kirche des heil. Apostels Petrus, der Ort habe viele Vorzüge, er sei ungemein fruchtbar und habe fischreiches Wasser, seit alten Zeiten heisse er Bobium [1]) von dem vorbeifliessenden Bache; ein anderer Fluss in der Gegend heisse Trebia, an dem einst Hannibal einen Winter zugebracht. Dahin zog nun Kolumban und stellte mit allem Fleisse die schon halbverfallene Kirche in ihrer alten Schönheit wieder her, richtete auch ein, was sonst für ein Kloster nötig ist. — — Kolumban aber, der Mann Gottes, endete schon nach einem Jahre in jenem Kloster Bobium sein gottseliges Leben [2]).

---

[1]) Bobbio, S. o. S. 209, A. 2. || [2]) 615. — Sein Schüler Gallus war in Alemannien zurückgeblieben und legte 614 den Grund zum Kloster St. Gallen im Steinachthale. In seiner Lebensbeschreibung, die aus dem Ende des 8. Jahrhunderts stammt und von dem Reichenauer Mönch Walafried Strabo († 849) sprachlich überarbeitet ist (übersetzt von Potthast, 2. Aufl. von Wattenbach, in den „Geschichtsschreibern der deutschen Vorzeit“, Bd. XII, Heft 31), heisst es in Kap. 29; „Darauf begann nun der Heilige im Vertrauen auf diesen Beistand [seinen auf seinen Vorschlag an seiner Statt zum Bischof von

Konstanz erwählten Zögling Johannes] eine Kirche und Zellen für die Brüder. Mit nur zweimal sechs Genossen, die bei ihm wohnten, war er zufrieden, und es erschien ihnen unwürdig, in etwas von der vorgeschriebenen Regel abzuweichen." „Der Begründer eines klösterlichen Lebens und der Schöpfer der künftigen Grösse ist Otmar, welcher, 720 der erste Abt von St. Gallen, 747 oder 748 statt der bis dahin geltenden Regel Kolumbans die benediktinischen Vorschriften einführte." (Meyer von Knonau in der Real-Encykl. f. prot. Theol. und Kirche[3], VI, 346.) Hierüber berichtet der Diakonus Gozbert, Neffe des 816—837 amtierenden gleichnamigen Abtes von St. Gallen, in zwei gleichfalls von Walafried überarbeiteten Schriften, dem „Buch von den Wundern des hl. Bekenners Gallus" (= c. 50—58 des „Lebens des heil. Gallus") und im „Leben des Abtes Otmar von St. Gallen" (in demselben Hefte der „Geschichtsschr. d. dtsch. V."). — Dort heisst es c. 51: „*Nach der glorreichen Bestattung* des ehrwürdigen Vaters, des heil. Gallus nämlich, des Bekenners Christi, verrichteten den täglichen Dienst bei den Reliquien seines geheiligten Leibes einige fromme Kleriker, eingedenk seiner Lehre oder von Liebe zu Gott getrieben, viele Jahre hindurch, nämlich von den Zeiten des Königs Dagobert bis auf Karl, den Vater Karlmanns und Pippins". — — [Dagobert I 622—638 (Dagobert II 674—678); Gallus † wohl 627. Karl = Karl Martell.] „Da es nun schien, dass die durch diese Gaben der [zuströmenden] Gläubigen verliehenen Besitzungen schon einer Mönchsgenossenschaft zum Unterhalt genügen könnten, erlangte ein gewisser Waltrammus, zu dessen väterlichem Erbteil der Umkreis der Wildnis, in welcher der Mann Gottes seine Zelle erbaut hatte, gehörte, da er sah, dass die dorthin geschenkten Besitzungen von ruchlosen Menschen rechtswidrig ausgebeutet wurden, von Viktor, damals Grafen von Chur, einen frommen Priester, Otmar mit Namen, zur Verwaltung dieses Besitzes und übergab ihm die Zelle mit allem, was dazu gehörte. [720.] — — — Da nun also [nach Karl Martells Tode und Karlmanns Rücktritt 747] der Fürst Pippin den Brief Karlmanns erhielt, den der Abt Otmar ihm überbrachte, erhörte er die Bitten seines Bruders, und übergab diesem Abte das Buch, das der Vater Benedikt über den Wandel der Mönche verfasst hat, nebst anderen Gaben königlicher Huld und befahl ihm angelegentlichst, dafür Sorge zu tragen, dass in dem ihm anvertrauten Orte zur besseren Verehrung der Reliquien des heil. Gallus das regelmässige Mönchsleben von ihm eingerichtet würde. Damit er aber umso besser bewirken könne, was von ihm verlangt würde, überliess ihm Pippin einige zinspflichtige Leute desselben Gaues, um mit deren Beihilfe die für die Bedürfnisse der Brüder nötigen Wirtschaftsgebäude zu errichten, und den Zins, den diese jährlich zu entrichten hatten, sollte er fortan für den Unterhalt der Brüder zum Andenken an die Gnade des Gebers einnehmen. Unter anderen Geschenken gab er auf die Bitte des Abtes auch eine Glocke (campanum) zur Zierde des heil. Ortes, die bis auf unsere Zeit im Kloster zum Gedächtnis seiner Wohlthaten verblieben ist. — — Von da an begann das Mönchsleben im Kloster des heil. Gallus".

2. Der Angelsachse Wynfrith (Bonifatius, † 755).

Aus Willibalds Leben des heil. Bonifatius [1].

a) Der Missionar und Bischof.

A. a. O. § 15—18. 21—24.

15. Als aber der Monat — — Mai [2]) schon die Thore geöffnet hatte, da wurde auch er, nachdem er vom apostolischen Stuhl Segen und Brief, wie er gebeten, erhalten, von dem hochseligen Papst ausgesandt, die wilden Völker Germaniens zu besuchen und zu erforschen, ob die unbebauten Gefilde ihrer Herzen von der Pflugschar des Evangeliums zu beackern seien und den Samen der Predigt aufnehmen wollten. So begab er sich sofort, mit einer grossen Menge von Reliquien versehen, samt seinen Mitknechten auf die Rückreise. — — —

16. — — Dann [3]) betrat er, von seinen Brüdern begleitet, Francien und schiffte sofort, als er den Tod des Friesenkönigs Radbod vernommen, in hohen Freuden den Fluss [4]) hinab, mit dem Wunsche, dass auch Friesland das Wort Gottes aufnehmen möchte. — — Da nun aber ein plötzlicher Erfolg das Werk, das er im Herzen ersehnt, begleitete — —, auch des ruhmvollen Herzogs Karl [5]) Macht über die Friesen wieder gekräftigt war, erscholl die Posaune des göttlichen Wortes, und laut wurde die Stimme der Predigenden, denen himmlischer Tau fruchtbares Gedeihen gab. In derselben Zeit wurde

---

[1]) Die Biographie wurde auf Anregung und mit Unterstützung der Bischöfe Lul von Mainz und Megingoz von Würzburg vom Priester Wilibald im Kloster St. Viktor bei Mainz kurz nach dem Tode des Bonifatius verfasst. Übersetzung von W. Arndt in „Geschichtsschreiber d. deutsch. Vorzeit“, Heft 44. — Wynfrith stammte aus Wessex, war schon 716 einmal in Friesland gewesen, hatte aber gesehen, dass, während der heidnische Friesenfürst Radbod mit Karl Martell in Feindschaft lebte, keine Aussicht auf Erfolg sei, und war in das heimatliche Kloster zurückgekehrt. (Vgl. § 11. 12.) Aus Rom, wo er 718—19 weilte, kam er mit dem Missionsauftrage des Papstes Gregor II. wieder nach Deutschland. Weiteres s. o. im Texte. ‖ [2]) 719. ‖ [3]) Nach einem Aufenthalt in Thüringen, wo er sich seinem Auftrag gemäss zunächst an die Fürsten wendete und auch das Leben der Priester zu reformieren suchte. ‖ [4]) Den Rhein. ‖ [5]) Karl Martell.

auch das Wort Gottes durch den verehrungswürdigen Mann Willibrord[1]) und seine Mitarbeiter verbreitet. Als nun unser heiliger Knecht Gottes gesehen, dass die Ernte zwar gross, der Arbeiter aber wenige in ihr wären, wurde er drei Jahre hindurch der thätige Gehilfe des Erzbischofs Willibrord. — —

— — Er begab sich dann sogleich auf den Weg und gelangte 17.
endlich an einen Ort, den man Amanaburg[2]) nannte, — — und
errichtete, nachdem er eine Schar Gottesknechte für ein Kloster 18.
gesammelt, eine Zelle.

— — Als nun dieser hochheilige Festtag[3]), der zugleich der Ge- 21.
burtstag des heil. Andreas[4]) und der Tag der angesetzten Ordination war, angebrochen, übertrug der heil. Bischof des apostolischen Stuhles ihm die Würde des bischöflichen Amtes und den Namen Bonifatius[5]) und übergab ihm ein Büchlein, in dem die geheiligten Rechte kirchlicher Anordnungen, wie sie auf den Versammlungen der Bischöfe gefasst, verzeichnet stehen, mit dem Befehle, dass von jetzt an unverrückt bei ihm sei die Norm dieser bischöflichen Lehren und Anordnungen, und er das untergebene Volk durch diese Vorbilder unterweise[6]). Auch gewährte er ihm sowohl als

---

[1]) Gleichfalls ein Angelsachse, der seit 690 unter den Friesen wirkte und 739 als Erzbischof in Utrecht starb. Er suchte Wynfrith festzuhalten und zur Übernahme des Bischofsamtes zu bewegen, liess ihn aber schliesslich ziehen, als er sich auf sein dem Papst abgelegtes Gelübde berief. Vgl. § 17. ‖ [2]) Amöneburg in Hessen (Regierungsbezirk Kassel). ‖ [3]) Der Tag der Bischofsweihe, die Wynfrith in Rom, wohin er sich 722 wieder begeben hatte, empfangen sollte. ‖ [4]) 30. November 722. ‖ [5]) Nach Loofs, Zeitschr. für K.-G. 1882, IV, S. 623ff, kommt der Name schon 719 vor, ist also Wynfrith wohl schon bei seinem ersten Aufenthalt in Rom beigelegt worden. Bonifatius soll wohl bedeuten: einer, der Gutes redet (vgl. Röm. 10, 15), ein Evangelist (abgeleitet von bonum fari); oder: einer, der gutes Glück hat (bonum fatum; vgl. den Namen Eutyches). ‖ [6]) Der Eid, den Bonifatius als Bischof leistete, lautete folgendermassen (vgl. Mon. Germ. hist., Epist. III, Nr. 16, S. 265f.): „Ich, Bonifatius, von Gottes Gnaden Bischof, gelobe Euch, dem seligen Petrus, dem Apostelfürsten, und Deinem Stellvertreter, dem seligen Papst Gregor, und seinen Nachfolgern bei dem Vater und dem Sohn und dem heiligen Geist, der untrennbaren Dreieinigkeit, und bei diesem Deinem allerheiligsten Leib" [offenbar am Grabe des Petrus], „dass ich alle Treue und die Reinheit des katholischen Glaubens an den Tag legen [exhibere] und mit Gottes Hilfe in der Einheit dieses Glaubens verharren will, in der alles Heil der Christen ohne Zweifel liegt (esse sine dubio conprobatur); dass ich keineswegs gegen

allen Untergebenen von jetzt bis in alle Zukunft, in enge Verbindung mit dem heil. apostolischen Stuhl zu treten, und stellte unsern heiligen und in der Würde eines Bischofs strahlenden Mann durch einen geheiligten Brief unter dem Schutz und Schirm der Herrschaft Karls, des ruhmvollen Herzogs [1]).

die Einheit der gemeinsamen und allgemeinen Kirche auf irgend jemandes Zureden stimmen, sondern, wie gesagt, meine Treue und Reinheit und Mitwirkung Dir und dem Besten Deiner Kirche, der [oder: dem] von Gott dem Herrn die Gewalt zu binden und zu lösen gegeben ist, und Deinem besagten Stellvertreter und seinen Nachfolgern durchweg zur Verfügung stellen [exhibere], aber auch, wenn ich erfahre, dass Priester [antistites] gegen die alten Anordnungen der heil. Väter verstossen, mit ihnen keine Gemeinschaft oder Verbindung haben, sondern vielmehr, wenn ich sie hindern kann, sie hindern, wenn nicht, sie sogleich treulich meinem apostolischen Herrn anzeigen will. Wenn ich aber, was ferne sei, gegen den Inhalt [seriem: eigentlich: die Reihe von Versprechungen] dieses meines Gelübdes auf irgend welche Weise oder in irgend welchem Sinne [ingenio] oder bei irgend welcher Gelegenheit etwas zu thun mich unterstehe, so will ich beim ewigen Gericht schuldig erfunden werden und der Strafe des Ananias und der Sapphira verfallen, die Euch gleichfalls in betreff ihres Eigentums zu betrügen oder belügen wagten. [Vgl. Apg. 5, 1—11.] Diese Eidesformel aber [indiculum sacramenti] habe ich, der geringe Bischof Bonifatius, mit eigener Hand geschrieben und [nachdem ich sie] auf Deinen allerheiligsten Leib gelegt, habe ich, wie oben zu lesen, vor Gott als Zeugen und Richter den Eid geleistet, den ich auch zu halten gelobe". —

„Dass der gleiche Eid von ihm geleistet wurde, den überhaupt die von dem Papst geweihten Bischöfe abzulegen hatten, war selbstverständlich: aber eine Änderung wurde an der gebräuchlichen Formel vorgenommen. Das Gelübde der Treue gegen den griechischen Kaiser fiel hinweg und wurde ersetzt durch das Versprechen, mit Bischöfen, welche gegen die in der Kirche gültigen Anordnungen verstiessen, keine Gemeinschaft zu haben, ihnen entgegenzuwirken und dem Papste Kunde über sie zu geben." (Hauck, K.-G. Deutschlands I, 438.) Bezüglich dieses Versprechens gesteht Bonifatius in einem Briefe von 751 [a. a. O. Nr. 86, S. 368] dem Papste Zacharias, dass er es „zum Teil nicht habe halten und erfüllen können." „Im Geiste [spiritaliter] habe ich den Eid erfüllt, weil meine Seele in das Einverständnis mit ihnen und in ihren Rat nicht gekommen ist. Leiblich aber habe ich mich von ihnen nicht ganz fern halten können, wenn ich zum Fürsten der Franken kam, weil eine kirchliche Nötigung [oder ein kirchlicher Notstand (necessitate)] dazu zwang; denn dort fand ich solche, die ich nicht [finden] wollte. Aber ich habe doch in der heiligen Kommunion des Leibes Christi mit ihnen nicht kommuniziert." Der Papst beruhigt ihn hierüber in seiner Antwort (a. a. O. Nr. 87, S. 370): „es ist Dir vor Gott kein Schade". ‖ [1]) Karl Martells.

Er aber durchwanderte langer Wege Krümmungen und vieler 22
Völker Gebiete und kam zuletzt zu dem genannten Fürsten der Franken, von dem er ehrerbietig aufgenommen wurde[1]). Und nachdem er dem Herzog Karl den Brief vom genannten römischen Bischof und dem apostolischen Stuhl überbracht und sich seiner Herrschaft und seinem Schutz unterworfen, kehrte er mit Erlaubnis des Herzogs Karl zu den schon früher besuchten Gefilden der Hessen zurück. Damals aber empfingen viele Hessen, die den katholischen Glauben angenommen und durch die Gnade des siebengestalteten Geistes[2]) gestärkt waren, die Handauflegung[3]); andere aber, deren Geist noch nicht erstarkt, verweigerten, des reinen Glaubens unverletzbare Wahrheiten zu empfangen; einige auch *opferten heimlich Bäumen und Quellen*, andere thaten dies ganz offen; einige wiederum betrieben, teils offen, teils im Geheimen, Seherei und Weissagungen, Wunder und Zauberformeln; andere dagegen beobachteten Zeichen und Vogelflug und pflegten die verschiedensten Opfergebräuche, andere dagegen, die schon gesunderen Sinnes waren und allem heidnischen Götzendienst entsagt hatten, thaten nichts von alledem. Mit deren Rat uud Hilfe unternahm er es, eine ungeheuere Eiche, die mit ihrem alten heidnischen Namen die Joviseiche[4]) genannt wurde, in einem Orte, der Gäsmerä[5]) hiess, im Beisein der ihn umgebenden Knechte Gottes zu fällen. Als er nun, in seinem Geiste kühn entschlossen, den Baum zu fällen begonnen hatte, verwünschte ihn die grosse Menge der herbeigeeilten Heiden als einen Feind ihrer Götter lebhaft in ihrem Innern; als er jedoch nur ein wenig den Baum angehauen hatte, wurde sofort die gewaltige Masse der Eiche von höheren göttlichen Wesen bewegt und stürzte, nachdem der Äste Gipfel gebrochen, zur Erde, und wie durch höheren Winkes Kraft barst sie sofort in vier Teile, und ungeheuer grosse Splitterstücke von gleicher Länge stellten sich, ohne dass die umstehenden Brüder dazu gethan, dem Auge dar. Als dies die vorher fluchenden Heiden gesehen, wurden sie umgewandt, legten die frühere Bosheit ab, priesen Gott und glaubten.

[1]) 723. ‖ [2]) Vgl. Jes. 11, 2: Auf welchem wird ruhen der Geist (1) des Herrn, der Geist (2) der Weisheit und (3) des Verstandes, der Geist (4) des Rates und (5) der Stärke, der Geist (6) der Erkenntnis und (7) der Furcht des Herrn. ‖ [3]) Firmung. ‖ [4]) Donarseiche. ‖ [5]) Geismar a. d. Eder in Hessen.

23. Da aber erbaute der hochheilige Vorsteher, nachdem er sich mit den Brüdern beraten, aus dem Holze dieses Baumes ein Bethaus und weihte es zu Ehren des heil. Apostels Petrus. Als er dann alles solches vollendet und unter dem Beistande des Himmlischen durchgesetzt hatte, eilte er sofort nach Thüringen weiter. — —

24. Da nun allmählich die Menge der Gläubigen zunahm und zur gleichen Zeit auch die Zahl der Prediger sich vervielfältigte, wurden mit einem Mal auch Kirchen hergerichtet, — — auch wurde ein Kloster in einem Orte Namens Orthorp[1]) errichtet, nachdem man vorher eine Vereinigung von Gottesknechten und Mönchen, die in hoher Heiligkeit lebten, zu stande gebracht. Diese erwarben sich nach dem Beispiel der Apostel mit ihren eigenen Händen in emsiger Arbeit Lebensunterhalt und Kleidung. — —

b) Der organisierende Erzbischof.

A. a. O. § 25. 28. 29. 32.

25. Als bereits von beiden Völkern[2]) eine grosse Menge die Sakramente des Glaubens empfangen und viele tausend Menschen getauft waren, sandte er, als der Papst des apostolischen Stuhles Gregor II. seligen Angedenkens verschieden und der ruhmreiche jüngere Gregor auf dem genannten Stuhle und dem erhabenen apostolischen Throne sass[3]), wiederum seine Boten nach Rom, die den Bischof des apostolischen Stuhles begrüssten und von der früheren engen Verbindung, die sein Vorgänger in seiner Gnade mit dem heil. Bonifatius und seiner Gemeinde geschlossen, berichteten. Doch fügten sie auch hinzu, dass er ferner in frommer Demut dem apostolischen Stuhl untergeben sein wollte, und baten dann ihrem Auftrag gemäss, es möge ihm vergönnt sein, fernerhin der Freundschaft und Gemeinschaft des heil. Bischofs und des ganzen apostolischen Stuhles in frommer Unterwürfigkeit teilhaftig zu bleiben. Darauf erteilte ihm der heilige Bischof des apostolischen

[1]) Ohrdruf. — § 26 berichtet noch von der Kloster- und Kirchengründung in Fritzlar und Amöneburg (s. o. § 17 f.). ‖ [2]) Hessen und Thüringern. ‖ [3]) Gregor II. 715—731, Gregor III. 731—741. Wir stehen also im J. 732.

Stuhles sofort eine gnädige Antwort und beschenkte den heil. Bonifatius sowohl wie auch seine Untergebenen mit des apostolischen Stuhles Gemeinschaft und Freundschaft, ja er nahm sogar das erzbischöfliche Pallium [1]) und schickte die Gesandten damit, mit Geschenken und verschiedenen Reliquien der Heiligen ehrenvoll zu ihrem Vaterlande heim.

— — Von da weiter heim wandernd [2]) besuchte er, nicht allein 28.
einer Einladung des Herzogs Odilo Folge gebend, sondern noch mehr aus freien Stücken die Bewohner Bayerns und blieb bei ihnen viele Tage, predigend und verkündigend das Wort Gottes; auch erneute er des wahren Glaubens und der Religion Heiligtümer und trieb aus die Zerstörer der Kirchen und die Verderber des Volkes [3]). Von diesen hatten einige fälschlich sich das Bischofsamt angemasst, andere hatten sich des Priestertums Stellung selbst übertragen, andere wieder verführten, indem sie dies und vieles

[1]) S. o. S. 187, A. 7 u. 8. || [2]) Nach dem dritten Aufenthalt in Rom 738—39 (?), von dem § 27 erzählt. || [3]) Gemeint sind die irischen Missionare, die ihre Selbständigkeit ihm gegenüber zu behaupten suchten. Dass übrigens Bonifatius im Streit mit ihnen nicht immer vom Papste Recht bekam, beweist folgende von Arndt unter den Beilagen zu seinen Übersetzungen (S. 118f., Anm.) mitgeteilte Stelle aus einem Brief des Papstes Zacharias an Bonifatius v. J. 745 oder 746. (Grundtext: Mon. Germ. hist., ep. III, Nr. 68, S. 336): „Die beiden gottesfürchtigen Männer Virgilius und Sedonius, die im Lande der Bayern leben, haben sich brieflich an uns gewandt. Sie benachrichtigen uns, dass du ihnen, verehrungswürdigster Bruder, aufgegeben, solche, die schon Christen sind, von neuem zu taufen. Wir sind, als wir dies vernommen, erschreckt und in grosse Verwunderung versetzt worden, wenn es sich wirklich so verhält, wie es uns berichtet worden ist. Sie zeigten nämlich an, dass in jenem Lande ein Priester sei, der nicht die geringste Kenntnis von der lateinischen Sprache besitze und, während er taufte, infolge dieser Unkenntnis der lateinischen Redeweise gleichsam die Sprache brechend, gesprochen hat: „baptizo te in nomine patria et filia et spiritus sancti", und deshalb habest du, verehrungswürdigster Bruder, angeordnet, dass die Taufe noch einmal vollzogen werde. Jedoch, heiligster Bruder, wenn der Taufende nicht den Willen gehabt, Irrlehre oder Ketzerei einzuführen, sondern (nur) aus blosser Unkenntnis der römischen Ausdrucksweise die Sprache geknickt und die oben erwähnten Worte während der Taufe gesagt hat, so können wir nicht damit übereinstimmen, dass die Taufe noch einmal vollzogen werde. Denn wie du, heiliger Bruder, wohl weisst, darf kein Heide, der im Namen des Vaters und des Sohnes und des heil. Geistes getauft ist, zum zweiten Male getauft, sondern nur durch Handauflegung gereinigt werden."

andere erdichteten, eine grosse Menge Volkes. Da aber der heilige Mann, der sich schon von Kind an Gott ergeben hatte, nicht das Unrecht, das man seinem Herrn zufügte, ertrug, hielt er den genannten Herzog und das ganze Volk ab von jenem ungerechten, ketzerischen, falschen Haufen und von den ehebrecherischen Priestern, die uns betrogen; dann teilte er das Bayerland mit Erlaubnis des Herzogs Odilo in 4 Sprengel[1]), über die er 4 Bischöfe setzte. — —

— — Als nun nach Befestigung der christlichen Ordnung alles in richtigem Gange und das kanonische[2]) Recht in Bayern wiederhergestellt war, begab er sich wieder auf den Rückweg zu den eigenen Kirchen, und für das ihm anvertraute Volk sorgend durchschaute er die Ställe seiner Herden, sorgte für des Volkes Wächter und entriss die Schafe den verderbenbringenden Zähnen der Wölfe.

29. Als nun des glorreichen Herzogs Karl zeitliche Herrschaft geendet hatte[3]), und sich seiner Söhne Karlmann und Pippin Reich mächtig entfaltete, da wurde durch die Gnade unseres Herrn Gottes und durch die Arbeiten des Herrn Erzbischofs Bonifatius der christlichen Religion Bund gekräftigt, der rechtgläubigen Väter Synodal-Einrichtungen bei den Franken wiederhergestellt und alles nach der Bestimmung der Kanones verbessert und gesühnt[4]). — —

[1]) Nach dem Folgenden: Salzburg, Freisingen, Regensburg und Passau. Nach § 31 kommen noch Eichstädt und Würzburg dazu; dagegen erwähnt der Brief des Bonifatius an Papst Zacharias von 742 (Mon. Germ. hist., ep. III., Nr. 50, S. 299) Würzburg, Buraburg (bei Amöneburg) und Erfurt. || [2]) Kanones = die Satzungen des kirchlichen Rechtes. || [3]) 741. || [4]) Von den fränkischen Synoden aus der Zeit des Bonifatius seien hier zwei erwähnt: Die erste austrasische von 742, an der Bonifatius Anteil nahm, die aber Karlmann berief und leitete, und die erste fränkische Gesamtsynode von 745, die Bonifatius auf päpstlichen Befehl selbst berief und leitete. Die Orte sind ungewiss.

Über die erstgenannte berichtet Karlmann selbst in seinem Bestätigungsschreiben (Mon Germ. hist., ep. III, Nr. 56, S. 309 ff.):

„Auf den Rat meiner Priester und Notabeln (optimatum) haben wir für die Städte Bischöfe verordnet und über sie als Erzbischof Bonifatius gesetzt, der der Legat (missus) des heil. Petrus ist.

Wir haben bestimmt, jährlich (per annos singulos) eine Synode zu

— — Da jedoch der heil. Mann, von Krankheit des Körpers 32.
beschwert, nicht mehr alle Synoden und Konzile besuchen konnte, so beschloss er mit Beirat und Zustimmung des glorreichen

---

berufen, damit in unserer Gegenwart die Verordnungen der Kanones und die Rechte der Kirche wiederhergestellt und die christliche Religion [d. h. der Zustand der Kirche] verbessert würde.

— — Falsche Priester und ehebrecherische oder unzüchtige Diakonen und Kleriker haben wir von den kirchlichen Pfründen entfernt (de pecuniis ecclesiarum abstulimus), degradiert und zur Busse genötigt.

Allen Dienern Gottes insgesamt haben wir durchaus verboten, eine Rüstung zu tragen, zu kämpfen oder in ein Heer und gegen den Feind zu gehen, nur die ausgenommen, die wegen des heiligen Dienstes, nämlich um die Feier der Messe abzuhalten und die Schutzmittel der Heiligen [d. h. schützende Reliquien] zu tragen, dazu auserlesen sind. Das heisst: einen oder zwei Bischöfe mit ihren Kaplänen (capellanis presbiteris) soll der Fürst bei sich haben und ein jeder Befehlshaber einen Priester, damit sie den Beichtenden Urteil über ihre Sünden sprechen (peccata iudicare) und die Busse bestimmen können. Auch jene Jagden und Streifzüge in den Wäldern (silvaticas vagationes) mit Hunden haben wir allen Dienern Gottes untersagt; desgleichen, dass sie keine Habichte und Falken haben sollen.

Wir haben auch gemäss den Kanones der Heiligen verordnet, dass jeder Priester, der in einer Parochie [d. h. hier: in einem Bischofssprengel] wohnt, dem Bischof unterworfen sei, in dessen Parochie er wohnt. Und immer in der Fastenzeit soll er Art und Stand seiner Amtsführung (rationem et ordinem ministerii) hinsichtlich der Taufe oder des katholischen Glaubens, der Gebete und der Messordnung dem Bischof berichten und darlegen. — —

Wir haben verordnet, dass gemäss den Kanones ein jeder Bischof in seiner Parochie mit Hilfe des Grafen, welcher der Beschützer der Kirche ist, Sorge trage, dass das Volk Gottes keine heidnischen Gebräuche übe, sondern dass es allen Unflat des Heidentums abwerfe und verabscheue. — —

Und dass die Mönche und die Nonnen (ancillae Dei monasteriales) nach der Regel des heil. Benedikt sich zu richten (ordinare; vielleicht ist ordinari zu lesen) und zu leben — — trachten."

(In derselben Urkunde ist auch von der Synode d. J. 743 zu Estinnes [in loco qui dicitur Liftinas; bei Lobbes an der Sambre gelegen] berichtet: — „Wir beschlossen unter Beirat der Knechte Gottes und des christlichen Volkes wegen der drohenden Kriege und der Bedrängnisse von seiten der übrigen Völker, die in unserer Nachbarschaft sind, dass wir unter Ausstellung von Prekarurkunden und gegen Zinszahlung [sub precario et censu; precarium = ein auf Widerruf gewährtes Besitztum. Vgl. zu obiger Übersetzung G. Richter, Annalen der deutsch. Geschichte im MA. I, 205] einen Teil des kirchlichen Vermögens zur Unterstützung unseres Heeres unter Gottes Nachsicht eine Zeit lang in Besitz behalten.")

Königs[1]), der vorerwähnten Herde einen passenden Hirten zu geben, und bestimmte den Lul, seinen mit hohen Geistesgaben ausgerüsteten Schüler, zum Lehrer der grossen Volksmenge, erhob ihn zum Bischof, weihte ihn und übergab ihm die in Christus in anhaltender Arbeit gewonnene Erbschaft[2]). — —

c) Der greise Märtyrer.

A. a. O. § 36—38.

36. Nachdem — — durch Friesland des Glaubens Licht geleuchtet und das glückselige Ende unseres Heiligen herannahte, schlug er am Ufer des Bordneflusses[3]), der die beiden Grenzgebiete, die sie in ihrer Landessprache Ostor und Westerraeche nannten, trennt, nur von seiner Mannen Schar begleitet, seine Zelte auf. Als er nun das schon weit und breit verstreute Volk von dem Tage in Kenntnis gesetzt hatte, an dem die Neophyten[4]) gefirmt und den Neugetauften von dem Bischof die Handauflegung und Firmelung erteilt werden sollte, kehrten sie alle nach Hause zurück, um am Tage der Firmelung, wie es nach des heil. Bischofs Willen eben bestimmt war, insgesamt wiederzuerscheinen. Als aber der bestimmte Tag angebrochen war und des Lichtes Morgenröte mit

---

Von der fränkischen Gesamtsynode schreibt Papst Zacharias an die Geistlichen, Herzöge, Grafen und alle Gottesfürchtigen in Frankreich (a. a. O., Nr. 61 S. 326.): „Da uns unser hochwürdiger und hochheiliger Bruder, Bischof Bonifatius, berichtet, dass — als die Synode in eurer Provinz unserer Mahnung gemäss versammelt war, unter den Auspizien [mediantibus; vgl. Du Cange, Lexikon] unserer Söhne Pippin und Karlmann, eurer Fürsten, wobei auch besagter Bonifatius an unserer Stelle den Vorsitz führte [peragente, eigentlich: die Ausführung übernahm], — der Herr eure Herzen mitsamt euern Fürsten seiner Verkündigung zugeneigt hätte, sodass ihr allen seinen Ermahnungen gehorchtet und die falschen und schismatischen, mörderischen und unzüchtigen Priester von euch jagtet, so sagen wir unserm allmächtigen Gotte Dank.“ — — ‖ 1) Seit 751 war Pippin König. ‖ 2) Das Bistum Mainz, wo seit 748 Bonifatius nach § 30 „mit Bewilligung und Verleihung Karlmanns den Bischofstuhl inne hatte“. Bonifatius selbst begab sich zuletzt noch einmal zu den Friesen. (§ 33 ff.) Zuerst hatte ihm Papst Zacharias Köln als erzbischöflichen Sitz zugedacht. (Mon. Germ. hist., ep. III, Nr. 60, S. 325.) So auch später (751. A. a. O. Nr. 88, S. 373). ‖ 3) Jetzt Borne. Der Fluss teilt Westfriesland in die oben genannten Gebiete (Ostrachia und Westrachia). ‖ 4) Die (geistlich) Neugeborenen, d. h. Neugetauften.

der aufgehenden Sonne hervorbrach, da kamen auch umgekehrt statt der Freunde Feinde und Schergen neuer Art statt der neuen Gläubigen herbei, und eine Anzahl Feinde drang mit geschwungenen Waffen, mit Speeren und Schilden, in ihr Lager. Da stürzten sich ihnen sofort die Mannen aus den Zelten entgegen, überall suchen sie nach Waffen und versuchen, die zum heil. Märtyrertod Bestimmten gegen die wütende Macht des rasenden Volkes zu schützen. Der Mann Gottes jedoch berief sofort, als er das Andringen des tobenden Haufens gewahr geworden, seiner Kleriker Schar, nahm die Reliquien der Heiligen, die er stets bei sich zu führen gewohnt war, schritt aus dem Zelte heraus und verbot sogleich den Mannen, sie hart anlassend, den Kampf, indem er sprach: „Lasset ab, Mannen, vom Kampfe, thut Krieg und Schlacht ab, denn das wahre Zeugnis der heil. Schrift lehrt uns, nicht Böses mit Bösem, sondern sogar Böses mit Gutem zu vergelten. Auch ist schon der lang erwünschte Tag da, und unserer Auflösung herrliche Zeit steht bevor. Darum seid stark in dem Herrn und ertraget dankbar, was er uns gnädig schickt. Hoffet auf ihn, denn er wird eure Seele erlösen." Zu den in der Nähe befindlichen Priestern und Diakonen und den Männern, die in niederen Graden Gott dienten, sprach er mit väterlich mahnenden Worten: „Männer und Brüder, seid tapferen Mutes und fürchtet euch nicht vor denen, die den Leib töten, die Seele aber, die ewig leben wird, nicht vernichten können. — — — Gehet standhaft hier in den drohenden zeitlichen Tod, damit ihr mit Christus herrschen könnt in Ewigkeit."

Indes er mit seiner Lehre Ermahnung die Schüler angetrieben, 37.
sich die Krone des Märtyrertums zu verdienen, stürzte der ganze wütende Haufe der Heiden mit Schwertern und voller Kriegsrüstung über sie her und machte die Leiber der Heiligen nieder in heilbringendem Morde[1]). — — —

— — Der Leichnam des heil. Bischofs aber wurde, da die 38.
Segel sich herrlich schwellten, und die Winde günstig wehten, über die Flut, die Aelmere[2]) genannt wird (wie es auch mit den Leichnamen der andern Märtyrer nach wenigen Tagen geschah), nach der . . Stadt Trecht[3]) geführt und dort beigesetzt und be-

[1]) Der Todestag des Bonifatius ist nach § 39 der 5. Juni 755. ‖ [2]) Das edle Meer, d. h. der Zuider-See. ‖ [3]) Utrecht.

stattet, bis von Mainz einige fromme und im Herrn gläubige Brüder, die von dem Bischof Lul, dem Nachfolger dieses heil. Bischofs und Märtyrers Christi, gesandt waren, eintrafen, um den Leichnam des seligen Mannes nach dem Kloster zu schaffen, das er bei seinen Lebzeiten erbaut, und das nicht weit vom Ufer des Flusses liegt, der die Fulda genannt wird[1]).

3. Anskar, „der Apostel des Nordens" († 865)[2]).

Rimbert, Leben des Erzbischofs Anskar, c. 7. 8. 10—12. 16. 24. 39[3]).

7. Darnach[4]) ereignete es sich, dass Harald[5]), der als König *über einen Teil von Dänemark herrschte, von den andern Königen* des Landes aus Hass und Feindschaft angegriffen und aus seinem Reiche vertrieben wurde. Dieser nun begab sich zum erhabenen

---

[1]) In dem von seinem Schüler Sturmi 744 gegründeten Kloster Fulda liebte Bonifatius alljährlich eine Zeit zu weilen. Vgl. das Leben Sturmis, verfasst von seinem dritten Nachfolger, dem Abt Eigil († 822), übersetzt von W. Arndt a. a. O., c. 12 und 13. Bonifatius selbst schreibt 751 an Papst Zacharias (Mon. Germ. hist., ep. III, Nr. 86, S. 368f.): — —„Es liegt ausserdem ein waldiger Ort in einer sich weit ausdehnenden wüsten Einöde inmitten der Völker, denen wir predigen, an dem wir ein Kloster errichtet und Mönche angesiedelt haben, die nach der Regel des heil. Vaters Benedikt leben, Männer von strenger Enthaltsamkeit, die ohne Fleisch und Wein[genuss], ohne Scherbet [sicera, ein berauschendes Getränk] und Sklaven, sich mit der eigenen Arbeit ihrer Hände begnügen. Diesen oben genannten Ort habe ich von frommen und gottesfürchtigen Männern, vor allem von Karlmann, dem ehemaligen Frankenfürsten, durch gerechte Bemühung erlangt und zu Ehren des heil. Erlösers geweiht. An diesem Orte habe ich mir mit Einwilligung Eurer Frömmigkeit vorgenommen, einige Zeit oder wenige Tage lang den durch das Alter ermüdeten Körper auszuruhen und nach dem Tode zu ruhen. Denn vier Völker, denen ich durch Gottes Gnade das Wort Christi gesagt habe, wohnen bekanntlich im Umkreise dieses Ortes; ihnen kann ich mit Eurem Beistande [intercessione], solange ich lebe und geistig frisch bin [quam diu vivo et sapio], nützlich sein. ‖ [2]) Geboren um 801 in der Nähe des Klosters Corbie an der Somme, in das er später eintrat; † als Erzbischof von Hamburg. ‖ [3]) Rimbert war Anskars Nachfolger. Seine Biographie ist von Laurent übersetzt in „Geschichtsschr. d. d. V.". 2. Ausg. v. Wattenbach. ‖ [4]) Nach Anskars Übersiedelung aus Alt-Corbie an der Somme in das neu gegründete Kloster Neu-Corvey an der Weser (i. J. 822). ‖ [5]) Heriold.

Kaiser Ludwig[1]) und bat ihn, ihm zur Wiedererlangung seines Reiches zu verhelfen. Der Kaiser behielt ihn bei sich und suchte ihn sowohl durch persönliches Zureden, als durch andere, zum Christentum zu bewegen, indem er ihm vorstellte und vorstellen liess, dass ja dann, wenn sie beide Einen Gott verehrten, eine vertrautere Freundschaft zwischen ihnen bestehen, und das christliche Volk ihm und den Seinen umso bereitwilliger zu Hilfe kommen würde. Endlich fügte es denn auch der Herr in seiner Gnade also, dass der Kaiser den König Harald zur Bekehrung brachte[2]), worauf er den neuen Täufling selbst aus der Taufe hob und an Kindes Statt annahm. Da er ihm wieder zur Heimkehr und zu seinem Reiche verhelfen wollte, so begann er sehr fleissig sich zu erkundigen, ob er nicht einen frommer Aufopferung fähigen Mann finden könnte, der mit Harald gehen und ihm beständig zur Seite bleiben möchte, um ihn und die Seinigen als Verkünder der Heilslehren im Christentum zu befestigen und in dieses einzuführen. Darüber also begann der Kaiser in der öffentlichen Versammlung seiner Grossen mit seinen Bischöfen und den übrigen Getreuen zu verhandeln und bat alle inständig, sie möchten ihm doch einen Mann nachweisen, der zu einem solchen Werke die rechte Lust und Fähigkeit besässe. Während nun alle dies zurückwiesen und erklärten, sie kennten durchaus keinen Mann, der eine solche Hingebung besässe, Christo zu Ehren eine so gefahrvolle Reise zu unternehmen, so war dabei auch der ehrwürdige Abt eures Klosters[3]), Wala, anwesend. Dieser sagte zum Kaiser, er wisse einen Mönch in seinem Kloster[4]), der voll glühenden Glaubenseifers und voll Sehnsucht, um Christi willen recht vieles zu dulden, bereit sei. Zugleich pries er dessen Bildung und Charakter und erklärte, er sei zu diesem Werke gar wohl befähigt; fügte jedoch hinzu, er wisse nicht, ob er auch gewillt sein werde, sich gerade jetzt dieser Reise auszusetzen. Man berief ihn also — um es kurz zu fassen — auf Befehl des Königs in den Palast, und der Abt teilte ihm alles, was gesagt und gethan war, mit und eröffnete ihm, wozu er berufen war. Er dagegen erwiderte, er sei zu allem bereit, wozu

[1]) Ludwig dem Frommen, 814—840. ‖ [2]) 826. ‖ [3]) Angeredet sind die Mönche von Alt-Corbie. S. Laurents Anm. zu Kap. 1. ‖ [4]) Hier ist offenbar das unter demselben Abt stehende Kloster Neu-Corvey gemeint.

man im Dienste des Herrn seinen Gehorsam in Anspruch nehme. So führte man ihn vor den Kaiser, und als ihn dieser fragte, ob er in Gottes Namen den König Harald begleiten wolle, um den Dänen das Evangelium zu verkündigen, da antwortete er ohne Zagen, das wolle er gern. Ja, als der Abt hinzusetzte, er bürde ihm diese grosse Last keineswegs im Wege des Befehles auf, wenn er sie aber freiwillig erwähle, so sei es ihm lieb, und er gebe ihm vermöge seines Amtes die Erlaubnis, selbst da noch antwortete er, er erwähle diesen Beruf dennoch und wolle ihn jedenfalls erfüllen [1]). — —

8. — — — Unsere beiden Diener Gottes nun, die sich bei dem Könige befanden [2]), begannen, bald unter Christen, bald auch unter Heiden, das Wort Gottes voll Eifer zu verkündigen und alle, die sie konnten, auf den Weg der Wahrheit hinzuweisen. Viele wurden auch durch ihre Lehre und ihr Beispiel zum Glauben gebracht, und täglich wuchs die Zahl derer, die in dem Herrn selig werden wollten. Anskar und Autbert begannen auch, von göttlicher Liebe getrieben, um die von ihnen so innig verehrte Lehre auszubreiten, eifrig nach Knaben sich umzusehen, die sie kaufen und zum Dienste Gottes erziehen wollten. Harald schenkte ihnen selbst einige ihm gehörende Knaben, die ihres Unterrichtes geniessen sollten, und so kam es, dass sie in kurzer Zeit dort eine Schule von 12 und mehr Schülern eingerichtet hatten. Auch zogen sie andere Diener und Gehilfen an sich, und ihr Ruf sowie ihre Frömmigkeit begann im Herrn immer reichere Frucht zu tragen. Als sie nun in diesem heiligen Berufe 2 Jahre oder darüber gewirkt hatten, so ereignete es sich, dass Autbert von Siechtum heimgesucht ward. Darum brachte man ihn von da nach Neu-Corvey, wo er bei zunehmender Krankheit in einem gewiss glücklichen Übergange um Ostern [3]) (so war es ihm vorher vom Herrn verkündigt) verschied.

10. — — — — Anskar unternahm also die ihm vom Kaiser aufgetragene Reise zu den Schweden, um zu prüfen, ob das Volk

[1]) Aus dem folgenden (noch c. 8) ergiebt sich, dass von Anskar die Rede ist, dass dessen Klostergenosse Autbert ihn freiwillig begleitete, und dass es damals noch als ein Unrecht angesehen wurde, „wenn einer wider Willen unter den Heiden zu leben gezwungen wurde". ‖ [2]) Bei Harald in dessen Gebiet. ‖ [3]) 829.

dort, wie die Gesandten dem Kaiser kund gethan hatten, zum Glauben bereit sei[1]). Wie viele und wie schwere Leiden auf dieser Reise Anskar erduldete, das wird der Vater Witmar, der .. daran teilnahm, besser berichten können. Ich muss mich begnügen, nur das mitzuteilen, dass sie, als sie ungefähr auf der Mitte ihrer Fahrt waren, auf Seeräuber stiessen. Obwohl nun die Handelsleute, die bei ihnen waren, sich mannhaft verteidigten und auch zuerst den Sieg davontrugen, so wurden sie doch in dem zweiten Treffen von den Seeräubern völlig besiegt und überwunden, sodass sie ihre Schiffe samt allem, was sie hatten, verloren und nur mit genauer Not ans Land gelangten, um zu Fusse zu entrinnen. Bei der Gelegenheit verloren sie nun sowohl die kaiserlichen Geschenke, die sie nach Schweden überbringen sollten, als auch ihre ganze Habe ausser einigem wenigen, was sie beim Herausspringen aus den Schiffen mit sich nehmen und forttragen konnten. So büssten sie z. B. gegen 40 Bücher, die sie für den Gottesdienst gesammelt hatten, durch die Piraten ein. Während nun nach diesem Ereignisse ein Teil von Anskars Gefährten heimzukehren, ein Teil aber weiter zu gehen beschlossen, war er selbst auf keine Weise von der einmal unternommenen Reise abzubringen, vielmehr gab er alles, was ihm auch widerfahren möge, Gottes Fügung anheim und beschloss, auf keinen Fall eher zurückzukehren, als bis er von Gott selbst einen Wink bekommen habe, ob in jenen Ländern die freie Predigt des göttlichen Wortes zu erlangen wäre.

Mit grosser Schwierigkeit machten sie darauf zu Fusse noch 11.
eine sehr lange Reise, und indem sie, wo es sich so fügte, zu Schiffe über die dazwischen liegenden Meere[2]) fuhren, gelangten sie zuletzt nach einer Hafenstadt des schwedischen Reiches, Namens Birca[3]). Hier wurden sie von dem König Björn, dem seine Gesandten meldeten, weshalb sie gekommen waren, gütig aufgenommen. — — So begannen denn die beiden Knechte Gottes, da sie sahen, dass ihre Wünsche erfüllt wurden, heiteren Herzens den dort wohnenden Völkern das Wort des Heils zu verkündigen. Auch fanden sie bei vielen Förderung in ihrer Wirksamkeit und andächtige Teilnahme. Besonders froh machte es auch die zahl-

[1]) Die Reise, wie die Bitte schwedischer Gesandten um Glaubensboten, fällt noch in dasselbe Jahr. ‖ [2]) Landseen. ‖ [3]) Ein jetzt verschwundener Ort zwischen Stockholm und Upsala.

reichen Christengefangenen, die sich bei den Schweden befanden, dass sie nun wieder der heil. Sakramente teilhaftig werden konnten. Es zeigte sich demnach alles so, wie die schwedischen Abgeordneten es der kaiserlichen Majestät vermeldet hatten. Manche baten voll Demut um die Taufe. Unter diesen war sogar der Vorsteher jenes Ortes, Herigar, einer von den beliebtesten Räten des Königs: dieser liess sich taufen und blieb unerschütterlich im Glauben der Kirche. Er baute sogar bald auf seinem eigenen Erbgut eine Kirche, in der er sich im Dienste Gottes aufs eifrigste übte. — — —

12. Nach einem Aufenthalte von $1^1/_2$ Jahren[1]) bei den Schweden kehrten die beiden Diener des Herrn mit der Überzeugung, durch ihr Sendamt einen sicheren Grund gelegt zu haben, mit Schriftzeichen, *die der König mit eigener Hand nach Landesbrauch zusammengesetzt hatte*[2]), versehen, heim zu des Kaisers Majestät. — Diese Kunde erfüllte den frommen Herrscher mit ausnehmender Freude, und da er zugleich bedachte, was schon einst bei den Dänen in Hinsicht auf den Dienst des Herrn vorbereitet worden war, und dafür Gott dem Allmächtigen Preis und Dank sagte, so begann er, von Glaubenseifer entzündet, zu forschen, wie er im Norden, an der fernsten Grenze seines Reiches einen bischöflichen Sitz errichten könnte, von wo aus der dort wirkende Bischof jene Länder häufiger zur Verkündigung des Evangeliums bereisen und allen fremden Völkern in jenen Gegenden der Genuss der heil. Sakramente leichter und häufiger gewährt werden könnte. — —

Nun — — gründete er — — mit Zustimmung der Bischöfe auf einer sehr zahlreich besuchten Synode in dem erwähnten entlegensten Teile von Sachsen jenseits der Elbe in der Stadt Hamburg[3]) ein Erzbistum, dem die ganze Kirche der Nordelbingen unterthan sein, und dem über alle Länder des Nordens die Befugnis zustehen sollte, dort die Bischöfe und Priester einzusetzen, die dorthin in Christi Namen entsandt werden würden. Für diesen Stuhl also liess der Kaiser unsern Herrn und Vater, den hochheiligen Anskar, zum Erzbischof weihen[4]). —

16. Während nun so auf beiden Seiten, nach aussen wie nach innen, auf löbliche und Gottes würdige Weise gewirkt wurde,

---

[1]) 831. ‖ [2]) „Es scheint eine Art aus Runenstäben gebildeten Passes gemeint zu sein.“ Laurent. ‖ [3]) Hammaburg. ‖ [4]) Um Weihnachten 831.

ereignete es sich plötzlich, dass Seeräuber erschienen und die Stadt Hamburg umgaben[1]). Dieses plötzliche und unerwartete Ereignis machte es unmöglich, das Landvolk schnell genug zusammenzubringen, zumal da der erlauchte Bernhard, der Graf, der damals dem Orte vorstand, gerade abwesend war, der Herr Bischof aber mit den Städtern und Vorstädtern[2]) zuerst, als er von der Ankunft der Seeräuber hörte, die Stadt halten wollte, bis grössere Hilfe herankäme, dann aber, als die Heiden nun hervordrangen und die Stadt belagerten, einsah, dass er mit ihnen keinen Widerstand zu leisten vermochte. Deshalb trug er nur Sorge, dass die heil. Reliquienschätze fortgeschafft wurden, und entkam darauf, während seine Geistlichen sich fliehend hierhin und dorthin zerstreuten, selbst nur mit genauer Not, sogar ohne sein Oberkleid. Auch die Bewohner verliessen den Ort, irrten überall umher, manche entkamen, einige wurden gefangen, die meisten aber erschlagen. Als aber die Feinde endlich die Stadt einnahmen, plünderten sie und nahmen alles, was in der Stadt und in dem nächsten Dorfe war, und blieben dann — sie waren gegen Abend gekommen — noch die Nacht und die folgenden 24 Stunden da. Dann, nachdem sie alles ausgeplündert und in Brand gesteckt hatten, zogen sie wieder ab. Damals ging sowohl die unter Leitung des Herrn Erzbischofs erbaute Kirche, ein wundervolles Werk, als auch das allgemein bewunderte Kloster in Flammen unter. Bei der Gelegenheit wurde auch eine gar schön geschriebene Bibel, welche der erlauchteste Kaiser unserm Vater[3]) verehrt hatte, nebst mehreren andern Büchern vom Feuer verzehrt. — —

Als Anskar den Bremer Sprengel[4]) bekommen hatte, begann 24.
er, da er nun wieder etwas zu geben hatte, aufs neue mit dem innigsten Eifer danach zu trachten, ob er nicht im Lande der Dänen etwas zu Ehren Christi mitzuwirken vermöchte. Daher liess er es sich angelegen sein, den Horich, der damals allein über Dänemark regierte, häufig zu besuchen und ihn durch Geschenke und alle möglichen Dienstleistungen zu gewinnen, um mit seiner Erlaubnis das Predigtamt in seinem Reiche verwalten zu können. Einige Male wurde er auch vom König[5]) als Ge-

[1]) 840. ‖ [2]) Den Bewohnern des jetzigen Nicolai-Kirchspiels. ‖ [3]) Anskar. ‖ [4]) Noch zum Hamburger hinzu. Vgl. c. 22. ‖ [5]) Ludwig dem Deutschen.

sandter an ihn geschickt und besorgte dann mit Eifer und Treue sowohl, was sich auf die zwischen beiden Reichen zu schliessenden Friedensverträge, als was sich sonst auf deren Nutzen bezog. So hatte König Horich die Treue und den Wert des heil. Mannes kennen gelernt und begann, ihn mit grosser Herzlichkeit zu verehren, sich seines Rates in allem zu bedienen und ihm bei jeder Gelegenheit sein ganzes Vertrauen zu zeigen, sodass er ihn sogar zu seinen geheimen Beratungen zuliess, wenn er mit seinen Räten über die Angelegenheiten des Reiches verhandelte. Ja, selbst die Festsetzung der Bestimmungen, die zwischen den Bewohnern hiesigen Landes, nämlich [des Landes] der Sachsen, und seinem Reiche über ein Bündnis getroffen werden sollten, wollte er nur *seiner Treue und Redlichkeit* überlassen; denn er erklärte, auf das, was er ihm gelobt und verbürgt hätte, könne er sich unbedenklich am meisten verlassen. Da nun Anskar auf so vertrautem Fusse mit ihm stand, so begann er ihm zuzureden, er möchte Christ werden. Er hörte auch alles freundlich an, was er ihm aus der heil. Schrift mitteilte, und gestand, es sei alles gut und wahrhaft heilbringend, er habe die grösste Freude daran und wolle gern Christi Gnade verdienen. Auf diese Äusserungen hin getraute sich unser heiligster Vater, ihm an die Hand zu geben, er möge doch dem Herrn Christo den Dienst erzeigen, der ihm der liebste wäre, nämlich gestatten, dass in seinem Reiche eine Kirche erbaut werde — —. Dies bewilligte er mit grösster Herzlichkeit und Güte und erlaubte, in einer dazu am meisten geeigneten und unserm Lande zunächst gelegenen Hafenstadt, Namens Schleswig [1]), wo aus allen Gegenden Kaufleute zusammenkamen, dem Herrn eine Kirche zu bauen. Überdies wies er selbst eine Wohnung für den Priester an und stellte zugleich jedem seiner Unterthanen frei, Christ zu werden. — —

30. Wie viele aber durch sein [2]) Gebet und durch die Salbung mit dem heil. Öl von ihm geheilt wurden, können wir nicht herzählen. Denn da dieses durch die Beteuerungen vieler bekannt wurde, so kamen um die Wette zu ihm nicht nur aus seiner eigenen Diöcese, sondern auch von fern her Kranke und verlangten, von ihm geheilt zu werden. Er selbst jedoch mochte lieber, dass das alles verborgen blieb, als dass es bekannt wurde;

[1]) Sliaswich. ‖ [2]) Anskars.

denn als einst von solchen Wunderzeichen in seiner Gegenwart die Rede war, so sagte er zu einem seiner Vertrauten: „Wenn ich vor meinem Herrn dessen würdig wäre, so würde ich ihn bitten, dass er mir Ein Wunder gewähren möchte, nämlich das, durch seine Gnade aus mir einen guten Menschen zu machen."

VI. Karl der Grosse (768—814[1]).

1. Einhard, das Leben Kaiser Karls,

c. 7. 24—29[2]).

— — Zuletzt, nachdem er alle[3]), die ihm Widerstand ge- 7.
leistet hatten, besiegt und unterjocht hatte, riss er zehntausend Mann mit Weib und Kind von ihren Wohnsitzen auf beiden Ufern der Elbe los und siedelte sie in vielen Abteilungen in verschiedenen Gegenden Deutschlands und Galliens an. Unter der

---

[1]) Über sein Verhältnis zu Papst Hadrian I s. o. S. 174f; über seine Krönung durch Leo III. s. o. S. 179. || [2]) Einhard, Karls Vertrauter, † 840 als Abt von Seligenstadt im Odenwald. Übersetzung von Abel, 2. Aufl. von Wattenbach bearb., in „Geschichtsschreiber der dtsch. Vorzeit". || [3]) Sachsen. Die Kriege mit ihnen begannen 772 und endeten 804. — Aus dem ersten Kriegsjahre berichten Einhards Annalen (Annales Laurissenses, MGh. Scr. I, S. 151, z. J. 772: „Der König Karl beschloss auf einer Reichsversammlung (generali conventu) zu Worms, Sachsen anzugreifen, drang unverzüglich in dieses ein, verwüstete alles mit Feuer und Schwert, nahm die Veste Eresburg (Stadtberge an der Diemel in Westfalen, Reg.-Bezirk Arnsberg) und zerstörte das Götzenbild (idolum), das von den Sachsen Irminsäule (Irminsul) genannt wurde." Die hohe Holzsäule befand sich in einem Haine wohl bei Altenbeken unweit Lippspringe, Kreis Paderborn. — Die ersten Bistümer in Sachsen waren Bremen, Münster und Paderborn. Eine Aufzählung sämtlicher 21 Metropolitanstädte im Reiche Karls findet sich in seinem Testament, bei Einhard c. 33.

Bedingung aber, die vom Könige gestellt, von den Sachsen angenommen ward, nahm der Krieg, der sich so viele Jahre hingezogen hatte, ein Ende, dass sie dem heidnischen Götzendienst und den heimischen Religionsgebräuchen entsagten, die Sakramente des christlichen Glaubens annähmen und mit den Franken zu Einem Volke sich verbänden.

24. In Speise und Trank war er mäsisg, mässiger jedoch noch im Trank, denn die Trunkenheit verabscheute er an jedem Menschen aufs äusserste, geschweige denn an sich und den Seinigen. — — —

Während der Tafel hörte er gern Musik oder einen Vorleser. Er liess sich die Geschichten und Thaten der Alten vorlesen; auch an den Büchern des heil. Augustinus hatte er Freude, besonders an denen, die „Vom Staate Gottes“ betitelt sind [1].

— — Während er sich ankleidete [2], liess er nicht allein seine Freunde vor, sondern wenn der Pfalzgraf [3] von einem Rechtsstreite sprach, der nicht ohne seinen Ausspruch entschieden werden könne, so hiess er die streitenden Parteien sofort hereinführen und sprach nach Untersuchung des Falles das Urteil, als sässe er auf dem Richterstuhl; und das war nicht das einzige, sondern was es für diesen Tag an Geschäften zu thun und seinen Beamten aufzutragen gab, das besorgte er zu dieser Stunde.

25. Reich und sicher floss ihm die Rede vom Munde, und was er wollte, konnte er leicht und klar ausdrücken. Es genügte ihm jedoch nicht an seiner Muttersprache, sondern er verwendete auch auf die Erlernung fremder grossen Fleiss: im Lateinischen brachte er es so weit, dass er es wie deutsch sprach, das Griechische aber konnte er besser verstehen, als selber sprechen. Dabei war er so beredt, dass er fast geschwätzig erscheinen konnte. Die edlen Wissenschaften pflegte er mit grosser Liebe, die Meister in ihnen schätzte er ungemein und erwies ihnen hohe Ehren. In der Grammatik nahm er Unterricht bei dem Diakonus Petrus von Pisa, einem hochbejahrten Mann, in den übrigen Wissenschaften liess er sich von dem Diakonus Albinus, mit dem Beinamen Alkuin, unterweisen, einem in allen Fächern gelehrten Mann, der von sächsischem Geschlecht war und aus Britannien

---

[1]) S. o. S. 61f. ‖ [2]) Des Morgens. ‖ [3]) Der dem Palast vorgesetzte Beamte, der zugleich Richter war.

stammte[1]). In dessen Gesellschaft wandte er viel Zeit und Mühe auf, um sich in der Rhetorik, Dialektik, vorzüglich aber in der Astronomie, zu unterrichten. Er erlernte die Kunst zu rechnen und erforschte mit emsigem Fleiss und grosser Wissbegierde den Lauf der Gestirne. Auch zu schreiben versuchte er und pflegte deswegen Tafel und Büchlein im Bett unter dem Kopfkissen mit sich herumzuführen, um in müssigen Stunden seine Hand an die Gestaltung von Buchstaben zu gewöhnen. Indes brachte er es hierin mit seinen Bemühungen nicht weit, da er es zu spät angefangen hatte.

Der christlichen Religion, zu der er von Jugend auf an- 26.
geleitet worden, war er mit Ehrfurcht und frommer Liebe zugethan. Darum erbaute er auch das herrliche Gotteshaus zu Aachen und schmückte es mit Gold und Silber, mit Kerzen und mit ehernen Gittern und Thüren. Da er die Säulen und den Marmor für die Kirche anderswoher nicht bekommen konnte, liess er sie aus Rom und Ravenna herbeischaffen. Morgens und abends, auch bei den nächtlichen Horen und zur Zeit der Messe, besuchte er fleissig die Kirche, wenn es ihm sein Befinden erlaubte; und er liess es sich angelegen sein, dass alle gottesdienstlichen Verrichtungen mit möglichst grosser Würde begangen würden, und gar häufig ermahnte er die Küster, dass sie nichts Schmutziges oder Ungebührliches in die Kirche bringen oder darin bleiben liessen. Die heiligen Gefässe liess er aus Gold und Silber anfertigen und sie sowie die priesterlichen Gewänder in so grosser Anzahl anschaffen, dass nicht einmal die Thürsteher, die doch den untersten kirchlichen Grad bilden, beim Gottesdienst in ihrer gewöhnlichen Kleidung zu erscheinen brauchten. Auf die Verbesserung des Lesens und Singens wandte er grosse Sorgfalt[2]). Denn in beiden Dingen war er sehr

---

[1]) Alkuin, geb. um 735, 778 Leiter der Klosterschule in York, 781 am Hofe Karls d. Gr., 796 Abt von St. Martin in Tours, Gründer der Palastschule (Schola palatina) in Aachen, † 804. (Weingarten, Zeittafeln[5], herausg. von Arnold, S. 57.) Gründer hier wohl = Neubegründer, denn es hatte schon früher eine solche Schule gegeben. || [2]) Ademar, Geschichten (historiarum) II, 8 (MGh, Scr. IV, 117f.) erzählt (im 11. Jahrhundert): „Der höchst fromme König Karl kehrte zurück und feierte zu Rom das Osterfest mit dem apostolischen Herrn [dem Papst]. Siehe, da brach in den Oster-Festtagen ein Streit zwischen den Sängern der Römer und der Gallier [Franken] aus. Die Römer sagten, sie trügen die kirchlichen Gesänge am gebildetsten (doctissime) vor,

unterrichtet, wenn er auch selbst nicht öffentlich las und nur leise und im Chor sang.

27. In der Pflege der Armen und ihrer Unterstützung durch Almosen bewies er viel frommen Eifer, und das nicht bloss in seinem Land und Reich, sondern auch weit übers Meer pflegte er Geld zu schicken, nach Syrien, Ägypten und Afrika, nach Jerusalem, Alexandria und Karthago, wenn er hörte, dass Christen dort in Dürftigkeit lebten, und sprang ihnen so in ihrer Not bei. Deswegen vornehmlich bewarb er sich auch um die Freundschaft der Könige jenseits des Meeres, damit er den unter ihrer Herrschaft lebenden Christen Erleichterung und Hilfe zufliessen lassen könnte.

---

wie sie vom heil. Papst Gregor gelehrt worden waren; die Gallier sängen verkehrt und zerstörten und zerrissen den Gesang (cantilenam destruendo dilacerare). — — Und es sprach der Herr König Karl: Kehret ihr zu der Quelle, zum heil. Gregorius, zurück (revertimini vos ad fontem sancti Gregorii), denn ihr habt den kirchlichen Gesang verderbt. Darauf erbat der Herr König Karl von Papst Hadrian Sänger, die den fränkischen Kirchengesang verbessern sollten (qui Franciam corrigerent de cantu). Jener aber gab ihm Theodor und Benedikt, die geschultesten Sänger der römischen Kirche, die vom heil. Gregor ausgebildet (eruditi) worden waren (?!). Als aber der Herr König Karl nach Frankreich zurückkehrte, sandte er den einen Sänger in die Stadt Metz, den andern in die Stadt Soissons und verordnete, dass aus allen Städten Frankreichs die Schullehrer ihre Antiphonarien [die Bücher, welche die liturgischen Wechselgesänge enthalten] ihnen zur Korrektur übergeben und von ihnen singen lernen sollten. Es wurden also die Anthiphonarien der Franken korrigiert, die ein jeder nach seinem Gutdünken durch Zusätze oder Weglassungen verderbt hatte, und alle Sänger Frankreichs lernten die römische Weise (notam Romanam), die man jetzt die fränkische Weise nennt, abgesehen davon, dass die Franken die zitternden oder weichen Töne (tremulas vel vinnolas) oder die zusammenzuziehenden oder zu trennenden Laute (collisibiles vel secabiles voces) im Gesange nicht vollkommen zum Ausdruck bringen konnten, da sie mit ihrer barbarischen Naturstimme (naturali voce barbarica) die Töne in der Kehle vielmehr zerdrückten (frangentes), als ausdrückten. Die grössere Schule für den Gesang (magisterium cantandi) blieb aber in der Stadt Metz; und soweit die römische Schule die Metzer in der Sangeskunst übertrifft, soweit übertrifft der Metzer Gesang die übrigen Schulen der Gallier. Desgleichen lehrten die obengenannten römischen Sänger die Sänger der Franken in der Kunst des Orgelspiels (organandi). Und der Herr König Karl brachte wiederum aus Rom Lehrer der Grammatik und der Rechenkunst mit sich nach Frankreich und befahl, überall das Studium der Wissenschaften zu verbreiten. Vor dem Herrn König Karl selbst nämlich gab es in Gallien kein Studium der edlen Künste. — —

Vor allen andern heiligen Stätten ehrte er die Kirche des heil. Apostels Petrus zu Rom, deren Schatz er mit viel Gold, Silber und Edelsteinen bereicherte. Den Päpsten machte er viele und reiche Geschenke, und nichts lag ihm während seiner ganzen Regierung so sehr am Herzen, als dass die Stadt Rom durch seinen Eifer und Beistand wieder zu ihrem alten Ansehen gelange und die Kirche des heil. Petrus dadurch nicht allein in sicherem Schutz und Schirm, sondern auch vor allen andern Kirchen reich und mächtig sei. So hoch er sie aber auch ehrte, so kam er während der 47 Jahre seiner Regierung doch nur viermal nach Rom, um dort seine Andacht zu verrichten.

Seine letzte Reise hatte nicht darin allein[1]) seinen Grund, 28.
sondern sie wurde auch dadurch veranlasst, dass Papst Leo durch die vielen Misshandlungen, die er von seiten der Römer erlitten hatte, indem sie ihm nämlich Augen und Zunge ausrissen, sich genötigt sah, den König um Schutz anzuflehen. Er kam also nach Rom und verweilte dort den ganzen Winter, um die Kirche aus der übergrossen Zerrüttung, in die sie verfallen war, zu reissen. Damals war es, dass er den Namen Kaiser und Augustus empfing, der ihm anfangs so zuwider war, dass er versicherte, er würde an jenem Tage, obgleich es ein hohes Fest war, die Kirche nicht betreten haben, wenn er des Papstes Absicht hätte vorher wissen können[2]). Die oströmischen Kaiser nahmen es äusserst übel auf, dass er den Kaisertitel angenommen, er trug aber ihren Hass mit grosser Gelassenheit und wusste mit dem hohen Sinn, in dem er ohne alle Frage weit über ihnen stand, ihren Trotz zu besiegen, indem er häufig durch Gesandtschaften mit ihnen verkehrte und sie in seinen Briefen als Brüder anredete.

— — Wo das Recht eines der von ihm beherrschten Volks- 29.
stämme noch nicht geschrieben war, da liess er es zusammenstellen und schriftlich aufzeichnen[3]). Ebenso liess er die uralten deutschen Lieder, in denen die Thaten und Kriege der alten Könige besungen wurden, aufschreiben, damit sie unvergessen blieben. Auch eine Grammatik seiner Muttersprache begann er abzufassen. Ferner

---

[1]) Auch die andern nicht! || [2]) Eine andere Darstellung, gleichfalls von Einhard, s. o. S. 179. || [3]) Die Volksrechte der Sachsen, Thüringer und Friesen.

gab er den Monaten, für die bei den Franken bis dahin teils lateinische, teils deutsche Namen im Gebrauch gewesen waren, Benennungen aus seiner eigenen Sprache[1]).

2. Verordnungen Karls des Grossen und seiner Kirche.

a) Erstes Kapitulare (von 769), c. 10. 13. 15. 16[2]).

10. Die Priester sollen grosse Sorge tragen für die Unreinen[3]) und Verbrecher, damit sie nicht in ihren Verbrechen zu Grunde gehen und ihre Seelen von dem strengen Richter Christus von ihnen gefordert werden. Desgleichen für die Kranken und Büssenden, damit sie nicht verzagen[4]), indem sie ohne Salbung mit geweihtem Öl, ohne Versöhnung und Wegzehrung[5]) sterben.

13. Wenn verkündet ist, dass sie für den König oder für seine Getreuen aus irgend einem Anlass Gebete verrichten sollen, so soll niemand darin sich lässig zeigen.

15. Die Priester, die ihr Amt nicht ordnungsgemäss zu verwalten wissen, noch sich bemühen, es nach Kräften gemäss der Vorschrift ihrer Bischöfe zu lernen, oder sich als Verächter der Kanones erweisen, sind von ihrem (eigenen) Amte zu entfernen, bis sie dies völlig gebessert haben.

16. Wer aber, obgleich er von seinem Bischof betreffs seiner [mangelnden] Sachkenntnis häufig ermahnt worden ist, dass er Sorge trage [etwas] zu lernen, es doch zu thun versäumt, soll ohne Zweifel sowohl von seinem Amte entfernt werden, als auch die Kirche, die er inne hat, verlieren, weil die, welche das Gesetz Gottes nicht kennen, es andern nicht verkünden und predigen können.

---

[1]) In hochdeutscher Form heissen sie: 1. Wintermonat, 2. Hornung (von hor = Koth), 3. Lenzmonat, 4. Ostermonat, 5. Wonnemonat, 6. Brachmonat, 7. Heumonat, 8. Ährenmonat, 9. Holzmonat (Witumanoth von witu = Holz), 10. Weinlesemonat (Windememanoth von windemon, lat. vindemiare = Weinlese halten), 11. Herbstmonat, 12. Heiligmonat. || [2]) Mon. Germ. hist., Leg. Sectio II, I, 44 ff. Nr. 19. — Kapitularien = in Kapitel eingeteilte Reichsgesetze. || [3]) Oder im engeren Sinne: für die Unzüchtigen (incestis). || [4]) deficiant. || [5]) sine . . . viatico. Gemeint ist die Darreichung des heil. Abendmahles.

b) Verordnung über das Sachsenland (782 oder 785), c. 1—10. 14. 17—19. 21—23[1]).

— — Dies wurde einstimmig beschlossen[2]), dass alle Kirchen 1.
Christi, die soeben in Sachsen gebaut werden und Gott geweiht sind, keine geringere, sondern grössere und ausgezeichnetere Ehre geniessen sollen, als die Heiligtümer der Götzen genossen hatten.

Wenn jemand seine Zuflucht zu einer Kirche nimmt, so soll 2.
sich niemand unterstehen, ihn aus der Kirche mit Gewalt zu vertreiben, sondern er habe Frieden, bis er vor Gericht[3]) gestellt wird, und um der Ehre Gottes und der Verehrung der Heiligen der Kirche selbst willen werde ihm das Leben und alle Glieder geschenkt. Er mache aber die Sache wieder gut, soweit er vermag und es ihm gerichtlich auferlegt ist; und so werde er vor das Angesicht des Herrn Königs geführt, und der schicke ihn, wohin es seiner Gnade gefällt.

Wenn einer mit Gewalt in eine Kirche eindringt und darin 3.
durch Gewalt oder Diebstahl etwas entwendet oder die Kirche selbst mit Feuer verbrennt, der soll des Todes sterben.

Wenn jemand das heilige Quadragesimalfasten[4]) aus Verach- 4.
tung des Christentums ausser Acht lässt und Fleisch isst, so sterbe er des Todes; es werde aber doch von dem Priester darauf gesehen, dass nicht etwa einer aus Not[5]) dazu gekommen ist, Fleisch zu essen.

Wenn einer einen Bischof oder Priester oder Diakonen tötet, 5.
werde er desgleichen am Leben gestraft.

Wenn einer vom Teufel verführt, nach Art der Heiden[6]) 6.
glaubt, ein Mann oder eine Frau sei eine Hexe und esse Menschen, und sie deshalb verbrennt oder ihr Fleisch [anderen] zu essen gibt oder selbst isst, so werde er durch ein Todesurteil[7]) bestraft.

---

[1]) Capitulatio de partibus Saxoniae, nach Waitz 782, nach Erler 785 (in Paderborn) erlassen. — Mon. Germ. hist., Leg. s. II, I, S. 68ff. ‖ [2]) Hoc placuit omnibus: jedenfalls der Reichsversammlung, vielleicht auch den Vertretern des sächsischen Volkes. ‖ [3]) ad placitum. ‖ [4]) S. o. S. 85, A. 6. ‖ [5]) causa necessitatis: etwa um seiner Gesundheit willen. ‖ [6]) paganorum. ‖ [7]) capitali (oder capitis) sententia(e) punietur.

7. Wenn jemand den Leib eines verstorbenen Menschen nach heidnischem Brauch vom Feuer verzehren lässt und seine Gebeine zu Asche macht[1]), so werde er am Leben gestraft.

8. Wenn künftig jemand im Volke der Sachsen, unter ihnen verborgen, als Ungetaufter sich verstecken will und es verschmäht, zur Taufe zu kommen, und Heide bleiben will, soll er des Todes sterben.

9. Wenn jemand einen Menschen dem Teufel opfert und als Opfer nach heidnischer Sitte den Dämonen[2]) darbringt, soll er des Todes sterben.

10. Wenn jemand mit den Heiden einen Anschlag gegen die Christen macht oder mit ihnen in Feindschaft gegen die Christen verharren will, soll er des Todes sterben; und wer dem mit Hinterlist gegen den König oder das Volk der Christen zustimmt, soll des Todes sterben.

14. Wenn aber einer um dieser im Geheimen begangenen todeswürdigen Verbrechen willen von freien Stücken zu einem Priester seine Zuflucht nimmt und nach abgelegter Beichte Busse thun will, so werde er auf das Zeugnis des Priesters hin vom Tode freigesprochen[3]).

17. Desgleichen verordnen wir nach Gottes Gebot, dass alle den zehnten Teil ihres Vermögens und [des Ertrages] ihrer Arbeit ihren Kirchen und Priestern geben.

18. An Sonntagen soll man kein Gericht und keine öffentlichen Versammlungen[4]) halten, es sei denn um grosser Not willen oder unter dem Zwange des Kriegs, sondern alle sollen zur Kirche gehen, um das Wort Gottes zu hören, und sich Gebeten oder guten Werken widmen. Desgleichen sollen sie auch an den hohen Feiertagen Gott und dem Kirchenbesuch[5]) sich widmen und weltliche Versammlungen vermeiden.

19. Desgleichen beschloss man, unter diese Verordnungen aufzunehmen, dass alle Kinder innerhalb eines Jahres getauft werden; und wir bestimmen, dass, wenn jemand es ohne Rat oder Er-

---

[1]) redierit. Ist vielleicht zu lesen: redegerit? ‖ [2]) Den heidnischen Göttern. ‖ [3]) de morte excusetur. ‖ [4]) placita publica. ‖ [5]) ecclesiae conventui.

laubnis des Priesters unterlässt, sein Kind innerhalb des Kreises eines Jahres zur Taufe zu bringen, er, falls er von adligem Geschlecht ist, 120, wenn ein Freier, 60, wenn ein Lite[1]), 30 Solidi[2]) an den Staatsschatz zahlen soll. — — —

Wenn einer an Quellen, Bäumen oder Hainen betet oder 21.
nach heidnischer Sitte ein Opfer bringt oder zu Ehren der Dämonen ein Mahl hält, [soll er,] falls er ein Adliger ist, 60, wenn ein Freier, 30, wenn ein Lite, 15 Solidi [zahlen]. Wenn sie aber nicht gleich zahlen können, sollen sie der Kirche als Knechte übergeben werden, bis besagte Solidi bezahlt werden.

Wir befehlen, dass die Leiber der christlichen Sachsen in die 22.
Friedhöfe der Kirche und nicht zu den Grabhügeln der Heiden gebracht werden.

Die Weissager[3]) und Wahrsager befehlen wir den Kirchen 23.
und Geistlichen zu übergeben.

c) Brief über die Pflege der Wissenschaften.

(zwischen 780 und 800)[4]).

Wir, Karl, von Gottes Gnaden König der Franken und Langobarden und Patricius[5]) der Römer, senden dem Abte Baugulf[6]) und der ganzen [Kloster-]Genossenschaft, auch unsern deiner Obhut anvertrauten getreuen Predigern[7]), im Namen des allmächtigen Gottes freundlichen Gruss.

Es sei hiermit Eurer gottgefälligen Heiligkeit kund[8]), dass wir mitsamt unseren Getreuen es für heilsam befinden, dass die Bistümer und Klöster, deren Leitung uns durch Christi Gnade anvertraut ist, ausser der Ordnung des klösterlichen Lebens und

[1]) Höriger. || [2]) 1 Solidus anfangs = 25 Denare (à 60—70 Pf.), später nur halb so viel wert. In Karlmanns Urkunde über die Synode von Estinnes 743 (Mon. Germ. hist., Ep. III, Nr. 56, S. 312, ist der Solidus ausdrücklich 12 Denaren gleich gesetzt (solidus, i. e. duodecim denarii). || [3]) Divinos, vielleicht auch = (heidnische) Priester. So Krämer, Historisches Lesebuch über das Mittelalter, Leipzig 1882, S. 103. || [4]) Epistola de litteris colendis, a. a. O. S. 79. [5]) S. o. S. 179. || [6]) Von Fulda. || [7]) tibi etiam commissis fidelibus oratoribus nostris. || [8]) Notum igitur sit Deo placitae devotioni vestrae.

dem Wandel in der heiligen Religion[1]) auch im Studium der Wissenschaften denen, die von Gott die Gabe empfangen haben, ein jeder nach seiner Fähigkeit zu lernen, ihren Lehreifer widmen sollen — — —, damit die, welche Gott zu gefallen trachten, indem sie recht leben, nicht versäumen, ihm auch dadurch zu gefallen, dass sie richtig sprechen. Denn es steht geschrieben: Entweder wirst du nach deinen Worten gerechtfertigt oder nach deinen Worten verdammt werden[2]). Denn mag auch gut handeln besser sein als wissen, so ist doch das Wissen früher als das Handeln. — —

Denn da uns in diesen Jahren von manchen Klöstern öfters Schreiben zugesandt wurden, in denen gesagt wurde, dass die dort lebenden Brüder in heiligen und frommen Gebeten für uns rängen, so haben wir in ihren meisten erwähnten Zuschriften einerseits eine korrekte Gesinnung, andrerseits eine ungebildete Ausdrucksweise gefunden. — — So kam es, dass wir zu fürchten begannen, es möchte etwa, wie die Gewandtheit im Schreiben geringer war, so auch noch viel geringer, als sie von rechtswegen sein sollte, die Weisheit zum Verständnis der heil. Schriften sein. Und wir wissen alle wohl, dass, wie gefährlich auch Irrtümer in bezug auf die Worte sind, doch Irrtümer in bezug auf den Sinn noch viel gefährlicher sind. Deshalb ermahnen wir Euch, das Studium der Wissenschaften nicht nur nicht zu vernachlässigen, sondern auch mit demütigster und gottgefälliger Anstrengung wetteifernd zu dem Zwecke zu lernen, dass Ihr leichter und richtiger die Geheimnisse der heiligen Schriften zu durchdringen vermöget. —

Versäume daher nicht, Abschriften dieses Briefes an alle Dir Untergebenen, an Deine Mitbischöfe und sämtliche Klöster zu schicken, wenn Du unsern Dank erwerben willst. —

d) Rundschreiben über die Verbesserung der kirchlichen Bücher[3]) und Gottesdienste. (Zwischen 787 und 790?).

— — Weil uns am Herzen liegt, dass der Zustand unserer Kirchen sich immer bessern werde, so sind wir beflissen, die Werk-

[1]) Auch religio bezeichnet im Mittelalter meist das Mönchtum. || [2]) Mt. 12, 37. || [3]) Encyclica de emendatione librorum et officiorum ecclesiasticorum (Mon. Germ. hist., Leg. I, 45 f.).

stätte der Wissenschaft, welche durch die Unthätigkeit unserer Vorfahren beinahe in Vergessenheit geraten ist, mit unermüdlichem Eifer wiederherzustellen, und laden zur gründlichen Bekanntschaft mit dem Studium der edlen Künste[1]), soviele wir können, auch durch unser Beispiel ein. Dabei[2]) haben wir längst die gesamten Bücher des A. u. N. T., welche durch die Unkenntnis der Abschreiber verderbt sind, unter Gottes durchgängigem Beistand aufs pünktlichste verbessert. Entflammt ausserdem durch das Beispiel unseres Vaters Pippin verehrungswürdigen Angedenkens, der die gesamten Kirchen Frankreichs durch seinen Eifer mit Gesängen nach römischer Überlieferung ausstattete[3]), sorgen wir nicht weniger eifrig dafür, sie mit einer Reihe vorzüglicher Vorlesungen zu verschönern[4]). Kurz, weil wir finden, dass für den nächtlichen Gottesdienst durch das eitle Bemühen einiger [Männer] Vorlesungen zusammengestellt sind, zwar in guter, aber weniger geschickter Meinung[5]), sofern sie ohne die Bezeichnung ihrer Verfasser gegeben und von unzähligen Fehlern entstellt sind[6]), so haben wir nicht gelitten, dass in unsern Tagen in den heiligen Vorlesungen beim Gottesdienst unharmonische Solöcismen[7]) ertönen, und unsern Sinn darauf gerichtet, die Methode[8]) dieser Vorlesungen zu verbessern. Und dieses Werk haben wir dem Paulus Diaconus[9]), unserm vertrauten Schützling, auszuarbeiten aufgetragen, dass er nämlich die Aussprüche der katholischen Väter eifrig durchgehe und gleichsam von ihren weitausgedehnten[10]) Wiesen bestimmte Blümlein auserlese und gleichsam in Einen Kranz das Brauchbare zusammenfüge. Dieser bestrebte sich, unserer Erhabenheit[11]) ergeben zu gehorchen, las die Abhandlungen und Predigten der verschiedenen katholischen Väter durch, nahm immer das Beste daraus und bot uns in zwei Bänden Vorlesungen, die für den Kreis des ganzen Jahres für jedes Fest passen, in

---

[1]) Ad pernoscenda studia liberalium artium. ‖ [2]) Inter quae. ‖ [3]) decoravit. Vgl. dazu S. 233f. ‖ [4]) easdem curamus intuitu (?) praecipuarum insignire serie lectionum. Sollte intuitu aus dem Folgenden hierher geraten sein? Vorlesungen = zur Vorlesung bestimmte religiöse Betrachtungen (Homilien). ‖ [5]) intuitu. ‖ [6]) infinitis vitiorum anfractibus scaterent. ‖ [7]) Unrichtige Wortverbindungen. ‖ [8]) tramitem. ‖ [9]) Früher Geistlicher, dann Mönch in Monte Cassino, 782 von Karl d. Gr. an dessen Hof gezogen, †, nach Monte Cassino zurückgekehrt, um 800. ‖ [10]) latissimis. ‖ [11]) celsitudini.

ausgezeichneter und fehlerfreier Weise dar. Den Text aller dieser erwägen wir mit unserm Scharfsinn, bestätigen diese Bände durch unser Ansehen und übergeben sie Eurer Frömmigkeit[1]) zum Vorlesen in den Kirchen Christi.

e) General-Ermahnung von Aachen (789), c. 72 u. 82[2]).

72. — — Auch dazu ermahnen wir Eure Liebe[3]), dass die Diener des Altars Gottes ihr Amt mit guten Sitten zieren, — — damit durch ihren guten Wandel viele zum Dienste Gottes herangezogen werden und sie nicht allein Kinder aus dem Stande der Hörigen[4]), sondern auch Söhne der Freien heranziehen und sich zugesellen. Und es sollen Schulen für lesende Knaben errichtet werden[5]). Psalmen, Noten[6]), Gesänge, Kalenderkunde[7]), Grammatik verbessert wohl durch die einzelnen Klöster oder Bistümer und durch katholische Bücher; denn oft, während manche zu Gott recht zu beten wünschen, beten sie mit unverbesserten Büchern schlecht zu ihm. Und lasst Eure Knaben sie beim Lesen oder Schreiben nicht verderben; und wenn es nötig ist, das Evangelium oder den Psalter oder das Messbuch zu schreiben, so mögen Männer von gereiftem Alter sie mit aller Sorgfalt schreiben.

82. Es ist aber auch eure Sache, geliebteste und ehrwürdige Hirten und Leiter der Kirchen Gottes, darauf zu sehen, dass die Priester, die ihr in euern Parochien damit betraut[8]), das Volk, das Gott dient, zu regieren und ihm in den Kirchen zu predigen, recht und geziemend[9]) predigen; und lasst sie nicht Neues oder Unkanonisches, manche [bloss] nach ihrem Sinne und nicht den heil. Schriften gemäss, erdichten[10]) und dem Volke predigen. Aber auch ihr selbst predigt Heilsames, Geziemendes, Richtiges, und was zum ewigen Leben führt, das predigt und weist die andern an, dasselbe zu predigen.

Zu allererst ist allen insgemein zu predigen, dass sie glauben, der Vater, der Sohn und der heil. Geist sei der eine all-

---

[1]) vestraeque religioni wohl eine Anrede an die Empfänger der Encyclica, ähnlich wie Eure Heiligkeit. ‖ [2]) Admonitio generalis. Mon. Germ. hist., Legum sectio, II, I, S. 59f. ‖ [3]) vestram almitatem. ‖ [4]) servilis conditionis. ‖ [5]) Et ut scolae legentium puerorum fiant. ‖ [6]) notas. ‖ [7]) compotum (= computum). Eigentlich: Berechnung, insbesondere des Laufs der Gestirne. So erklärt sich obige Übersetzung, die sich in Richters Quellenbuch[3], 45 findet. ‖ [8]) mittitis per Parochias vestras. ‖ [9]) honeste. ‖ [10]) fingere.

mächtige, ewige, unsichtbare Gott, der Himmel und Erde geschaffen hat, das Meer und alles, was darinnen ist, und Eine Gottheit, Wesenheit und Majestät[1]) sei in den drei Personen des Vaters, des Sohnes und des heil. Geistes.

Desgleichen ist zu predigen, wie der Sohn Gottes von dem heiligen Geiste und aus Maria, die immer Jungfrau blieb, zum Heile und zur Wiederherstellung des menschlichen Geschlechtes Fleisch geworden ist, gelitten hat, begraben, am dritten Tage auferstanden und gen Himmel aufgefahren ist, und wie er wiederkommen wird in göttlicher Herrlichkeit, zu richten alle Menschen nach ihren (eigenen) Verdiensten; und wie die Gottlosen um ihrer Sünde willen mit dem Teufel ins ewige Feuer werden geschickt werden und die *Gerechten mit Christus und seinen heiligen Engeln* ins ewige Leben.

Desgleichen soll fleissig von der Auferstehung der Toten gepredigt werden, damit sie wissen und glauben, dass sie in denselben Leibern den verdienten Lohn[2]) empfangen werden.

Desgleichen soll allen mit allem Fleisse gepredigt werden, für welche Verbrechen sie mit dem Teufel zur ewigen Pein verurteilt werden[3]).

Aber mit aller Eindringlichkeit ermahnt sie zur[4]) Liebe Gottes und des Nächsten, zum Glauben und zur Hoffnung auf Gott, zur Demut und Geduld, zur Keuschheit und Enthaltsamkeit, zur Güte und Barmherzigkeit, zu Almosen und zum Bekenntnis ihrer Sünden, und dass sie ihren Schuldigern nach dem Gebote des Herrn ihre Schulden vergeben sollen, in der festen Gewissheit[5]) dass die, welche solches thun, das Reich Gottes besitzen werden. — —

f) Beschlüsse der Synode zu Frankfurt a. M. 794[6]).

Kanon 2. 23. 33. 42. 49. 52.

Zur Verhandlung wurde [ferner] die Frage betreffs der neuen Synode der Griechen[7]) gebracht, die sie über die Anbetung der 2.

[1]) deitatem, substantiam et maiestatem. ‖ [2]) premia meritorum. ‖ [3]) Sie sind nach dem Folgenden aus Gal. 5, 19—21 zu entnehmen. ‖ [4]) Eigentlich: betreffs der . . (de). [5]) scientes certissime. [6]) Mon. Germ. hist. a. a. O. S. 73f. Über den Inhalt des 1. Kanons s. o. S. 73, A. 2. ‖ [7]) Gemeint ist die zweite Synode von Nicäa 787. S. o. S. 85.

Bilder in Konstantinopel gehalten haben, auf der eine Urkunde aufgestellt wurde[1]), dass die, welche den Heiligenbildern nicht ebenso wie der heiligen Dreieinigkeit Dienst oder Anbetung widmeten, verdammt sein sollten[2]); aber unsere oben bezeichneten heiligsten Väter verwarfen sie[3]), indem sie Anbetung und Dienst durchaus ablehnten, und verdammten sie einstimmig. —

23. Über die fremden Knechte[4]): dass sie von niemand aufgenommen noch von den Bischöfen geweiht werden sollen[5]) ohne Erlaubnis ihrer Herren.

33. Der katholische Glaube von der heiligen Dreieinigkeit, das Gebet des Herrn und das Glaubensbekenntnis soll allen gepredigt und überliefert werden[6]).

42. *Es sollen keine neuen Heiligen* verehrt oder angerufen noch ihre Denkmäler auf den Strassen aufgerichtet werden; sondern die allein sind in der Kirche zu verehren, die auf Grund ihres Martyriums oder wegen ihres verdienstvollen Lebens[7]) erwählt worden sind.

49. Es sollen keine Priester vor dem 30. Lebensjahre geweiht werden.

52. Niemand soll glauben, Gott dürfe nur in drei Sprachen angerufen werden[8]), weil in jeder Sprache Gott angebetet und der Mensch erhört wird, wenn er um Gerechtes bittet.

g) Kapitulare von Aachen (802), c. 1 u. 32[9]).

1. Der erhabenste und christlichste Herr Kaiser Karl hat aus seinen Grossen die klügsten[10]) und weisesten Männer, sowohl von den Erzbischöfen, als auch den übrigen Bischöfen, und zugleich auch ehrwürdige Äbte und fromme Laien auserwählt und in sein ganzes Reich gesandt und durch sie allen Unter-

---

[1]) scriptum habebatur. || [2]) Der offenbar verderbte Text lautet: ut qui imagines sanctorum ita ut deificam trinitatem servitio aut adorationem non inpenderent, anathema iudicaverunt. || [3]) Nämlich die Urkunde, den Konzilbeschluss. || [4]) servis, jedenfalls litis. || [5]) Zu Priestern. || [6]) Das zuerst und das zuletzt Genannte ist wohl identisch. || [7]) ex auctoritate passionum aut vitae merito. || [8]) Hebräisch, griechisch und lateinisch. || [9]) Capitulare Aquisgranense. MGh, Leg. I, 91 ff. u. Leg. S. II, I, 91 ff. || [10]) Statt prudentissimis lies prudentissimos.

thanen gestattet[1]), nach dem rechten Gesetze zu leben. Wo aber etwas anders als recht und gerecht in dem Gesetze verordnet ist, befahl er ihnen, dies mit sorgfältigstem Sinn zu erforschen und ihm zu melden; das wollte er selbst mit Gottes Hilfe verbessern·

— — — — — — — — — — — — — — — — — —

— — Und das gebieten wir nachdrücklich, dass die Ver- 32.
wandten des Getöteten keineswegs sich herausnehmen, die Feindseligkeiten[2]) über die begangene Übelthat hinaus zu vergrössern und dem, der um Frieden bittet, ihn zu verweigern, sondern [sie sollen] Sicherheit gewähren, die bereitgehaltene Geldstrafe annehmen[3]) und dauernden Frieden bewilligen, dem Schuldigen aber keine Verzögerung in der Aussöhnung bereiten[4]). Wo aber durch die Schuld der Sünden das geschehen ist[5]), dass einer Brüder oder seinen Verwandten getötet hat, soll er sich sogleich der ihm auferlegten Busse unterwerfen[6]), und [zwar] so, wie es sein Bischof ihm verordnet, und ohne jeden Umschweif[7]); sondern mit Gottes Hilfe soll er seine Aussöhnung[8]) zu vollbringen trachten, den Getöteten nach dem Gesetze versöhnen[9]) und sich mit seinen Verwandten völlig aussöhnen[10]), und wenn ihm Sicherheit gewährt ist[11]), soll von da an niemand sich unterstehen, irgend eine Feindseligkeit zu erregen. Wer es aber verschmäht, die entsprechende Busse zu zahlen[12]), soll bis zu unserm Urteilsspruch seines Erbes beraubt werden.

h) Geistliche Kapitel (etwa 804), c. 2[13]).

Das Symbol und das Gebet des Herrn oder[14]) das Taufbekenntnis sollen alle zu lernen angehalten werden. Und wenn

---

[1]) Cunctis subsequentibus . . . concessit. Man erwartet eigentlich: „eingeschärft“. ‖ [2]) Statt inimicitia ist wohl umso zuversichtlicher inimicitias zu lesen, da das folgende Wort (super) mit s beginnt. ‖ [3]) Datam fidem paratam compositionem recipere. Ich lese: data fide. ‖ [4]) Reum (andere Lesart: rerum) autem nulla moram compositionis facere. Ich lese: Reo . . nullam moram etc. Compositio hat hier wohl eine etwas andere Bedeutung als im Vorhergehenden. ‖ [5]) Ubi autem hoc peccatorum merito contigerit. ‖ [6]) Für se ad penitentia sibi compositam sumit lese ich: se ad penitentiam sibi compositam submittat. [7]) Absque ulla ambiguitate. ‖ [8]) Remedium. ‖ [9]) Componere occisum. Dem Sinne nach = seinen Totschlag oder Mord sühnen. ‖ [10]) Für complaceat ist vielleicht complacet zu lesen. ‖ [11]) Für data fidem lies data fide. ‖ [12]) Digna[m] emendationem facere. ‖ [13]) MGh, Leg. I, 130. ‖ [14]) Dieses vel ist auf das vorausgegangene symbolum zu beziehen.

einer das jetzt nicht behält, soll er entweder Schläge bekommen oder fasten bezüglich jedes Getränkes ausser Wasser, bis er das vollständig könne. Und wer dem nicht zustimmen wollte, soll vor unser Angesicht gestellt werden[1]). Frauen aber sollen entweder mit Geissel[hiebe]n oder Fasten dazu gezwungen werden. Unsere Sendboten sollen mit den Bischöfen dafür sorgen, dass es so durchgeführt werde. Desgleichen helfen die Grafen den Bischöfen, wenn sie in unserer Gunst stehen wollen, das Volk dazu anhalten, dass sie das lernen[2]).

[1]) Ad nostram praesentiam dirigatur. ‖ [2]) Über den Inhalt der kirchlichen Belehrung lassen sich Schlüsse aus dem Briefe Karls d. Grossen an Erzbischof Odilbert von Mainz (aus der Zeit zwischen 809 und 812) ziehen (vgl. Jaffé, Bibliotheca rerum Germanicarum t. IV: Monumenta Carolina, S. 401 f). Dort heisst es: „Wir wünschen daher, durch Deine Schriften [also brieflich] oder durch Dich selbst zu erfahren, wie Du und Deine (Unter-) Bischöfe (suffraganei) die Priester Gottes und das Euch anvertraute Volk über das Sakrament der Taufe lehrt und unterweist. Das heisst: Warum zuerst das Kind Katechumene wird, oder was ein Katechumene ist. Dann der Reihe nach alles, was vorgenommen wird: Über die Prüfung [der Katechumenen de scrutinio]: was eine Prüfung ist; über das Glaubensbekenntnis [de symbolo]: welches seine Erklärung nach den Lateinern [der römischen Kirche] ist; über den Glauben [de credulitate]: wie zu glauben ist an Gott, den allmächtigen Vater, und an Jesum Christum, seinen Sohn, der geboren ist und gelitten hat, und an den heil. Geist, die heilige katholische Kirche und das übrige, was in demselben Glaubensbekenntnis folgt; über die Lossagung vom Teufel [de abrenuntiatione satanae] und von allen seinen Werken und seinen Hoffärtigkeiten [pompis]: was Lossagung oder was Werke und Hoffärtigkeiten dieses Teufels sind; warum [der Täufling] angehaucht [insufflatur], oder warum der Teufel aus ihm ausgetrieben wird [exorzizatur]; warum der Katechumene Salz empfängt; warum seine Nase berührt, seine Brust mit Öl gesalbt wird; warum seine Schultern [mit dem Kreuzeszeichen] gezeichnet, warum Brust und Schultern bestrichen werden, warum er mit weissen Kleidern angethan wird, warum sein Haupt mit heiligem Salböl gesalbt und mit der geheimnisvollen Hülle bedeckt wird; oder warum er durch Leib und Blut des Herrn gestärkt wird." — —

VII. Die poetische Vermählung von Christentum und Germanentum.

1. Aus dem Heliand[1]).

a) Judas der Verräter[2]).

Da gewahrten sie Volk
Den Berg hinauf ziehn in brausendem Schwarm,
Wütige Waffenknechte. Judas wies den Weg,
Der grimmgesinnte; die Juden drangen nach
In feindlicher Volksschar. Sie trugen Feuer bei sich,
In Lichtgefässen flammend, und führten Fackeln
Brennend aus der Burg, da sie den Berg hinauf
Stiegen zum Streit. Die Stätte wusste Judas,
Wohin er die Leute geleiten sollte;
Dazu noch zum Zeichen, eh' sie zogen, sagt' er
Dem Volk zum Voraus, dass die Knechte nicht fingen
Einen andern aus Irrtum: „Ich gehe zuerst zu ihm
Und küss' ihn kosend: das ist Christus selber dann,
Den ihr fahen sollt mit Volkeskraft
Auf dem Berg und binden und zur Burg ihn von hinnen
Geleiten vor die Leute. Er hat sein Leben
Verwirkt durch seine Worte." Die Gewaffneten eilten,
Bis sie zu Christo gekommen waren,
Die grimmigen Juden, wo er mit den Jüngern stand,
Der mächtige Herr, der Gottesschickung harrend,
Der entscheidenden Zeit. Da schritt ihm der treulose
Judas entgegen, vor dem Gotteskinde
Mit dem Haupte sich neigend und seinen Herrn grüssend,
Küsste den Kräftigen, mit diesem Kuss
Ihn den Gewaffneten weisend, wie sein Wort verheissen.

---

[1]) In altsächsischer Sprache um 830 von einem unbekannten Verfasser gedichtet. Übersetzung von Simrock; 3. Aufl., Berlin, Grote 1882. || [2]) S. 175 ff.

Das trug in Geduld der teure Herr,
Der Walter dieser Welt; doch wandt' er das Wort an ihn
Und fragt' ihn frank: „Was kommst du mit diesem Volk,
Leitest die Leute her? Du hast mich den Leidigen
Verkauft mit einem Kusse, den Kindern der Juden,
Verraten dieser Rotte.“ Dann rief er die Männer an,
Die andern Gewaffneten, und fragte sie, wen sie
Mit solchem Gesinde zu suchen kämen
Bei Nacht und Nebel, als gedächten sie, Not
Irgend wem zu schaffen. Da sprach die Waffenschar,
Man habe den Heiland auf der Höhe des Berges
Ihnen angezeigt, der da Zwietracht stifte
Unter den Judenleuten und sich Gottes Sohn
Selber heisse: „Den kommen wir suchen
Und griffen ihn gern. Von Galiläaland ist er,
Von Nazarethburg.“

Als nun der Nothelfer Christ
Ohne Säumen sagte, er selber sei es,
Da ward von Furcht befallen das Volk der Juden,
So eingeschüchtert, dass sie hinunter liefen,
Eilends die ebene Erde zu suchen.
Die Gewaffneten wussten dem Worte Gottes nicht,
Seiner Stimme zu stehen, ob streitbare Männer.
Doch wieder aufwärts stiegen sie, stärkten ihr Herz,
Fassten frischen Mut, und voller Bosheit
Gingen sie hastig näher, bis sie den Nothelfer Christ
Mit Waffengewalt umgaben. Die weisen Männer standen
In grossem Kummer, die Jünger Christs,
Umher bei der heillosen That und riefen dem Herrn zu:
„Wär' es dein Wille nun, waltender Fürst,
Dass sie an der Speere Spitzen uns spiessen sollten,
Mit Waffen verwunden, dann wär' uns nichts so gut,
Als standhaft im Streit für den Herrn zu sterben,
Im Kampf zu erbleichen.“ Da erboste sich
Der schnelle Schwertdegen Simon Petrus:
Ihm wallte wild der Mut, kein Wort mocht' er sprechen,
So härmt' es ihn im Herzen, als sie den Herrn ihm da
Zu greifen begehrten. Ingrimmig ging

Der dreiste Degen vor den Dienstherrn stehn,
Hart vor seinen Herrn. Sein Herz war entschieden,
Nicht blöd' in der Brust. Blitzschnell zog er
Das Schwert von der Seite und schlug und traf
Den vordersten Feind mit voller Kraft,
Davon Malchus ward durch des Messers Schärfe
An der rechten Seite mit dem Schwert gezeichnet,
Am Gehör verhauen: das Haupt war ihm wund,
Dass ihm waffenblutig Backen und Ohr
Borst im Gebein und das Blut nachsprang,
Aus der Wunde wallend. Als die Wange schartig war
Dem vordersten Feinde, wich das Volk zurück,
Den Schwertbiss scheuend.

Da sprach der Sohn des Herrn
Zu Simon Petrus: „Dein Schwert stecke,
Das scharfe, in die Scheide. Wollt' ich vor dieser Schar
Wider Gewaffnete mit Waffen kämpfen,
Dann möcht' ich den mächtigen Gott wohl mahnen,
Den heiligen Vater im Himmelreiche,
Dass er so manchen Engel von oben sendete,
Des Kampfs so kundigen, es könnten diese Männer
Sie im Streit nicht bestehn: stünde des Volks auch hier
Noch so mächtige Menge, doch möcht' ihr Leben [1])
Bewahrt nicht werden. Aber der waltende Gott
Hat es anders geordnet, der allmächtige Vater:
Wir sollen alles dulden, was dieses Volk uns
Bitteres bringt. Wir sollen uns nicht erbosen,
Nicht wider sie wehren, denn wer da Waffenstreite,
Grimmen Gerkampf gerne üben mag,
Der soll von des Schwertes Schärfen umkommen,
Traurigen Tod sterben. Unser Thun soll
Dem Waltenden nicht wehren."

Da ging er zu dem Wunden,
Leitete Leib zu Leibe weise
An seines Hauptes Wunde, dass heil sofort war

[1]) „Leheu" ist offenbar Druckfehler.

Des Schwertes Biss. Dann sprach der Geborne Gottes
Zu der wütigen Waffenschar: „Wunder nimmt mich,
Wenn euch gelüstete, mir Leides zu thun,
Was fingt ihr mich nicht früher, wenn ich unter dem Volk
Im Weihtum war und manch wahres Wort
Den Sinnigen sagte? Da schien die Sonne,
Das teure Tageslicht: doch thatet ihr mir nie
Ein Leid bei dem Lichte. Und nun leitet ihr die Leute
In düstrer Nacht zu mir, wie man dem Diebe thut,
Den man fahen will, weil er verfallen ist
Dem Tod, der Uebelthäter.“

Der Tross der Juden
Griff da den Gottessohn, die grimme Rotte,
Der hassvolle Haufen. Hart umdrängten ihn
Scharen schonungslos: sie scheuten die Meinthat[1]) nicht.
Sie hefteten die Hände ihm mit harten Banden,
Die Arme mit Armschellen. Ihm war solche Angstqual
Nicht zu dulden not, nicht ertragen
Musst' er solche Marter: für die Menschen that er's,
Erlösen wollt' er der Leute Kinder,
Aus der Hölle heben in das Himmelreich,
In das weite Wohl. Darum wehrt' er nicht ab,
Was ihr arger Wille ihm anthun wollte.
Da ward gar verwegen die jüdische Waffenschar,
Gar hochmütig der Haufen, dass sie den heiligen Christ
In Gliederbanden leiten durften,
Gefesselt führen.

Die Feinde eilten nun
Von dem Berge zur Burg. Der Geborne Gottes
Ging unter der Heerschar, die Hände gebunden,
Betrübt zu Thal. Ihm waren die teuern
Freunde geflohen, wie er früher gesagt.
Blöde Furcht war's nicht bloss, dass sie den Gebornen Gottes,
Den lieben, verliessen: lange zuvor schon war's
Der Wahrsager Wort, dass es so werden würde;
Drum mochten sie's nicht meiden. Hinter der Menge

[1]) = falsche, tückische That.

Gingen Johannes und Petrus: die guten beide
Folgten von ferne, zu erfahren begierig,
Was die grimmen Juden dem Gotteskinde wollten,
Ihrem Herrn anthun.

---

b) Die Auferstehung[1]).

Nicht lange währt' es noch,
So kam der Geist durch Gottes Kraft,
Der heil'ge Odem unter dem harten Stein
In den hehren Leichnam. Das Licht war erschlossen
Allen Menschen zum Heil, und mancher Riegel
Am Höllenthor gehoben, und zum Himmel gebahnt
Der Weg von dieser Welt. Wonnig auferstand
Das Friedenskind Gottes und fuhr den lichten Weg,
Obwohl die Wächter es nicht gewahrten,
Die starken Streiter, als er vom Tod erstand,
Von der Rast sich errichtete. Die Recken sassen
Aussen um das Grab, die Judenleute,
Die geschildete Schar. Vorwärts schritt schon
Das klingende Sonnenlicht[2]), da kamen die Frauen
Zum Grabe gegangen, die guten Weiber,
Die minnigen Marien. Sie hatten manche Mark
Für Salben nicht geschont, Gold und Silber gespendet
Für die wonnigen Würzen, die sie gewinnen mochten,
Dass sie den Leichnam des lieben Herrn
Dem Sohne Gottes salben möchten,
Den wund gerissenen. Die Weiber standen
In ängstlichen Sorgen: Die eine fragte,
Wer ihnen den starren Stein vom Grabe
Wälzen würde, den sie über den werten Leib
Die Leute legen sahn, als der Leichnam ward
Dem Felsen befohlen. Die Frauen waren kaum
In den Garten gegangen, nach dem Grabe dort
Selber zu sehen, im Sause kam da
Des Allwaltenden Engel oben aus der Heitre

---

[1]) S. 208 ff. || [2]) Dem Beiwort liegt wohl der Gedanke einer Harmonie der Sphären zu Grunde.

Im Federkleid gefahren, dass das Feld erklang,
Die Erde dröhnte, und die dreisten Knechte
Schwachmütig wurden, der Juden Scharwächter:
Sie fielen hin vor Furcht: nicht ferner wähnten sie
Am Leben zu bleiben. Da lagen die Wächter,
Die Gesellen scheintot: sieh', da hob sich
Der grosse Stein vom Grabe, wie ihn der Gottesengel
Auf die Seite drehte, Auf die Decke setzte sich
Der hehre Bote Gottes. Von Geberden war er,
Von Antlitz, möcht' ihm einer unter die Augen schauen,
So blinkend und blendend wie des Blitzes Licht;
Sein Gewand war am gleichsten winterkaltem Schnee.

Da sahen sie ihn vor sich sitzen, die Frauen,
Auf dem gewendeten Steine. Sein wonniger Schein
Schuf ihnen Angst und Schrecken allen.
Vor Furcht und Grausen wagten sie fürder nicht
Zum Grabe zu gehen, bis der Engel Gottes,
Des Waltenden Bote, sie mit den Worten grüsste,
Er wisse gar wohl, weswegen sie kämen,
So Werk als Willen, und der Weiber Sinn.
Sie sollten sich nicht entsetzen: „Ihr suchet den Herrn,
Den Nothelfer Christ von Nazareth,
Den ans Kreuz geschlagen zu Tode quälten
Die Judenleute; begraben ward er hier,
Der Sündenlose. Nun ist er selbst nicht mehr hier,
Ist auferstanden: Die Stätte ist leer,
Das Grab im Grunde. Geht doch getrost
Näher nur: Verlangen nimmt euch ja,
In den Stein zu schauen. Noch ist die Stätte sichtbar,
Wo sein Leichnam lag." Erleichterung empfanden
Alsbald in der Brust die bleichen Frauen,
Die wunderschönen Weiber. Sie freuten sich des Worts,
Da sie sagen hörten von ihrem Herrn
Des Allwaltenden Engel. Der hiess sie nun eilends
Vom Grabe gehen zu den Jüngern Christs,
Seinen Gesellen zu sagen mit sichern Worten,
Dass ihr Herr sich erhoben habe vom Tode;
Insonders sollten sie dem Simon Petrus

Die Wonnebotschaft zu wissen thun
Von des Herrn Kommen: sie fänden den Christ
In Galiläa: da sollten ihn die Jünger,
Seine Gesellen, sehen, wie er selbst es verheissen
Mit wahren Worten. — —

---

2. Aus dem „Krist"[1]).

a) Christi Himmelfahrt[2]).

Frugen sie: willst du, o Herr, dein Reich aufrichten
Sogleich zu dieser Zeit diesen Völkern?
„Nicht eure, nicht Menschensache ist's, zu wissen
Den verborgenen Schatz meines Vaters.
Doch kommen euch die Macht, Gewalt und Gotteskräfte,
Die giebt euch mit mir der heilige Geist,
Nun seid mir Zeugen mit starken Reden,
Mit kräftiger Hand in allem Land".
Da erhob er sich, seine Degen sahen's,
Und fuhr zum Vater, von dannen er kam,
In sein eignes Reich, als er im Tode gesiegt.
Noch keiner fuhr die Strasse, noch keiner trat den Weg,
Den er hinabgefahren einst zu der Jungfrau Schoss.
Er verliess die Erde, weil sie's wert nicht war
Ob ihrer Missethaten, dass er sie fürder trat.
Sie schraken jäh zurücke und schauten ihm nach,
Sehr verwundert ob solcher Fahrt.
Er überfuhr in Jähe die Sonne und den Mond, —
Im Nu die zwölf Zeichen des geneigten Kreises,
Das Siebengestirn und der Wagen Gestelle,
Den Drachen auch, der sich unter ihnen windet,
Den trägen Saturn und den stetigen Polstern,

---

[1]) Gedichtet von Otfrid, Mönch zu Weissenburg i. E., unter dem ursprünglichen Titel „Evangelienbuch", liber evangeliorum domini gratia theodisce conscriptus, um 870. Bearbeitung von Rechenberg, Chemnitz 1862. ‖ [2]) A. a. O. S. 152f. Vgl. Apg. 1, 6.

Den du in heitrer Nacht sehen kaum kannst.
Zu lang ist es, sie alle zu nennen,
All das wundersame Gemälde des Himmels.
Doch ist kein Stern, — er überfuhr ihn fern.
Er trat sie alle unter seinen Fuss.
Sie gafften lange der Dinge verwundert,
Die Hände über'm Auge, um besser zu sehn.
Sie erlugten mit Müh' ihn zuletzt sehr fern,
Dem obersten Rand der Wolken ganz nahe sahen sie ihn.

---

b) Von den Freuden des Himmelreichs und den Leiden der Erde[1].

Von wonnesamen Gütern, von Minne wohlgethan,
Von Gottes Himmelslohne und ew'ger Seligkeit,
Die denen er bereitet, die ihre Sünden klagen,
Die hier schon auf Erden dahin gewendet waren, —
Davon will ich nun sagen und von der Drangsal auch,
Die wir im Leben dulden, dass trotzdem wir so lieben.
— — — — — — — — — — — — —

Doch kein Mensch auf der Erde kann alles das ersagen,
Alle diese Schöne, wie wonnesam es ist,
Im Sange oder Jubel, noch schweigend es erdenken,
— Kein Ohr hat's je gehört, kein Auge je gesehn, —
Wie gar gross das Gut ist, das Krist uns giebt,
Das er bereitet, eh' er gewirkt die Welt.
Dahin leite, Herr, du selbst mit deinen Kräften
Zu dem vielschönen Leben die holden Knechte dein,
Dass wir in deinem Schutze die Lieblichkeiten alle
Wohlgemut geniessen zu ewigem Heile!
So macht es mancher Mann: was er hier gerne minnet,
Des ist er liebend beflissen, tief in die Seele lässt er's,
Und ist es ihm auch ferne, und kann er mit den Augen
Dasselbe gegenwärtig auch nimmermehr erschauen, —
Erwacht er in der Frühe, alsbald hat er's im Sinne,
Sein Herz seufzet im Liebesschmerz.
Ob's auch abwesend sei, denkt er doch, wo es ist,

---

[1]) A. a .O. S. 158ff.

Steht sein Verlangen stets auf sein Liebstes.
So thun die Gottesdegen: sie wissen das Gut hier oben,
Im hohen Himmelreiche die Gottesherrlichkeit.
Dahin seufzen sie, ihr Herz wacht in der Frühe,
Es ist schon da droben, ihre Freud' ist nicht unten.

— — — — — — — — — — —

Dort ist ohne Zweifel völlige Bruderschaft,
Karitas [1]), die teure, die bauet da in Wahrheit
Mit ihrem Gefolge nach ihrer Gewohnheit;
Sein Verlangen empfängt alles, der hier sich ihr naht,
— Weisst es ja selbst, wie im Buch sie gepriesen ist, —
Wie sehr herrlich all' ihre Güter sind.
Da bauen gemütlich ihre beiden guten Schwestern,
Recht und Friede und all' die Gefährten,
Unsagbare Freude ist, wo die drei wohnen.
Dahin leite u. s. w.

Nicht kann man diesem Glücke allda entgegenhalten,
Wie mannigfache Wunden wir hier durch Sünd' erdulden.
Frost oder Hitze lässt dich nicht los,
Keiner lebt auch, der nicht erkranke,
Der nicht auf Erden es befürchten müsse.
Jeden auf Erden auch zwinget das Alter,
Das alle Freude verbittert, die Kräfte lähmt,
Ihn mit Unmut über die Kraft der Jugend erfüllt;
Was ihn früher getröstet, es ist ihm verleidet,
Wenn ihm der Husten die Brust beengt.
Beschirm uns, guter Herr, in dieser ird'schen Drangsal
Den Leib und auch die Seele zu deiner eignen Ehr'.
Durch deine grosse Güte thu' uns die Wohlthat an,
Dass wir mit deiner Gnade der Drangsal entgehn.
Hier glimmt dem Menschen ohne Wank immer der böse Gedank'
Im Herzen versehen sie sich nicht des Guten, —
Krankheit und Seuchen plagen sie, — und doch hassen sie sich,
Mühn sich mit manchem Weh, — es kommt ihnen nicht zu Sinn,
Dass der Teufel das ihnen thut, sie betrügt und beschränkt.
Beschirm' u. s. w.

---

[1]) Die Liebe.

Solcher Drangsal entbehren, die auf das Himmelreich hoffen,
Das ist ein ganz ander Ding, als ich eben sagte;
Das ist ein einfältig Gut, — o lass dich herzu!
Einfältige Wonne scheint da wie die Sonne:
Die Güter verwelken nicht denen, die dahin streben,
Erblühen denen, die sich hier drum bemühen,
Emsig beflissen, es hurtig bewähren,
Dass sie Tag und Jahr durch das ganze Leben
Dahin die Sehnsucht zieht, die hier drum sorgen.
Dahin leite u. s. w.

Doch das süsseste von allem für uns ist das,
Daran uns zu freuen, den Herrn selbst zu schauen,
Seine eigne Schöne und Herrlichkeit
In seiner Macht und Majestät, —
Das ist Wonne, das ist Gut, das haucht Leben uns in den Mut,
Was wir hier Gutes nennen, das ist all' aus diesem Bronnen.
Dahin leite du selbst mit deinen Kräften
Zu dem vielschönen Leben die holden Knechte dein,
Dass wir in deinem Schutze die Lieblichkeiten alle
Wohlgemut geniessen zu ewigem Heile!

Kolibri 360 GmbH
Ferdinand-Jühlke-Straße 7
99095 Erfurt, Deutschland
produktsicherheit@kolibri360.de